巴西橡胶树
排胶理论基础和分析技术指南

◎王立丰 代龙军 杨 洪 等编著

图书在版编目（CIP）数据

巴西橡胶树排胶理论基础和分析技术指南／王立丰等编著. --北京：中国农业科学技术出版社，2021.10

ISBN 978-7-5116-5517-2

Ⅰ.①巴…　Ⅱ.①王…　Ⅲ.①割胶-研究-巴西　Ⅳ.①S794.1

中国版本图书馆 CIP 数据核字（2021）第 199670 号

责任编辑　史咏竹
责任校对　李向荣
责任印制　姜义伟　王思文

出 版 者　中国农业科学技术出版社
　　　　　北京市中关村南大街 12 号　邮编：100081
电　　话　（010）82105169(编辑室)　　（010）82109702(发行部)
　　　　　（010）82109709(读者服务部)
传　　真　（010）82105169
网　　址　http://www.castp.cn
经 销 者　各地新华书店
印 刷 者　北京建宏印刷有限公司
开　　本　170 mm×240 mm　1/16
印　　张　16
字　　数　312 千字
版　　次　2021 年 10 月第 1 版　2021 年 10 月第 1 次印刷
定　　价　65.00 元

《巴西橡胶树排胶理论基础和分析技术指南》
编著委员会

主 编 著　王立丰　代龙军　杨　洪

编著人员　（以姓氏笔画为序）

　　　　　王立丰　代龙军　刘明洋　杨　洪　佘海洋

　　　　　陆燕茜　赵溪竹　覃　碧　樊松乐

作者单位　中国热带农业科学院橡胶研究所

主要编著者简介

王立丰 博士学位，研究员，中国热带农业科学院橡胶研究所排胶机理与调控课题组组长。长期从事橡胶树生理与分子生物学机制研究。系中国热带作物学会天然橡胶专业委员会会员，华中农业大学和海南大学硕士研究生导师，海南省拔尖人才。主持和参与国家自然科学基金、澜湄项目、国家重点研发计划等科研项目28项。研究方向为橡胶树高产光合生理、抗旱和抗寒等抗逆生理及转录调节分子机制，橡胶树排胶技术研究与应用。已经发表论文65篇，其中SCI论文20篇，出版英文专著3部，授权国家发明专利5项。

代龙军 硕士学位，副研究员。从事橡胶树生理与分子生物学研究。主持国家自然科学基金项目1项、海南省自然科学基金项目1项、中国热带农业科学院基本科研业务费专项资金2项。目前主要研究方向为橡胶树蛋白质组学与分子生物学。已经发表论文11篇，其中SCI论文5篇。

杨 洪 在读博士，助理研究员。主要从事橡胶树生理及分子生物学研究。相关研究成果在 *BMC Plant Biology*、*Industrial Crops & Products*、《生物技术通报》和《植物生理学报》等国内外知名期刊发表。主持和参与国家重点研发计划、国家自然科学基金、海南省自然科学基金、中国热带农业科学院基本科研业务费等科研项目6项，发表论文10余篇。

赵溪竹 博士学位，副研究员。2010年毕业于东北林业大学植物学专业。现任职于中国热带农业科学院橡胶研究所，主要从事橡胶、可可生理生态学研究。主持国家自然科学基金、海南省自然科学基金、海南省农业科技服务体系建设专项等项目4项，参与国家自然科学基金、海南省重大科技计划、国家星火计划等科研项目7项。获授权国家发明专利2项，实用新型专利1项。以第一作者发表研究论文10余篇。主编出版专著1部、副主编出版专著2部。热引4号可可品种通过海南省农作物品种认定。科技成果《可可种质资源收集保存、鉴定评价与利用》获海南省科技进步奖二等奖。

覃 碧 博士学位，副研究员。长期从事作物遗传育种与分子生物学相关研究，目前主要研究方向为产胶植物种质资源收集、鉴定、评价及其种质创新。系蒲公英橡胶产业技术创新战略联盟成员，海南大学硕士研究生导师。主持和参与国家自然科学基金、国家重点研发专项、海南省自然科学基金等科研项目10余项。获授权发明专利3项，实用新型专利6项。在国内外学术期刊发表论文30余篇。

序

天然橡胶（顺式-1,4-聚异戊二烯）是重要战略物资和工业原料，主要产自巴西橡胶树［*Hevea brasiliensis*（Willd. ex A. Juss.）Müll. Arg.］。我国是世界天然橡胶第一消费大国，每年超过80%天然橡胶原料依赖进口。橡胶来自切割橡胶树韧皮部乳管细胞获得的胶乳，其中排胶成本（割胶）占总生产成本的60%～70%，是橡胶产业发展提质增效的重要环节之一。深入解析天然橡胶生物合成和排胶的生理生化与分子调控机制是全面提升我国天然橡胶产量、品质和经济效益的关键，对确保我国天然橡胶长久稳定供应具有重要的战略意义。

橡胶树作为高大乔木，其生理学和分子生物学技术研究相比模式植物拟南芥、水稻、玉米和杨树等均有差距。据此，根据笔者在执行多项国家自然科学基金等国家级、省部级科研项目过程中的研究内容成果，将最新的植物植物生理学、生物化学和分子生物学研究技术应用在橡胶树天然橡胶生物合成和排胶机理与调控研究中，并针对橡胶树的特点对实验方案进行修改，取得良好结果。

全书共分为两篇十五章，上篇为排胶理论基础部分，第一章介绍天然橡胶生物合成机制研究进展，第二章介绍排胶过程活性氧产生和清除研究进展，第三章介绍橡胶树转录调控研究进展。下篇为技术指南部分，第四章介绍转录因子分析方法及其在橡胶树排胶机制研究中的应用，第五章介绍橡胶树MYB基因克隆、生物信息学分析和表达分析，第六章介绍橡胶树胶乳均一化酵母双杂交cDNA文库构建，第七章介绍抗体制备检测与Western检测，第八章介绍 ABA 信号途径 bZIP 转录因子的 Pull-down 分析，第九章介绍 ChiP-seq 鉴定转录因子目标基因，第十章介绍转录因子蛋白互作分析方法，第十一章介绍转基因拟南芥技术验证转录因子功能，第十二章介绍转录因子亚细胞定位分析，第十三章介绍橡胶树树皮线粒体提取及相关生理参数测定，第十四章介绍橡胶树树皮及胶乳中亚细胞组分蛋白质的提取及 LC-MS 分析，第十五章介绍橡胶树胶乳代谢组分析。附录详细介绍载体和试剂配制方法。

本书可供以橡胶树等热带、亚热带果树为研究对象的科研院所与高校科研人员、教师和研究生参考。

由于编著者水平有限，疏漏和错误在所难免，敬请批评指正！

王立丰　代龙军　杨　洪

2021 年 8 月于海口

目　录

上篇　排胶理论基础

下篇　技术指南

上　篇

排胶理论基础

第一章　天然橡胶生物合成机制研究进展

代龙军　王立丰

（中国热带农业科学院橡胶研究所）

天然橡胶（顺-1,4-聚异戊二烯，即橡胶烃）是重要的工业原料和战略物资，在我国国民经济和国防建设中具有重要的战略地位。天然橡胶主要来自巴西橡胶树（*Hevea brasiliensis*，简称橡胶树）。类异戊二烯生物合成对所有生物体都必不可少，并具有重要的工业和农业价值（Vranova et al.，2013）。类异戊二烯由异戊二烯焦磷酸（IPP）转化而来（Archer et al.，1961）。IPP 是植物中所有类异戊二烯的通用前体，IPP 通过两个独立的途径合成，即在细胞质中的甲羟戊酸（Mevalonate，MVA）途径和质体中的 2-c-甲基-d-赤藓糖醇 4-磷酸（2 - C - methyl - D - erythritol 4 - phosphate，MEP）途径，但天然橡胶生物合成由细胞质中的 MVA 途径供给（Chow et al.，2012）。本章简要介绍类异戊二烯生物合成前体如何在细胞质和质体中合成，其合成路径的关键基因和潜在调控因子，以及异戊二烯焦磷酸聚合为天然橡胶步骤。

一、植物中异戊二烯合成路径

植物类异戊二烯的合成和释放需要大量的碳源、能量。它有利于植物在高温时保护光合作用器官（Sharkey et al.，1996；Sharkey et al.，2008）。类异戊二烯是结构与功能最为多样的次生代谢产物，已从现存的物种中发现 50 000 多种分子（Singsaas et al.，1997）。植物类异戊二烯在膜流动性、呼吸作用、光合作用和生长发育过程中均具有重要作用。作为专化的次生代谢产物，它们参与化感作用和植物病原菌互作来保护植物。它们也被用来吸引传粉者和散播种子的动物。类异戊二烯的生物合成在所有生物体中都是必不可少的。许多类异戊二烯在橡胶生产以及药品、新药品、香料、香料、色素、农药和消毒剂方面具有经济价值（杨秀霞等，2019）。

植物中的类异戊二烯合成路径产生的大量异戊二烯参与光合作用过程，

包括光捕获、能量转换、电子转移和激发叶绿素三联体淬灭。叶绿素是由血红素通道衍生的四吡咯环和附着的异戊二烯衍生的植物链组成，存在于所有的反应中心和天线复合体中，吸收光能并将电子转移到反应中心。线状或部分环化胡萝卜素及其氧基衍生物叶黄素是异戊二烯类化合物，在光捕获过程中可抑制多余的激发能量，以保护光捕获复合体，它们在花卉和水果中也起引诱剂的作用。植物中有很大比例的异戊二烯通量是用于合成膜甾醇类脂质。异戊二烯衍生的植物激素虽然在异戊二烯总体中占比很少，但作用巨大。目前在植物中发现的 8 种主要激素中，有 5 种完全或部分来源于异戊二烯类。如脱落酸（吴继林等，1997）、油菜素内酯（Pustovoitova et al.，2001）、细胞分裂素（Wang et al.，2011b）、赤霉素（陈华峰等，2021）和独角金内酯（Ha et al.，2014；Stes et al.，2015）。FPP 和双牻牛基焦磷酸（GGPP）也被用于蛋白质的酰化，这一过程可以进一步调节植物的几个发育过程（Naparstek et al.，2012；Takaya et al.，2003）。在植物中合成挥发性异戊二烯类化合物，如异戊二烯和单、倍半萜，用以与环境和榕小蜂等昆虫进行交流。它们的组成和挥发性排放的程度因植物种类而异。考虑到异戊二烯类化合物在植物生长发育和商业应用中的重要性，了解异戊二烯类化合物合成的生化和分子调控对科学家和工业界都具有重要意义。

目前，所有的异戊二烯类化合物都来源于共同的前体异戊二烯焦磷酸（IPP），IPP 可以通过两种不同的途径合成，即甲羟戊酸（MVA）途径和 2-c-甲基-d-赤藓糖醇-4-磷酸（MEP）途径（Nurfazilah et al.，2019）。MVA 途径存在于大多数的生物中，包括古细菌、一些革兰氏阳性细菌（如肠球菌、葡萄球菌和链球菌）、酵母和动物（Yang et al.，2016）。相反，大多数革兰氏阴性细菌（如枯草芽孢杆菌和大肠杆菌）、蓝藻和绿藻使用 MEP 通路（Yang et al.，2012a；Yang et al.，2012b）。例如，由于莱茵衣藻基因组不编码 MVA 通路酶，所以在莱茵衣藻中不仅质体的异戊二烯类物质，而且细胞质的异戊二烯类物质（如甾醇）也来自 MEP 通路（Takeno et al.，2016）。天然橡胶生物合成途径如图 1-1 所示。

巴西橡胶树乳管细胞的结构与普通薄壁细胞相似，含有细胞核、质体、高尔基体、核糖体和内质网等多种细胞器。橡胶粒子是合成天然橡胶的特殊细胞器。天然橡胶的生物合成途径研究始于 20 世纪 50 年代，发现其合成途径是典型的异戊二烯合成路径，前体是异戊二烯焦磷酸（IPP），经甲羟戊酸（MVA）路径或甲基赤藓醇 4-磷酸（MEP）路径合成，并有橡胶树特有的橡胶延伸因子（REF）（Berthelot et al.，2014a）、小橡胶粒子蛋白

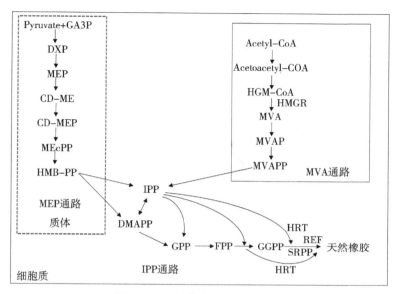

图 1-1　天然橡胶生物合成示意

注：橡胶树中 MVA 途径和 MEP 途径来自 IPP 前体。FPP—法尼基焦磷酸；GGPP—双牻牛基焦磷酸；GPP—牻牛基焦磷酸；HMG-CoA—3-羟基-3-甲基戊二酸单酰辅酶 A；HMGR—3-羟基-3-甲基戊二酸单酰辅酶 A 还原酶；IPP—异戊烯基焦磷酸；DMAPP—二甲烯丙基焦磷酸；MVA—甲羟戊酸；MVAP—甲羟戊酸-5-磷酸；MVAPP—甲羟戊酸式焦磷酸；REF—橡胶延伸因子；SRPP—小橡胶粒子蛋白；HRT—橡胶转移酶。

（SRPP）（Berthelot et al.，2014b；Wadeesirisak et al.，2017）等蛋白的参与（图 1-1）。橡胶树在生产过程需要通过割胶收获胶乳，而割胶过程在橡胶树中形成机械伤害（Tian et al.，2015）。乙烯利（释放乙烯）是目前生产上主要的产量刺激剂，已有研究表明，乙烯促进橡胶树增产的机制并不是直接上调橡胶生物合成关键基因的表达（Amalou et al.，1992b），可能是通过增加能量合成（Amalou et al.，1992a；Amalou et al.，1992b；Amalou et al.，1994）、水分运输（Tungngoen et al.，2009；Tungngoen et al.，2011）、糖转运（Dusotoit-Coucaud et al.，2009；Dusotoit-Coucaud et al.，2010a；Dusotoit-Coucaud et al.，2010b）等途径延长排胶时间，增加胶乳总产量。因此，天然橡胶生物合成作为典型的植物次生代谢过程，与植物对激素信号传导、伤害等胁迫反应密切相关，其合成还受光和病虫害等逆境因子调控。目前，天然橡胶合成相关的三个重大理论问题尚未解决，包括天然橡胶的合成机制（本章特指由异戊二烯焦磷酸单体聚合成异戊二烯的过程）、橡胶转移酶的属性、天然橡胶合成的分子量调控机制。其中前两个与橡胶粒子密切相关。

橡胶粒子是负责天然橡胶合成与储存的细胞器，是离体天然橡胶合成体系的必需成分之一。传统的离体天然橡胶合成体系以从天然胶乳中制备的洗涤过的橡胶粒子（Washed Rubber Particles，WRP）为主要成分（Benedict et al.，2012），但洗涤过程无法有效去除天然橡胶合成酶类，使离体合成体系具有较高的本底天然橡胶合成活性。最近，人工橡胶粒子制备取得重要进展，使用低分子量橡胶烃和磷脂构建人工橡胶粒子获得成功（Laibach et al.，2015；Laibach et al.，2018）。建立以人工橡胶粒子为主要成分的天然橡胶合成体系，有望消除离体天然橡胶合成体系的本底合成反应。

二、橡胶粒子在天然橡胶合成中的作用

橡胶粒子是存在于产胶植物的一种具有半单位膜结构的细胞器，是天然橡胶合成的重要参与者和天然橡胶合成产物的储存场所：其膜结构亲水侧为将异戊二烯焦磷酸单体（Isoprene Pyrophosphate，IPP）聚合为顺-1,4-聚异戊二烯的酶或酶复合体提供了附着表面，膜结构疏水侧与橡胶烃直接接触，将合成中或已合成的橡胶烃容纳于内（Cornish 1993，2001）；橡胶粒子在亲水单体（IPP）向疏水产物（橡胶烃）转化过程中发挥了重要作用，因此，在研究天然橡胶合成的离体实验中，都需要添加橡胶粒子这一重要组分（Archer，1960；Archer et al.，1963；Archer & Cockbain，1955；Archer & Sekhar，1955；Yamashita et al.，2016）。

三、线粒体为橡胶烃合成和胶乳再生提供
物质和能量保障

橡胶生物合成起始于叶片光合作用固定的蔗糖。蔗糖经蔗糖转运蛋白长距离运输转移至乳管细胞，在蔗糖转化酶及蔗糖合酶的作用下分解为葡萄糖，后者经一系列糖代谢反应在线粒体中生成乙酰 CoA，乙酰 CoA 经甲羟戊酸（MVA）代谢途径生成单体 IPP 分子，IPP 分子在橡胶转移酶及其辅助蛋白的作用下聚合形成长链橡胶烃（Ruderman et al.，2012）。乙酰 CoA 是连接分解代谢和合成代谢的中间代谢物，线粒体是其合成的主要场所。胞质中糖酵解产生的丙酮酸经丙酮酸脱氢酶复合体（Pyruvate Dehydrogenase Complex，PDCE）在线粒体中催化生成乙酰 CoA，生成的乙酰 CoA 借助柠

檬酸跨膜转运从线粒体转运到胞质，为橡胶烃的生物合成提供碳源（图1-1）。橡胶烃是一种高聚能化合物，每延伸1个IPP分子需要消耗3分子ATP和2分子NADPH，因此橡胶合成过程必然是一个高耗能过程。线粒体是细胞中主要的有氧呼吸和能量制造的场所，细胞代谢所需的能量约95%来源于线粒体（Nunes-Nesi et al., 2013; Senkler et al., 2017）。可见，橡胶树乳管细胞线粒体为橡胶合成提供了充足的能量和初始原料。

天然橡胶生产中通过有规律的切割乳管（割胶）获得天然橡胶的初始原料——胶乳。胶乳本质上是乳管细胞的细胞质，其成分的30%～50%为橡胶烃。割胶过程流出的胶乳除含有橡胶烃外，还含有大量合成橡胶烃的原料和半成品（糖、有机酸等），以及与橡胶烃合成相关的各种核酸、酶系等。胶乳再生是两次割胶期间乳管细胞流失成分的补充过程，涉及天然橡胶的合成、细胞器的重塑和能量供给等，是橡胶树胶乳产量的决定因素之一。割胶后大部分细胞器随胶乳从乳管伤口处流出，而线粒体仍保留在乳管中为胶乳再生提供动力和基础物质。线粒体中产生的ATP、ADP和AMP作为能量代谢的直接参与者，与胶乳再生过程中的天然橡胶生物合成、能量供给、细胞器的重塑以及其他细胞组分的合成、转运息息相关（Amalou et al., 1992a; Jacob et al., 1993; Rojruthai et al., 2010; Tang et al., 2010）。因此，线粒体中能量代谢物的快速合成和稳定供能为胶乳再生提供了物质和能量保障。

四、天然橡胶合成机理研究重要进展——橡胶转移酶及其复合体

天然橡胶合成机制，尤其是生物体如何将异戊二烯焦磷酸单体聚合为顺-1,4-聚异戊二烯这一关键步骤尚未阐明（Archer et al., 1963）。早期的研究者将催化这一步骤的酶称为橡胶转移酶；虽相继有研究者报道自己发现的橡胶转移酶，但是未能获得其他研究者的确认，对橡胶转移酶的追寻仍在持续（Light & Dennis, 1989）。目前，倾向于认为橡胶转移酶可能是顺-1,4-聚异戊二烯基转移酶（CPT）家族中的某一成员，对巴西橡胶树CPT的研究已经有一些报道（Asawatreratanakul et al., 2003; Uthup et al., 2019）；但未明确该家族成员何者为橡胶转移酶。

Epping等（2015）首次在产胶植物短角蒲公英（*Taraxacum brevicorniculatum*）中发现了橡胶转移酶的激活蛋白，Nogo-B受体蛋白（Epping et al., 2015）。Yamashita等（2016）则进一步发现橡胶树Nogo-B受体蛋白（命名

为 HRBP）在 REF 和 CPT 家族成员 HRT1 之间起衔接作用，REF 引导
HRBP 和 CPT 进入橡胶粒子，REF-HRBP-CPT 三者形成蛋白质复合体催化
天然橡胶的多聚反应（Yamashita et al.，2016）。发现 SRPP 也可将 HRBP 和
CPT 家族成员 HRT2 招募至内质网。这些研究初步展示了橡胶粒子表面催化
天然橡胶合成的蛋白质复合体的构成，同时为橡胶粒子的起源于内质网的理
论提供了新证据（Brown et al.，2017；Brown et al.，1983；Herman，2008）。

2003 年报道了 HRT1 和 HRT2 的基因序列（Asawatreratanakul et al.，
2003），Asawatreratanakul 所在的 Takahashi 研究组似乎坚持了对 HRT1 和
HRT2 的研究（Asawatreratanakul et al.，2003；Takahashi et al.，2012；Ya-
mashita et al.，2016）；而基因组研究结果表明 CPT 家族至少包含 8 个成员
（Rahman et al.，2013；Tang et al.，2016；Tang et al.，2013）。一些研究结果
表明橡胶粒子上实际存在的 CPT 的氨基酸序列可能不同于 HRT1 和 HRT2
（Dai et al.，2017；Wang et al.，2015；Wang et al.，2013）。利用氚标记的对
位二苯甲酮焦磷酸香叶酯 $[^3H\ Bz\text{-}GPP(p)]$ 作为引发底物显示了与天然橡
胶合成相关蛋白质的结合，包含一个大于 240 kDa 的蛋白质和两个小于 4
kDa 的蛋白质（Cornish et al.，2018）。该研究发现银胶菊（*Parthenium argen-
tatum* Gray）、巴西橡胶树（*H. brasiliensis* Muell. Arg）和印度榕（*Ficus
elastica* Roxb）都存在这样的 $[^3H\ Bz\text{-}GPP\ (p)]$ 亲和的蛋白质，小蛋白
与大蛋白的化学定量比约为 3：1。

五、基于巴西橡胶树橡胶粒子离体天然橡胶合成体系

Arhcer 等在 20 世纪 60 年代为了测定天然橡胶合成速率及橡胶转移酶活
性而建立这一体系，并一直为其他研究者沿袭使用（Archer & Sekhar，
1955；Archer et al.，1960；Archer et al.，1963）。利用该体系检测橡胶转移酶
活性基本流程是：将洗涤过的橡胶粒子（WRP）、放射性标记的异戊二烯焦
磷酸（$^{14}[C]$-IPP）、引发底物、镁离子等组成反应体系进行橡胶体外合成；
用苯或己烷等溶剂溶解已合成的顺-1,4-聚异戊二烯；采用液体闪烁计数器
检测新掺入顺-1,4-聚异戊二烯的 $^{14}[C]$-IPP 的数量（Archer & Sekhar，
1955；Archer et al.，1960；Archer et al.，1963）。

这一离体天然橡胶合成检测体系采用了放射性标记技术，无疑使它足够
灵敏。但这一体系存在 3 方面的缺点：①洗涤过的橡胶粒子包含橡胶粒子天
然橡胶合成相关的蛋白，尤其是 CPT，导致了体系的高本底反应（使用含

去垢剂溶液洗涤橡胶粒子后，橡胶粒子仍然保留了80%以上的天然橡胶合成活性（Yamashita et al., 2016），对天然橡胶合成活性的检测不利；②巴西橡胶树的橡胶粒子易离心收集，但是纯化不易。洗涤过的橡胶粒子仍包含Frey-Wyssling粒子、破碎的黄色体膜、被橡胶粒子结合的乳清来源或黄色体来源的蛋白，而且从已有的蛋白质组学结果（Dai et al., 2013；Habib et al., 2017；Tong et al., 2017）来看，污染较严重，因此，洗涤过的橡胶粒子的真实组成其实是不清楚的；③因为使用放射性标记，需要专用的实验室和设备，限制了它的应用（Dai et al., 2013；Habib et al., 2017；Tong et al., 2017）。

六、人工橡胶粒子构建取得重要进展

最近，Laibach等（2018）根据短角蒲公英橡胶粒子磷脂组成，使用磷脂酰胆碱、磷脂酰肌醇、磷脂酰丝氨酸3种磷脂和低分子量（2 400 Da）的橡胶烃首次成功构建了具有半单位膜结构（即单层膜结构）的人工橡胶粒子（Laibach et al., 2018）。若将人工橡胶粒子与所采用的将离体表达的活性蛋白质导入橡胶粒子技术相结合，则有可能构建新的、组分可控的、低CPT本底干扰的离体天然橡胶合成体系（Yamashita et al., 2016）。成功构建这一体系则能够揭示天然橡胶合成所需的最基本成分，将深化对橡胶转移酶和天然橡胶合成机制的认识。

（一）利用微粒体进行离体天然橡胶合成的可能性

Ro的团队在CPT及CBP（CBP即CPT结合蛋白Nogo-B受体蛋白）酵母双突变体（致死突变）中共表达拟南芥CPT及CBP，破碎细胞后，通过离心获得微粒体（CPT与CBP共定位于线粒体）用于体外的天然橡胶合成实验，发现微粒体组分具有异戊二烯转移酶活性（Kwon et al., 2016）。这一研究结果，其蛋白质合成是在酵母细胞中进行的，而不是所采用的麦胚无细胞表达体系内完成的；使用酵母细胞，就使蛋白质合成过程可以扩大规模及降低成本。在酵母细胞中进一步实现REF和SRPP的表达，可以更接近地模拟产胶植物中的天然橡胶合成条件。并且，酵母中原有的CPT及CBP只能合成低分子量（55C或11个异戊二烯单位）的聚异戊二烯，可考虑导入产胶植物的CPT及CBP等蛋白成分，使成为新的不依赖于洗涤过橡胶粒子的基于微粒体的离体天然橡胶合成体系。

（二） 已有的人工合成生物高分子的范例

核酸的聚合酶链式反应（PCR）可扩增特定的 DNA 片段，反应体系组分明确，功能可靠，构成反应体系的组分包括 DNA 模板、Taq DNA 聚合酶（唯一的蛋白质成分）、引物、脱氧核糖核酸底物（dNTPs）、缓冲盐、水、mg^{2+}。蛋白质的体外合成已经实现，麦胚无细胞体系使用麦胚匀浆破碎后在特定离心力（30 000×g）下的获得的液体组分所包含的酶类实现了蛋白质的体外合成，而 PURexpress 系统成分明确，包含 32 种单独纯化的组分（Shimizu et al., 2001），除了核糖体是从原核细胞提取，其他酶类如氨酰基-tRNA 合成酶，起始因子、延伸因子、释放因子、核糖体回收因子、甲硫氨酰-tRNA 转化酶、T7 RNA 聚合酶、肌酸激酶、肌激酶、核苷二磷酸激酶和焦磷酸酶等都是组氨酸标记的重组蛋白。这些体外高分子合成可为天然橡胶的离体合成的进一步研究提供参考。

七、展　望

充分利用离体蛋白质合成技术，改进离体天然橡胶合成体系，以降低本底反应，避免放射性底物使用，是未来努力的方向。

第二章　排胶过程活性氧产生和清除研究进展

王立丰　杨　洪

（中国热带农业科学院橡胶研究所）

橡胶树排胶是有规律切割橡胶树韧皮部乳管细胞后胶乳从切口流出的过程。不恰当刺激及过度割胶会引起橡胶树乳管局部或全部不排胶，生产上俗称为死皮（Tapping Panel Dryness，TPD）（Venkatachalam et al.，2007，2009）。死皮是由于割线排胶影响面范围内的乳管系统发生生理或病理的变化，局部或全部丧失产胶机能的病变（覃碧等，2012）。死皮是橡胶树排胶障碍的极端表现形式，可分为割面干涸和褐皮病两种。死皮起因复杂、危害严重，并且对橡胶产量影响显著。此外，高产品系、高产林段、高产树位或高产单株更易发生死皮。死皮橡胶树的割线，初期呈灰暗色水渍状，严重时出现褐色斑点，严重时引起树皮组织坏死、割面变形、病皮干枯、爆裂脱落。其发生条件与割胶强度、品系和地理环境有关。死皮机制的不确定导致死皮防控技术研发遇到阻碍，因此亟须加强橡胶树死皮机制研究，为研发死皮防控技术和新型死皮防控剂打下良好基础。本章简要介绍了橡胶树死皮机制的研究进展，根据笔者的前期研究结果提出死皮水分亏缺和活性氧导致死皮发生的假说，并提出研究这些机制的分析方法。

一、死皮引起橡胶树树皮结构与蛋白组成变化

（一）橡胶树树皮结构特征变化

根据不同死皮类型和不同死皮级别橡胶树树皮细胞乳管、水囊皮和黄皮等韧皮部组织的组织病理学差异，可以将死皮分为内褐型、外褐型和稳定型3种类型（邓军等，2008；张云霞等，2006）。近年来随着电子显微技术的发展，可将死皮类型进一步细分。例如，研究橡胶树 PR107 品系死皮病乳管内缩、中无、内无、缓慢排胶、点状排胶、局部无胶、全线无胶、完全死

皮 8 种症状割线处下方 5 cm 处的树皮显微结构，发现 8 种死皮症状中水囊皮和黄皮中乳管直径、列数，石细胞和膨大乳管所占黄皮总面积的百分比均有所不同，从而确认 8 种死皮症状的解剖结构特征。对橡胶树韧皮部坏死进行解剖学观察发现特化细胞（乳管和筛管）和非特化细胞（如薄壁细胞和伴胞）都发生退化，说明橡胶树韧皮部坏死属于死皮的一种，是胁迫反应诱导的细胞程序性死亡过程（de Faÿ，1988）。

（二）死皮橡胶树线粒体发生结构异常

线粒体是由内、外双层膜包被的多功能细胞器，外膜、内膜、膜间隙和基质组成 4 个不同的线粒体功能区。线粒体内、外膜上含有大量正常生理功能所需的酶系和电子传递载体，膜间隙还含有一些可溶性的酶、辅助因子和生理功能所需的底物等（Mannella et al.，2013）。乳管细胞是天然橡胶合成和积累场所，除含有天然橡胶合成所需 3 种特殊细胞器（橡胶粒子、黄色体和 F-W 复合体）外，其他细胞器组成与普通薄壁细胞相似。死皮是一种典型的橡胶树产胶、排胶障碍类型。与健康树相比，死皮橡胶树树皮乳管线粒体出现多种异常变化。电镜观察发现死皮橡胶树树皮线粒体被拉伸或压缩（图 2-1a、图 2-1b 和图 2-1d），线粒体基质有大量电子致密物质沉积（图 2-1a 至图 2-1c，图 2-1e），线粒体外膜消失（图 2-1f 和图 2-1g），部分细胞线粒体出现巨大分支（图 2-1g）（de Faÿ，2011）。死皮橡胶树树皮从形成层向外的第二列乳管细胞线粒体出现髓鞘状结构，乳管细胞周围的薄壁细胞线粒体、微体等细胞器数量增多（田维敏，2014）。

（三）死皮导致蛋白组成变化

橡胶树死皮会导致橡胶树生物合成关键酶蛋白差异表达，采用 2-D 电泳和基质辅助激光解析电离飞行时间质谱技术（MALDI-TOF-MS），从死皮树胶乳中共鉴定出 13 个蛋白差异表达点。与健康株相比，在死皮中上调表达的蛋白质点有 11 个，下调表达的蛋白质点有 2 个，并且功能多为未知蛋白，这些差异表达的蛋白质可能在橡胶树死皮发生和发展过程中发挥重要作用（陈春柳等，2010）。死皮病相关树皮蛋白化学成分和电泳鉴定表明死皮病会导致橡胶树树皮蛋白发生显著变化（覃碧等，2012）。此外，蛋白的泛素化也是翻译后调控死皮发生的一个重要机制（许闻献等，1995）。

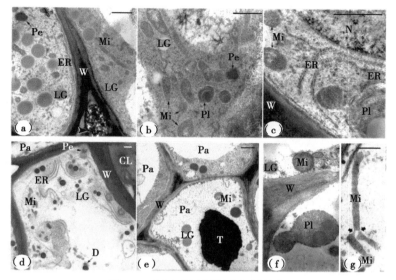

图 2-1　死皮橡胶树树皮超微结构

注：CL—凝聚胶乳；D—高尔基体；ER—内质网；LG—脂质小球；Mi—线粒体；N—细胞核；Pa—薄壁细胞；Pe—过氧化物酶体；Pl—质体；T—单宁；W—细胞壁，标尺长度为 1 μm。

二、橡胶树死皮发生相关假说

鉴于死皮的重要性，自 1921 年以来，人们从病理学、生理学等角度提出了死皮的多种假说，有严重性局部创伤反应、水分不正常波动、胶乳极度稀释等多种假说（范思伟和杨少琼，1984）。病理学假说是指褐皮病发生曾一度被认为是有病原物侵染引起的，但迄今为止尚未发现与褐皮病有关的病毒或真菌一类的病原体，采用组织和细胞病理学技术鉴定了树皮韧皮部坏死也没有检测到病原菌，已经确认死皮发生不是由于病原菌引起的（邓军等，2008；郝秉中和吴继林，2007；蒋桂芝和苏海鹏，2014）。过氧化和活性氧假说是指导致胶乳凝结的因子是在细胞器，具有溶酶体特性的微泡液黄色体和 Frey-Wyssling 粒子中，膜破裂导致 NAD（P）H 酶活增加有关，导致活性氧上升，诱发死皮（喻时举和林位夫，2008；袁坤等，2011）。

生理（营养）失调假说是由指泰国学者提出，该假说认为褐皮病（死皮）与病毒和真菌无关，是一种生理失调。曹建华从生态学角度开展橡胶树养分循环的动态模拟研究，提出死皮发生的橡胶树养分亏缺假说（曹建华等，2008）。斯里兰卡橡胶所分析死皮树的胶乳和树皮营养元素组成也发现死皮树的钾、钙和镁含量平衡失调，但不确定这种营养失衡是死皮的原因还是结果（胡义钰等，2019；周敏等，2019）。

乙烯利衰老假说是指乙烯利具有促进排胶增加产量的作用，与解除乳管堵塞、诱导愈伤反应和提高蔗糖供给有关。我国学者提出长期对橡胶树使用乙烯利，使用不当会导致胶树死皮（蔡磊等，1999）。乙烯是一种生理效应范围广的广谱性植物激素，其生理效应之一是促进植物的衰老，长期和过度使用乙烯利必将会使胶树衰老，至少是局部乳管衰老，从而导致死皮。然而，只要低频割胶就不会引起死皮增加。

激素失调假说是指植物激素在调控植物生长发育、抗逆及衰老等过程中具有信号交互和协同反应的特点。我国学者认为橡胶树死皮是由过度割胶引起的一种复杂的生理综合征。植物激素失衡可能是橡胶死皮的一个重要因素（邓军等，2008）。生理上的诸多胁迫是导致橡胶树死皮的一个重要因素，而这些胁迫影响了胶树内的激素发生变化，致使橡胶内源激素不能达到平衡，影响胶树正常生长发育而表现出来的一种自卫反应。

氰化物中毒假说是郝秉中和吴继林提出树干韧皮部坏死病是由环境胁迫（特别是水分缺乏）引起的生理病害，氰化物中毒是韧皮部坏死的直接原因（郝秉中和吴继林，2007）。在病树树干坏死区及其附近的内韧皮部中，生氰酶 β-D 葡糖苷酶基因表达强度，酶蛋白的含量和酶的比活性明显升高。法国学者亦实验证明这一结论（Chrestin et al.，2004）。他们克隆了 β-D 葡糖苷酶的基因，并在此基础上证明与健康的割胶树比较，在病树组织坏死区及其附近的树皮中，β-D 葡糖苷酶的基因表达强度，酶蛋白含量和酶的比活性都明显升高。

水分亏缺假说认为割胶反复地带走大量胶乳，引起树皮内水分发生波动，水分不正常的波动是死皮病发生的原因。Frey-Wyssling 也持类似的观点，认为胶乳不正常的强度稀释促进死皮病的发生（Frey-Wyssling，1932）。水通道蛋白基因的克隆与功能分析也证明了这一论点的准确性（黄娟等，2011；庄海燕等，2010a；庄海燕等，2010b）。

近 10 年来，橡胶树分子生物学研究进展迅速，建立了遗传转化体系并开展了全基因组测序，为研究死皮分子机制提供有力保障。死皮发生与 MYB 转录因子有关，*HbMyb1* 在橡胶树的叶片、树皮和胶乳中表达，其表达强度与死皮相关（Chen et al.，2003；高和琼等，2012）。随后的转化烟草证明，该基因与胁迫诱导的程序性死亡相关（Peng et al.，2011）。此外，发现与死皮相关的基因还有 γ 谷氨酰半胱氨酸合成酶（*Hbγ GCS*）基因（邓治等，2012）、利用 mRNA 差显技术分离的 *Hb1-4* 基因（黄贵修等，2002）、小 G 蛋白 *HbRAN1* 等（黄亚成等，2013）。

三、死皮防控技术

常规割胶措施防控死皮是根据橡胶树不同死皮发生假说，研发出多种防控技术。不同的根病树死皮、雨冲胶死皮等采取不同的生产防治和复割措施。马来西亚发现短线割胶减少死皮发生。我国采用死皮植株割面调整的策略防控死皮（陈君兴等，2012）。根据季节、物候、天气和树的状况割胶。采用交替割胶制度亦可减少死皮发生（Chantuma et al.，2009）。增加营养减少死皮是指用液体微肥和植物生长调节剂提高干含，减少死皮（陆行正和何向东，1982）。这与营养失调假说相符。范思伟等研究发现稀土不具有显著提高橡胶树产胶量的基础，但有助于防控死皮（范思伟和杨少琼，1984，1986）。因此，增加稀土元素能进行有效死皮防空。

四、死皮诱导的水分和活性氧机制模型

根据著者最新的研究结果和死皮防控技术的研发试验效果，认为水分缺失是引起死皮的关键因素。其余相应的生理、生化变化均为水分缺失后的结果。这是因为，水分是橡胶树排胶的基础，尤其干旱对橡胶树成龄割胶树影响巨大（Isarangkool Na Ayutthaya et al.，2011；Ayutthaya & Do，2014）。水分作为重要的信号还具有调控光合产物蔗糖和淀粉在树干和乳管中的分配和积累（Chantuma et al.，2009）。死皮机制研究过程常通过强割和针刺法诱导死皮发生。在强割和针刺法诱导死皮发生的基础上，笔者研究发现采用模拟干旱的方法（如聚乙二醇 6000 等高渗溶液涂布橡胶树割面）可以更好地诱导死皮的发生。树皮过氧化氢含量的测定、O^{18} 稳定同位素的应用、高渗液应用、割面涂甘油等吸湿剂保水、树皮含水量测定等均能够验证该假说（蔡甫格等，2011）。

（一）活性氧产生和清除研究进展

活性氧的产生是由于基态三线态分子氧是一个生物自由基，其最外层的两个价电子占据具有平行自旋的独立轨道。要氧化一个非自由基的原子或分子，三线态氧需要与一个伙伴发生反应，这个伙伴提供一对具有平行自旋的电子，以适应它的自由电子轨道。基态氧可以通过能量转移或电子转移反应转化为更活泼的 ROS 形式。前者导致单线态氧的形成，而后者导致超氧化物、过氧化氢和羟基自由基的依次还原。在植物中，ROS 作为定位于不同细胞室的各种代谢途径的副产物不断产生。在生理稳定的条件下，这些分子会被不同的抗氧化防御成分清除。ROS 的产生和清除之间的平衡可能会被一些不利的环境因素所扰乱。由于这些干扰，细胞内 ROS 水平可能迅速上升。植物也通过激活各种氧化酶和过氧化物酶来产生 ROS，这些氧化酶和过氧化物酶是对某些环境变化的响应导致 ROS 快速增加（黄亚成和秦云霞，2012）。

　　线粒体（Mitochondrion）是存在于大多数真核生物细胞中的半自主细胞器，是细胞内氧化磷酸化和形成 ATP 的主要场所，有细胞"动力工厂"之称。在正常情况下，植物细胞内活性氧（Reactive Oxygen Species，ROS）的产生和清除是平衡的。当植物体遭遇外来胁迫（包括生物和非生物胁迫，如极端温度、水分胁迫、病原菌入侵等）时，ROS 的产生和清除代谢将失去平衡，产生氧化胁迫。ROS 浓度低时能诱发植物细胞的抗氧化防御机制，从而清除活性氧，使细胞不受伤害。ROS 浓度过高时能引发细胞程序性死亡，这在植物病理学中也称为超敏反应过程，在多种植物与病原菌互作中存在（刘永明等，2015；袁坤等，2014b；袁坤等，2014a）。例如，白粉病菌侵染植物叶片将不可避免地影响光合作用和呼吸作用。在栗子、大麦和甜菜中发现光呼吸与白粉病抗性紧密相关（Appiano et al.，2015a；Appiano et al.，2015b；Li et al.，2016c）。植物光呼吸和光合作用等有氧代谢过程不可避免地导致线粒体、叶绿体和过氧化物酶体中活性氧物质（ROS）的产生。尽管产生的 ROS 类型不同，但它们均具有对蛋白质、DNA 和脂质造成氧化损伤的能力。研究表明，ROS 在植物发育调节和病原体防御反应中也起到信号分子的作用（蔡磊等，1999；黄亚成和秦云霞，2012）。

（二）细胞凋亡

　　在动物生理学的研究中，细胞凋亡和细胞增殖都是生命的基本现象，是维持体内细胞数量动态平衡的基本措施（Awata et al.，2019；Freeman & Katan，1997）。在胚胎发育阶段通过细胞凋亡清除多余的和已完成使命的细胞，保证了胚胎的正常发育；在成年阶段通过细胞凋亡清除衰老和病变的细胞，保证了机体的健康。和细胞增殖一样，细胞凋亡也是受基因调控的精确过程。细胞凋亡的途径主要有两条，一条是通过胞外信号激活细胞内的凋亡酶 Caspase（Shahidi-Noghabi et al.，2010a；Zhu et al.，2012），另一条是通过线粒体释放凋亡酶激活因子激活 Caspase（Liu et al.，2016a；Liu et al.，2009；Vacca et al.，2006）。这些活化的可将细胞内的重要蛋白降解，引起细胞凋亡。细胞凋亡的调控涉及许多基因，包括一些与细胞增殖有关的原癌基因和抑癌基因。其中研究较多的有 Caspase 家族（ICE）、Apaf-1、AIF、Bcl-2、Fas/APO-1、p53 等。细胞应激反应或凋亡信号能引起线粒体细胞色素 c 释放（Vacca et al.，2006），作为凋亡诱导因子，细胞色素 c 能与 Apaf-1、caspase-9 前体、ATP/dATP 形成凋亡体（Apoptosome），然后召集并激活 Caspase-3（Shahidi-Noghabi et al.，2010b），进而引发 Caspases 级联反应，导致细胞凋亡。由于大部分凋亡细胞中很少发生线粒体肿胀和线粒体外膜破裂的现象，所以目前普遍认为细胞色素是通过线粒体 PT 孔或 Bcl-2 家族成员形成的线粒体跨膜通道释放到细胞质中的。线粒体既是细胞的能量工厂，也是细胞的凋亡控制中心。一个主要的原因是各类生长因子都可以促进葡萄糖转运和己糖激酶等向线粒体转运、加速能量生产，相反地剥夺生长因子后，细胞氧消耗降低、ATP 合成不足、蛋白质合成受阻，最后细胞走向死亡（Cho et al.，2009）。

（三）细胞程序性死亡

在细胞凋亡一词出现之前，胚胎学家已观察到动物发育过程中存在着细胞程序性死亡（Programmed Cell Death，PCD）现象，它是胚胎正常发育所必需的。PCD 和细胞凋亡常被作为同义词使用，但两者实质上是有差异的（Greenberg，1996）。一方面，PCD 是一个功能性概念，描述在一个多细胞生物体中，某些细胞的死亡是个体发育中一个预定的，并受到严格控制的正常组成部分，而凋亡是一个形态学概念，指与细胞坏死不同的受到基因控制的细胞死亡形式（Eckardt，2006；Greenberg et al.，1994）。另一方面，PCD 的最终结果是细胞凋亡，但细胞凋亡并非都是程序化的（Zuzarte-Luis et al.，2007）。

死皮是橡胶树割面局部不排胶或全部不排胶的现象，是橡胶树产胶、排胶障碍的极端表现形式。为了解橡胶树死皮发生机理，研究者从细胞生物学、植物病理学、植物生理学、生物化学和分子生物学等多个角度开展了大量的研究并取得了一定的进展。染色质浓缩、聚集和核 DNA 降解是植物

PCD 最主要的特点。de Faÿ 等（2011）和 Peng 等（2011）都证实死皮橡胶树出现细胞死亡、核浓缩和 DNA 片段化等 PCD 典型特征，而健康橡胶树中却不存在这些现象，证明橡胶树死皮为 PCD 过程。彭世清等（2003）鉴定和克隆了一个与死皮相关的基因 *HbMyb1*，认为 *HbMyb1* 是 PCD 的负调控因子。Liu 等（2019）发现植物 PCD 关键调控因子 Metacaspase 家族基因 *HbMC1* 在健康和死皮橡胶树间存在显著表达差异并且与割面干涸严重程度正相关。Venkatachalam 等（2007）和 Li 等（2010）分别鉴定了死皮和健康橡胶树胶乳差异表达基因，均发现差异表达基因在 PCD 途径中富集。通过对死皮和健康橡胶树树皮转录组分析，进一步证实橡胶树死皮与 PCD 密切相关（Li et al.，2016a）。此外，利用蛋白组学技术对死皮和健康橡胶树间差异表达蛋白进行分析，也发现 PCD 相关蛋白在健康与死皮橡胶树间存在差异（闫洁等，2008；闫洁和陈守才，2008）。Gébelin 等（2013）研究发现橡胶树死皮相关小 RNA 的靶标基因在 PCD 途径中富集。以上研究结果表明，橡胶树死皮是一个 PCD 过程。

近年来，有关植物 PCD 调控的研究取得了较大进展。越来越多的研究证明线粒体不仅是植物能量和物质代谢的中心，在 PCD 调控中也占主导地位（Vianello et al.，2007）。线粒体中含有大量的细胞凋亡因子，在 PCD 发生早期阶段，线粒体膜表面的电荷发生变化从而导致线粒体跨膜电位的变化，线粒体外膜被破坏，Cyt c 释放到细胞质（Eckardt，2006）。缺氧环境下小麦根细胞线粒体出现肿胀，并伴有 Cyt c 的释放（Virolainen et al.，2002）。热激处理能引起烟草细胞线粒体膜电位降低，从而导致 PCD 发生（Vacca et al.，2006）。基于线粒体在其他植物 PCD 调控过程中的核心作用，线粒体可能通过调控 PCD 参与橡胶树乳管产排胶。

（四）衰　老

衰老又称老化，通常指生物发育成熟后，在正常情况下随着年龄的增加，机能减退，内环境稳定性下降，结构中心组分退化性变化，趋向死亡的不可逆的现象（Goodson et al.，2015；Serrano et al.，2010）。衰老细胞的形态变化主要表现在细胞皱缩（Stamm et al.，2012），膜通透性、脆性增加，核膜内折，细胞器数量特别是线粒体数量减少，胞内出现脂褐素等异常物质沉积，最终出现细胞凋亡或坏死（Ikeda et al.，2021；Yang et al.，2002）。衰老细胞分子水平的变化主要表现在脂类、蛋白质和 DNA 等细胞成分损伤，细胞代谢能力降低。例如，DNA 复制与转录受到抑制，但也有个别基因会异常激活，端粒 DNA 丢失，线粒体 DNA 特异性缺失，DNA 氧化、断裂、缺失和交联，甲基化程度降低等。脂类则是不饱和脂肪酸被氧化，引起膜脂之间或与脂蛋白之间交联，膜的流动性降低（Gan & Amasino，1997）。研究表明，多种外源物质与因素，如真菌病害、H_2O_2、乙烯、盐诱导、干旱等均可以诱导植物细胞程序性死亡和衰老（Chou & Kao，1992；Ke et al.，2019）。

关于衰老的机理具有许多不同的学说，如代谢废物积累（Waste Product Accumulation，WPA）和大分子交联等。与植物相关的主要是自由基学说，自由基是一类瞬时形成的含不成对电子的原子或功能基团，普遍存在于生物系统，主要包括氧自由基（如羟自由基·OH）、氢自由基（·H）、碳自由基、脂自由基等，其中，·OH 的化学性质最活泼。自由基的产生有两方面：一是环境中的高温、辐射、光解、化学物质等引起的外源性自由基（Cho et al.，2009；Cipak et al.，2008）；二是体内各种代谢反应产生的内源性自由基。内源性自由基产生的主要途径：由线粒体呼吸链电子泄漏产生（Venditti et al.，2010），由经过氧化物酶体的多功能氧化酶（Mixed‐Functional Oxidase，MFO）等催化底物羟化产生（Blokhina et al.，2003；Michaeli et al.，2001）。自由基含有未配对电子，具有高度反应活性，可引发链式自由基反应，引起 DNA、蛋白质和脂类，尤其是多不饱和脂肪酸（Polyunsaturated Fatty Acids，PUFA）等大分子物质变性和交联，损伤 DNA、生物膜、重要的结构蛋白和功能蛋白，从而引起衰老各种现象的发生。正常细胞内存在清除自由基的防御系统，包括酶系统和非酶系统，前者如超氧化物歧化酶（Superoxide Dismutase，SOD）（Wang et al.，2014）、过氧化氢酶（Catalase，CAT）、谷胱甘肽过氧化物酶（Glutathione Peroxidase，GSH‐PX）、非酶系统有维生素 E、醌类物质等电子受体（Weidinger & Kozlov，2015）。

（五）生成活性氧生物路径和非生物路径

对病原体攻击最快速的防御反应之一是所谓的氧化暴发，它在试图入侵的部位构成 ROS 的产生，主要是超氧化物和 H_2O_2（Gidrol et al.，1994）。有学者证明了马铃薯块茎组织产生的超氧化物，在接种了一种无毒性的病斑植物后迅速转化为过氧化氢。同一病原体的一个毒株则未能诱导生产。随后，在包括无毒细菌、真菌和病毒在内的一系列植物病原体相互作用中发现了活性氧生成（Chen et al.，2014；Vranova et al.，2000）。几种不同的酶参与了

ROS 的生成。还原型烟酰胺腺嘌呤二核苷酸磷酸（Nicotinamide Adenine Dinucleotide Phosphate，NADPH）依赖的氧化酶系统，类似存在于哺乳动物中性粒细胞中，受到了最广泛的关注。在动物体内，NADPH 氧化酶存在于吞噬细胞和 B 淋巴细胞中。它以 NADPH 为电子供体，通过氧的单电子还原来催化超氧化物的生成。这种酶产生产物是产生各种活性氧化剂的起始物质，包括氧化卤素、自由基和单线态氧。这些氧化剂被吞噬细胞用来杀死入侵的微生物。胞质复合物被招募到细胞膜上，在那里它与两个膜结合的成分结合，组装活性氧化酶。活化不仅需要核心成分的组装，还需要两个低分子量鸟苷核苷酸结合蛋白的参与。

在水稻中，激活动物酶所需的三磷酸鸟苷（Guanosine Triphosphate，GTP）结合蛋白同源物与病原体诱导的细胞死亡有关。除了一种植物特异性 NADPH 氧化酶，还提出了其他 ROS 产生机制。许多过氧化物酶定位于胞外体空间，并以离子或共价的方式与细胞壁聚合物结合。过氧化物酶可以以两种不同的催化方式发挥作用。在 H_2O_2 和酚类底物的存在下，它们在过氧化循环中运行，并参与木质素和其他酚类聚合物的合成（Cheng et al.，2019）。然而，如果酚类底物被 NADPH 或相关的还原性化合物取代，一个连锁反应就会开始，为过氧化物酶产生 H_2O_2 NADH 氧化酶活性提供了基础。除了产生超氧化物和过氧化氢的 NAD（P）H 氧化酶的活性，对辣根过氧化物酶的体外研究表明该酶还有另一种活性即生成羟基自由基。类似于 $Fe^{2+/3+}$ 催化的 Haber-Weiss 反应，辣根过氧化物酶可以将过氧化氢还原为羟基自由基。因此，当细胞壁结合过氧化物酶接触到适当浓度的超氧化物和 H_2O_2 时，来源于过氧化物酶的氧化循环或其他来源，就会在细胞内形成羟基自由基。这种情况普遍存在，例如，当植物中 O_2^- 和 H_2O_2 水平增加，以应对病原体的攻击，然后过敏性反应导致宿主细胞死亡。然而，细胞壁结合过氧化物酶产生的羟基自由基也可能与其他生理反应有关，如根、下胚轴或胚芽的细胞壁重排过程中结构聚合物的受控分解。

在分离的烟草表皮细胞中，加入真菌激发子后，两种不同的 ROS 产生机制被激活。ROS 产生的来源之一被确定为 NADPH 氧化酶和/或黄嘌呤氧化酶，而第二种活性归因于过氧化物酶和/或胺氧化酶。目前尚不清楚这些活性是否依次出现，并因此负责真菌或细菌激发子诱导 ROS 的两个阶段（在植物细胞培养中测量）。食草性昆虫在进食时机械地伤害植物组织，诱导植物内过氧化氢水平的增加，使人联想到病原体引发的氧气爆炸。根据 DPI 的抑制作用，H_2O_2 的产生与 NADPH 氧化酶有关，从而在植物—病原体相互作用和伤口反应中触发 H_2O_2 产生的共同机制。过氧化氢被认为是第二信使物质，用于诱导防御基因对伤害的反应。然而，这些防御基因不同于植物—病原体互作过程中诱导的防御基因。因此，创伤诱导的防御反应的特异性可能不是来自 H_2O_2。

在植物中，ROS 主要在叶绿体、线粒体（Rhoads et al., 2006；Schulz et al., 2014）和过氧化物酶体中持续产生。必须严格控制活性氧的产生和清除。然而，一些不利的非生物胁迫因素，如强光、干旱、低温、高温和机械胁迫，可能会扰乱 ROS 的产生和清除之间的平衡（Velikova et al., 2005）。过氧化氢/超氧化物氧在光驱动的光合电子传递过程中不断产生，同时通过还原和同化从叶绿体中清除。有 3 种类型的耗氧过程与光合作用密切相关：①核酮糖-1,5-二磷酸羧化酶加氧酶（RibμLos-1,5 diphosphate carboxylase oxygenase，Rubisco）的氧合酶反应；②通过光系统 I（PS I）电子传递直接还原分子氧；③叶绿体呼吸。叶绿体呼吸作用是由叶绿体中 NAD（P）H 脱氢酶和末端氧化酶组成的呼吸链的存在所导致的氧的还原，该呼吸链与光合电子传递链竞争还原等价物。这一过程已经在微藻中进行了大量的研究。直到最近，在高等植物中也发现了这种呼吸链的成分。目前尚不清楚这一过程对高等植物叶绿体中 ROS 形成的贡献程度，尽管叶绿体呼吸的电子传递能力仅小于光合作用的 1%。光合作用中 ROS 形成的两个主要过程是通过与 PSI 相关的电子传递组分的还原，将 O_2 直接光还原为超氧自由基，以及与光呼吸循环有关的反应，包括在叶绿体中的 Rubisco 和过氧化物酶体中的乙醇酸氧化酶和 CAT 过氧化物酶反应。当植物暴露在超过 CO_2 同化能力的光照下时，电子传递链的过度还原导致 PSII 失活，抑制光合作用（Russell et al., 1995；Tikkanen et al., 2014）。

植物可以使用两种策略来保护光合器官免受光抑制：①PS II 天线中过量激发能的热耗散（非光化学淬灭）；②PS II 将电子转移到叶绿体内的各种受体的能力（光化学淬灭）。当植物受到环境压力和二氧化碳在叶的可用性受到限制时可减少氧气的 PS I（梅勒反应）和光呼吸通路发挥重要的光保护作用（Qiu et al., 2003）。在 C_3 植物的叶片中，Rubisco 对 1,5-二磷酸核酮糖的光呼吸氧化作用构成了一个主要的电子库，从而维持了 PS II 受体的部分氧化，并在 CO_2 可用性受到限制时阻止了 PS II 的光失活。Rubisco 催化一种竞争性反应，当温度升高或细胞内 CO_2 浓度下降时，作为底物的氧气比二氧化碳更受青睐。这种氧化反应导致乙醇酸的释放，从叶绿体转移到过氧化物酶体。随后由乙醇酸氧化酶催化氧化在光合作用过程中产生的过氧化氢的占主要部分。

单线态氧在光合作用过程中，PSⅡ不断地产生单线态氧。PSⅡ的反应中心复合物由细胞色素 b559 和 D1、D2 蛋白的异二聚体组成。异二聚体结合了反应中心的功能修复基团，包括叶绿素 P680、脱镁叶绿素和醌电子受体（Primary Quinine Acceptor of PSⅡ，Q_A）和（Secondary Quinine Acceptor of PSⅡ，Q_B）。反应中心的激发导致 P680 和脱镁叶绿素之间的电荷分离，随后 Q_A 和 Q_B 依次减少。当质体醌池和 Q_A、Q_B 的氧化还原状态由于过量的光能而被过度还原时，电荷分离无法完成，被氧化的 P680 叶绿素与被还原的脱镁叶绿素重新结合。在这些条件下，P680 有利于形成三重态，通过能量转移产生单线态氧。单线态氧的释放首先在分离 PSⅡ 颗粒的制备中检测到，但随后显示在体内也有释放。在过量的光胁迫导致 PSⅡ 光抑制时，单线态氧的产生急剧增加。在哺乳动物细胞中，线粒体是 ROS 的主要来源。然而，在绿色组织中线粒体对 ROS 产生的相对贡献非常低。植物线粒体不能产生更多 ROS 的一个原因可能是存在一种交替氧化酶（Alternative Oxidase，AOX），它可以催化泛素四价还原 O_2。AOX 与细胞色素 bc1 复合物竞争电子，因此可能有助于减少线粒体中 ROS 的产生。这一发现得到了 H_2O_2 诱导 AOX 表达的研究结果的支持，并且在转基因细胞系中过量产生 AOX 减少了 ROS 的产生，而降低 AOX 水平的反义细胞积累的 ROS 是对照细胞的 5 倍（Cai et al.，2011；Galmes et al.，2006）。

（六）活性氧清除机制

在金属离子存在下，过氧化氢可被超氧化物还原为羟基自由基。超氧化物和过氧化氢的反应性比·OH 小得多。产生前两种活性氧中间体的细胞的主要风险可能是中间体之间的相互作用，导致高活性羟基自由基的产生。因为没有已知的清除羟基自由基的方法，避免这种自由基的氧化损伤的唯一方法是控制导致其产生的反应。因此，细胞必须进化出复杂的策略来严格控制超氧化物、过氧化氢和 Fe^{3+}、Cu^{2+} 等金属离子的浓度。

1. 非酶促 ROS 清除机制

非酶抗氧化剂包括主要的细胞氧化还原缓冲液抗坏血酸和谷胱甘肽（Glutathione，GSH），以及生育酚、类黄酮、生物碱和类胡萝卜素。谷胱甘肽被 ROS 氧化形成氧化型谷胱甘肽（Oxidized Glutathione，GSSG），抗坏血酸被氧化成单脱氢抗坏血酸（Monodehydroascorbate，MDHA）和脱氢抗坏血酸（Dehydroascorbate，DHA）。通过抗坏血酸—谷胱甘肽循环，GSSG、

MDHA 和 DHA 可以降低 GSH 和抗坏血酸。在应对低温、热激、病原体攻击和干旱胁迫时，植物会增加 GSH 生物合成酶的活性和 GSH 水平。高比例的还原氧化抗坏血酸和谷胱甘肽对于细胞内 ROS 的清除是必不可少的。以 NADPH 为还原力，谷胱甘肽还原酶（Glutathione Reductase，GR）、单脱氢抗坏血酸还原酶（Monodehydroascorbate Reductase，MDAR）和脱氢抗坏血酸还原酶（Dehydroascorbate Reductase，DHAR）维持抗氧化剂的还原状态。此外，必须严格控制不同抗氧化剂之间的整体平衡。当叶绿体中谷胱甘肽生物合成增强的细胞表现出氧化应激损伤时，这种平衡的重要性显而易见，这可能是由于叶绿体整体氧化还原状态的改变。对植物中黄酮类化合物和类胡萝卜素在 ROS 解毒中的作用知之甚少。然而，在拟南芥中 β-胡萝卜素羟化酶的过度表达导致叶绿体中叶黄素的数量增加。

2. 酶促活性氧清除机制

植物体内的活性氧清除机制包括超氧化物歧化酶（SOD）、抗坏血酸过氧化物酶（APX）（Cosio & Dunand，2009）、谷胱甘肽过氧化物酶（GPX）和 CAT（Shikanai et al.，1998）。超氧化物歧化酶、过氧化氢酶、抗坏血酸—谷胱甘肽循环和谷胱甘肽过氧化物酶（GPX）循环清除活性氧的主要过程如下。超氧化物歧化酶将过氧化氢转化为过氧化氢。CAT 将过氧化氢转化为水。过氧化氢也通过抗坏血酸—谷胱甘肽循环转化为水。抗坏血酸过氧化物酶（APX）催化的第一个反应的还原剂是抗坏血酸，抗坏血酸被氧化成单脱氢抗坏血酸（MDHA）。MDA 还原酶 MDAR 在 NAD（P）H 的作用下使 MDA 转化为抗坏血酸。脱氢抗坏血酸（DHA）是 MDA 自发产生的，DHA 还原酶（DHAR）可以在 GSH 的帮助下还原为抗坏血酸，GSH 被氧化为 GSSG。在还原剂 NAD（P）H 作用下，谷胱甘肽还原酶（GR）将 GSSG 重新转化为 GSH，循环结束。GPX 循环利用 GSH 的还原性当量将过氧化氢转化为水。氧化后的 GSSG 通过 GR 和还原剂 NAD（P）H 再次转化为 GSH。超氧化物歧化酶是抵御活性氧的第一道防线，将过氧化物歧化酶转化为 H_2O_2。APX、GPX 和 CAT 随后可以解毒 H_2O_2（Chanwun et al.，2013）。与 CAT 相比，APX 需要一个抗坏血酸和谷胱甘肽再生系统，即抗坏血酸—谷胱甘肽循环。APX 将 H_2O_2 解毒为 H_2O 是通过将抗坏血酸氧化为 MDA，MDA 还原酶可以使用 NAD（P）H 作为还原等效物再生 H_2O_2。丙二醛能自发分裂为脱氢抗坏血酸。抗坏血酸再生是由脱氢抗坏血酸还原酶（DHAR）介导的，脱氢抗坏血酸还原酶是由 GSH 氧化为 GSSG 驱动的。最后，以 NAD（P）H 为还原剂，谷胱甘肽还原酶（GR）能从 GSSG 中再生

GSH。与 APX 一样，GPX 也将 H_2O_2 解毒为 H_2O，但直接使用 GSH 作为还原剂。GPX 循环通过 GR 从 GSSG 中再生 GSH 而闭合。

与大多数生物体不同，植物有多个编码 SOD 和 APX 的基因，不同的亚型特异性地针对叶绿体、线粒体、过氧化物小体以及细胞质和外质体。GPX 是胞质的，CAT 主要位于过氧化物小体中。抗氧化酶的特殊作用已通过转基因方法被探索。烟草叶绿体 SOD 对叶绿体的过表达并不改变对氧化应激的耐受性，这表明其他抗氧化机制可能有限制。然而，烟草中豌豆叶绿体 SOD 的表达增加了对甲基紫精诱导的膜损伤的抗性。CAT 在氧化胁迫耐受中是必不可少的，因为 CAT 被抑制的转基因烟草植株在应对非生物和生物胁迫时都能提高 ROS 水平。细胞中氧化应激的程度是由超氧化物、H_2O_2 和羟基自由基的数量决定的。因此，SOD、APX 和 CAT 活性的平衡对于抑制细胞中有毒 ROS 水平至关重要。改变清除酶的平衡将诱导补偿机制。例如，当植物中 CAT 活性降低时，清除酶如 APX 和 GPX 就会上调。意外的影响也会发生。与 CAT 受到抑制的植物相比，同时缺乏 APX 和 CAT 的植物对氧化胁迫的敏感性较低。由于这些植物的光合活性降低，APX 和 CAT 的减少可能导致叶绿体产生 ROS 的抑制。

（七）活性氧在植物信号转导等过程中的作用机制

线粒体或叶绿体等胞室中 ROS 的产生导致细胞核转录的变化，这表明信息必须从这些细胞器传递到细胞核，但传递信号的身份仍然未知。三种主要的作用方式表明了 ROS 如何影响基因表达。ROS 传感器可以被激活，从而诱导信号级联，最终影响基因表达。另外，信号通路的组成部分可以被 ROS 直接氧化。最后，ROS 可能通过靶向和修饰转录因子的活性来改变基因的表达。

在原核生物和真菌中，双组分信号系统可作为氧化还原传感器。在原核生物中，双组分信号系统通常包括一个感知信号的组氨酸激酶和一个作为转录因子的反应调节器。跨膜组氨酸激酶的功能是通过对存在或不存在外部刺激的组氨酸残基进行自磷酸化。磷酸化基团随后从组氨酸转移到响应调节剂中的天冬氨酸残基。诱导的构象变化的反应调节剂改变其 DNA 结合亲和力，从而促进某些启动子的基因表达。在芽殖和裂变酵母中，双组分信号系统的组氨酸激酶也可以作为氧化应激的传感器。与动物相比，植物含有一系列双组分组氨酸激酶。其中一些蛋白是否可以作为 ROS 传感器目前正在研究中。

虽然组氨酸激酶是原核生物双组分信号转导系统的一部分，但在真菌和植物中，这些传感器被整合到更复杂的通路中。酵母 Sln1 激酶通过中介成分 Ypd1 将其磷酸化基团转移到应答调节器 Ssk1 的最终靶标。应激抑制 Sln1 的自磷酸化，因此，Ssk1 的非磷酸化形式积累并激活 Hog1 丝裂原活化蛋白激酶（Mitogen-activated Protein Kinase，MAPK）级联。对水稻和拟南芥基因组的序列分析揭示了这些植物中包含超过 100 个 MAPK、MAPKK 和 MAP-KKK 基因的异常复杂的 MAPK 信号成分。MAPK 信号模块参与诱导对各种胁迫、激素和细胞分裂的反应（Kim et al.，2003）。已有研究表明，H_2O_2 能够激活多种 MAPKs。在拟南芥中，H_2O_2 通过 MAPKKK ANP1 激活 MAPKs、MPK3 和 MPK6。*ANP1* 基因过表达的转基因植株，增加了对热休克、冷冻和盐胁迫的耐受性（Wang et al.，2011a）。H_2O_2 也增加了拟南芥 NDP 激酶 2 的表达。过表达 *AtNDPK2* 降低了 H_2O_2 的积累，增强了对多种应激的耐受性，包括寒冷、盐和氧化应激。NDPK2 的作用可能是由 MAPKs、MPK3 和 MPK6 介导的，因为 NDPK2 可以相互作用并激活 MAPKs。这些数据表明，不同的压力诱导 ROS 产生，反过来激活 MAPK 信号级联。尽管目前还不知道 MAPK 通路的激活机制和下游靶点，但 ROS 诱导的 MAPKs 激活似乎是调节细胞对多种应激反应的中心（Hoser et al.，2013；漆艳香等，2010）。

由于 H_2O_2 是一种温和的氧化剂，可以氧化硫醇残基，推测 H_2O_2 是通过修饰某些蛋白质中的硫醇基团来感知的。最近的工作已经确定人蛋白酪氨酸磷酸酶 PTP1B 在活性位点被 H_2O_2 修饰。PTP1B 的 H_2O_2 失活是可逆的，可以与谷胱甘肽孵育。类似的调控可能发生在植物中，因为可以使拟南芥 MPK6 失活的 At PTP1 同时可以被 H_2O_2 失活。此外，在保卫细胞内参与脱落酸（ABA）信号转导的磷酸酶在体外的活性可被 H_2O_2 可逆调节。

比较 ROS 在原核生物、真菌和植物中诱导基因表达的机制可以揭示共同的机制。在大肠杆菌中，转录因子 OxyR 在氧化应激信号中起着至关重要的作用。在芽殖酵母中，Yap1 起着类似的作用。缺 Yap1 的芽殖酵母突变体表明，大多数 ROS 诱导的基因依赖于这个转录因子。OxyR 和 Yap1 是氧化还原敏感转录因子，在氧化应激反应中调节基因表达（Silva et al.，2019）。ROS 通过对 OxyR 和 Yap1 中半胱氨酸巯基的共价修饰来调节转录因子的活性。不同类型的 ROS 与不同的半胱氨酸残基反应，产生不同的修饰产物，这可能解释了 ROS 物种如何通过同一转录因子诱导不同组基因。OxyR 和 Yap1 之间的一个主要区别是，酵母转录因子不是直接感知 ROS，而是通过 Gpx3 的活性，Gpx3 作为过氧化物酶和过氧化物还蛋白。酵母更高程度的复杂性反映了真核生物信号系统的灵活性。因此，在裂变酵母中建立了对氧化还原敏感转录因子的额外调控就不足为奇了。与酵母类似，植物也进化出了一种 MAPK 通路和几种用于 ROS 信号转导的蛋白磷酸酶。虽然在植物中还没有发现氧化还原敏感的转录因子，但很可能存在这种转录因子。氧化应激应答的基因表达似乎是通过转录因子与这些基因启动子中特定的氧化应激敏感顺式元件的相互作用来协调的。有证据表明，氧化应激反应顺式元件存在于酵母、动物和植物中。芽殖和裂变酵母的研究表明，哺乳动物 ATF 和 AP−1 转录因子的同源体作为不同应激信号的关键介质，与应激诱导启动子的保守顺式区域结合（Solano et al.，1997）。

如今，基因组和转录组分析已经彻底改变了我们关于基因表达的知识。氧化应激影响约 10% 的酵母转录组。酵母细胞暴露于包括 H_2O_2 在内的各种胁迫下，确定了一组称为常见环境应激反应（CESR）的基因。CESR 诱导的基因在碳水化合物代谢、ROS 解毒、蛋白质折叠和降解、细胞器功能和代谢产物运输中发挥作用。CESR 抑制基因参与能量消耗和生长、RNA 加工、转录、翻译以及核糖体和核苷酸生物合成。在植物中，ROS 诱导的基因已被鉴定为受体激酶、膜联蛋白和过氧化物酶体生物发生。最近的方法使用 cDNA 分析和 DNA 微阵列分析了大规模的基因表达对 ROS 的反应。将拟南芥细胞暴露于 H_2O_2 后，总共有 175 个基因的表达水平发生了变化。在 113 个诱导基因中，有几个编码具有抗氧化功能的蛋白质，或与防御反应或其他应激相关。还有一些编码具有信号功能的蛋白质。将一种植物暴露于一种亚致死剂量的胁迫下，从而在以后的时间里对同一胁迫的致死剂量产生保护作用，这被称为胁迫适应。用亚致死剂量预处理后的甲基紫精处理烟草植株，分析其基因表达的全局变化。约 2% 的烟草基因在驯化后的烟叶中表达发生了改变。在驯化后的叶片中，具有保护或解毒功能和信号转导功能的基因表达上调，表明叶片在驯化耐受过程中存在多种细胞反应。研究分析了氧化应激对拟南芥线粒体蛋白质组的影响。两类抗氧化防御蛋白，过氧化—氧化还原蛋白和蛋白质二硫异构酶在氧化应激中积累，与 TCA 循环相关的蛋白较少。通过抑制 H_2O_2 的产生或通过 CAT 等清除者促进其清除，研究者相继鉴定出了编码 APX、致病相关（PR）蛋白、谷胱甘肽 S−转移酶（GST）和苯丙氨酸解氨酶（PAL）的基因。另一种研究氧化应激对转录组影响的方法是通过降低抗氧化活性来诱导氧化应激。CAT 和抗坏血酸过氧化物酶反义系显示 SOD 和 GR 表达升高。相反，在 CAT 和抗坏血酸过氧化物酶水平降低的植物中，抗坏血酸再生的关键酶 MDAR 表达上调。活性氧解毒酶表达的增加与氧化应激诱导的代偿机制相一致。CAT 不足的烟草植株在强光照下生长时，ROS 产量和 PR 蛋白水平增加，抗病性增强。

ROS 在植物病原体防御中起着重要作用。在这一反应过程中，植物细胞通过增强胞质膜结合 NADPH 氧化酶、细胞壁结合过氧化物酶和外质体中的胺氧化酶的酶活性来产生 ROS。在这样的条件下，H_2O_2 可以直接或通过超氧化物歧化产生高达 15 μmol/L 的 H_2O_2。与超氧化物相反，H_2O_2 可以扩散到细胞中并激活许多植物防御，包括 PCD（程序性细胞死亡）。在植物病原体反应中，活性氧解毒酶 APX 和 CAT 的活性和水平被水杨酸（SA）和一氧化氮（NO）抑制。因为在植物对病原体的防御反应中，植物同时产生更多的 ROS，同时降低其清除 ROS 的能力，导致 ROS 的积累和 PCD 的激活。抑制 ROS 解毒机制是 PCD 发病的关键。在没有抑制 ROS 解毒的情况下，仅在外质体产生 ROS 不能诱导 PCD。这些数据表明协同产生 ROS 和下调 ROS 清除机制的绝对要求。PCD 的诱导可能限制疾病从感染点的传播。在不相容反应中，当病原体被检测为敌人并诱导包括 PCD 在内的防御反应时，H_2O_2 的产生以两相方式发生。H_2O_2 的初始积累非常迅速，随后是 H_2O_2 产生的第二次和长时间的暴发。在相容的相互作用过程中，当病原体克服防御线并系统地侵染寄主植物时，只会出现 H_2O_2 积累的第一个高峰。H_2O_2 的产生既发生在局部，也发生在对损伤的反应中。最近的研究表明，H_2O_2 作为第二信使介导番茄植株中各种防御相关基因的系统表达。此前，研究发现，受到病原菌攻击的拟南芥叶片的氧化暴发会激活植物远端的二次系统暴发，通过防御相关基因的表达导致系统免疫。这可能是 H_2O_2 不是被传递的主要信号，与其他信号中间体（如 SA）的相互作用也可能涉及。虽然氧化破裂是导致 PCD 的病原体攻击的主要反应，H_2O_2 诱导各种系统中的 PCD，但在某些情况下，H_2O_2 对 PCD 的诱导并不需要。研究表明，细胞暴露于 H_2O_2 的阈值时间是必需的，在此期间转录和翻译是必需的。药理学数据表明，在病原体或激发子激发过程中去除 ROS 可以降低 PCD。最近的一项基因分析证实了这些数据，表明缺乏 *rboh* 功能基因（即呼吸暴发氧化酶同源基因）的拟南芥敲除系在细菌攻击后表现出 ROS 生成减少和 PCD 减少。根据这一概念，CAT 或抗坏血酸过氧化物酶表达减少的烟草植株在低剂量细菌作用下 PCD 增加。

PCD 不仅发生在病原体挑战后的氧化暴发，也发生在暴露于非生物胁迫之后。例如，臭氧诱导的氧化性暴发会导致类似于植物—病原体相互作用期间的超敏反应（HR）的细胞死亡过程。然而，ROS 在非生物胁迫中发挥的作用似乎与 ROS 在病原体防御中发挥的作用相反。在非生物胁迫下，

ROS 清除酶被诱导降低细胞内有毒 ROS 水平的浓度。生物胁迫和非生物胁迫之间活性氧功能的差异可能是由于激素的作用和不同信号通路之间的交叉作用，或者是由于不同胁迫下活性氧产生和/或积累位置的差异。这些考虑提出了一个问题，即当植物同时受到病原体攻击和非生物胁迫时，它们如何调节 ROS 的产生和清除机制。这种矛盾情况的重要性的证据来自对烟草植物的试验，试验显示暴露于氧化应激后 PCD 降低。氧化应激预处理导致活性氧清除酶水平升高，从而破坏了植物建立足够的活性氧来诱导 PCD 的能力。根据该模型，CAT 过量生产的植物对病原菌侵染（101 株）、损伤（97 株）和强光处理（88 株）的抗性降低。有人认为，活性氧与系统移动的化合物共同作用，并有能力激活植物远处部分的活性氧生成。活性氧是否能在植物体内远距离传播仍有争议，因为大多数活性氧具有较高的活性，可立即被外质体的清除系统解毒。未来利用改变活性氧清除水平和/或活性氧产生机制的植物的研究可能会解决这个问题。

最近的研究表明，ROS 是介导 ABA 诱导气孔关闭的重要信号。植物激素 ABA 在水分胁迫下积累，诱导气孔关闭等一系列的胁迫适应反应。早期的研究表明 H_2O_2 诱导气孔关闭，保卫细胞合成 ROS 以应对诱导子的挑战。H_2O_2 是拟南芥保卫细胞中 ABA 信号转导的内源性成分。ABA 刺激的 ROS 积累通过激活质膜钙通道诱导气孔关闭。ABA 诱导的 ROS 合成也发生在蚕豆（*Vicia faba*）中，但 ROS 的产生发生在质膜和叶绿体中。研究表明了该系统中 ROS 信号传递的复杂性。多种拟南芥突变体已被用于分析保卫细胞中的 ABA 和 ROS 信号（Zhu et al., 2010）。在 *gca2* 突变体中，ABA 增加了 ROS 的产生，但在突变体中缺乏 H_2O_2 诱导的钙通道激活和气孔关闭。通过对 ABA 不敏感的 *abi1* 和 *abi2* 突变体的分析表明，蛋白质磷酸化也参与保卫细胞信号传导（Gampala et al., 2002）。ABI1 和 ABI2 编码的蛋白磷酸酶 2C 酶都参与了气孔关闭。利用 *abi1* 和 *abi2* 点突变体的磷酸酶活性强降低，研究表明 ABA 在 *abi1* 突变体中不能产生 ROS，但 ABA 仍能诱导 *abi2* 突变体产生 ROS。这些数据表明 ABI1 可能在 ROS 信号的上游起作用，ABI2 可能在下游起作用。

最近发现的一个蛋白激酶在 ABA 感知和 ROS 信号传导之间起作用。*Ost1* 为 ABA 不敏感突变体。OST1 激酶在野生型植物的保护细胞原生质体中被 ABA 激活，而在 OST1 植物中不被激活。尽管 *ost1* 气孔对 H_2O_2 的响应仍处于关闭状态，但 ABA 诱导的 ROS 在 *ost1* 植株中不存在。OST1 通过 NADPH 氧化酶直接调节 ROS 产生的概念是一个吸引人的假说，仍有待实验验证。最近的研究表明，NO 也可以介导 ABA 诱导的气孔关闭，可见，保卫细胞的行为可能不只是受 ROS 的调控。

（八）线粒体 ROS 可能是橡胶树乳管产排胶的信号分子

尽管对橡胶树死皮机理至今仍不十分清楚，但是大量研究表明强割和强乙烯利刺激引起的 ROS 代谢失衡是橡胶树死皮发生的主要诱因（Li et al., 2016a；Li et al., 2010；Zhang et al., 2018；Chrestin et al., 2004；Montoro et al., 2018）。强割和强乙烯利刺激一方面引起 NADPH 氧化酶、过氧化酶活性增强，引起 ROS 含量升高，另一方面 ROS 酶促和非酶促清除系统活性降低。生理生化测定显示，死皮橡胶树中抗坏血酸（ASC）及硫醇等抗氧剂浓度明显下降，超氧化物歧化酶和过氧化氢酶的活性降低（邓治等，2012；Putranto et al., 2015b）。在死皮树中，超氧化物歧化酶（SOD）、过氧化氢酶（CAT）、抗坏血酸还原酶（APX）、谷胱甘肽还原酶（GR）、谷胱甘肽过氧化物酶（GPx）、谷氧还蛋白（Grx）和硫氧还蛋白（Trx）等 ROS 清除相关基因或蛋白显著下调表达（Putranto et al., 2015b；Putranto et al., 2015a；Venkatachalam et al., 2007）。利用 Oligo 芯片技术鉴定并系统分析死皮相关基因，进一步证明 ROS 代谢是橡胶树死皮关键调控途径（覃碧等，2012；李德军等，2012）。Gébelin 等（2012）研究发现死皮相关小 RNA 的靶标基因在 ROS 代谢途径中富集，Zhang 等也发现胶乳中 11 个 microRNA 靶向 13 个氧化还原代谢途径基因（2019）。从上述结果可以看出氧化应激是橡胶树产排胶障碍发生的基础。

ROS 是超氧根阴离子（O_2^-）、羟自由基（·OH）、过氧化氢（H_2O_2）、单线性氧（$^1O_2$）等的总称。在植物细胞中，叶绿体、线粒体和过氧化物酶体是 ROS 的主要产生部位，但在非绿色组织（如树皮）或在处于黑暗环境中，线粒体产生的 ROS 占主导地位（Ayala et al., 2010）。线粒体电子传递链（Electron Transportchain，ETC）复合物 I（CP I）和复合物 III（CP III）是主要的 ROS 产生位点。强割和强乙烯利刺激或者两者相结合采胶的情况下，橡胶树乳管细胞线粒体 CP I 过量释放泛醌（UQ）引起电子逆电子链传递，导致大量 O_2^- 产生；而 O_2^- 在 Mn-SOD 的作用下转化成 H_2O_2；在铁盐存在的条件下，O_2^- 和 H_2O_2 可反应生成 ·OH。ROS 能够氧化 Fe-S 蛋白、SH-蛋白、线粒体 DNA、核酸、脂质等物质，从而引起细胞和线粒体功能障碍（图 2-2）。细胞质中过氧化物酶也可催化 H_2O_2 将酚类物质氧化成毒性更强的醌类物质，而且 H_2O_2 还能慢慢钝化细胞中 Cu/Zn-SOD，从而降低乳管细胞保护系统的效能，导致乳管细胞中的活性氧代谢失调，引起黄色体膜破裂，最终导致胶乳原位凝固和产胶功能衰竭发生死皮（蔡磊和校现周，2000）。割胶过程中，橡胶树乳管细胞的大部分细胞器和细胞质成分随着胶乳流出，而线粒体则主要保留在乳管中。根据植物 ROS 的产生途径，推测橡胶树乳管细胞中的线粒体可能是 ROS 产生的重要部位并且与产排胶有密切关系。

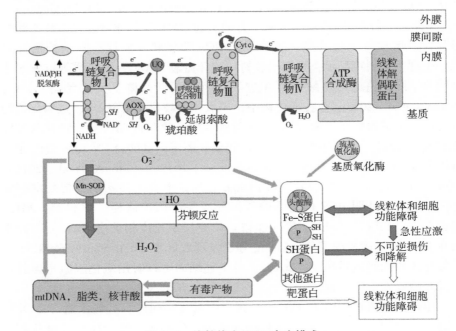

图 2-2　线粒体中 ROS 产生模式

五、展　望

　　尽管近年来研究进展迅速，但我们对活性氧如何影响植物应激反应的认识仍存在许多不确定性和空白。在橡胶树中，未来应着重解决与活性氧机制相关的生理生化问题。一般来说，ROS 通过两种不同的方式影响应激反应。ROS 与多种生物分子发生反应，从而可能导致组织坏死，最终杀死植物。另外，ROS 影响一些基因的表达和信号转导途径。研究表明，细胞已经进化出了利用 ROS 作为环境指标和生物信号来激活和控制各种遗传应激反应程序的策略。这一解释基于一个未说明的假设，即给定的 ROS 可能会选择性地与目标分子相互作用，目标分子感知到 ROS 浓度的增加，并将这一信息转化为信号，指导植物对胁迫的反应。ROS 非常适合作为这种信号分子。ROS 体积小，可以近距离扩散，产生 ROS 的机制有几种，其中一些是快速可控的，快速去除 ROS 的机制有很多。在植物中，至少有 3 种主要的 ROS 作为生物信号的可能性。ROS 可作为第二信使，调节参与信号或转录的特定靶分子的活性。许多被认为是 ROS 信号转导作用的基因表达变化也可能是由于它们的细胞毒性引起的。ROS 的毒性通常通过测量脂质过氧化来监测。脂类中的多不饱和脂肪酸是 ROS 攻击的首选目标。它们的一些氧合产物具有生物活性，可能改变特定基因的表达。因此，一个特定的 ROS 可以非酶催化产生广泛的氧化产物，其中一些可能在细胞内传播，并作为第二信使触发多种应激反应。这些作用是否可以归因于 ROS 的"信号"作用取决于"信号"如何定义。最后，ROS 可能通过更间接的方式调节基因表达来触发植物的胁迫反应。例如，在叶绿体 ROS 的解毒过程中，大量的还原剂（如抗坏血酸和谷胱甘肽）被氧化，将氧化还原平衡转移到更氧化的状态。已知在光—暗循环期间叶绿体氧化还原状态的变化可以调节许多酶的活性，并影响多种基因的转录。植物的氧化还原变化逆转了 NPR1 蛋白的活性，该蛋白是植物对病原体的系统获得性抗性的重要调节因子（李博勋等，2014）。

　　根据环境胁迫的特点，植物会不同程度地增强 ROS 的释放。这些差异 ROS 要么是化学上不同的，要么是在不同的细胞器中产生的。例如，在不相容的植物—病原体相互作用中，超氧阴离子在细胞外被酶作用产生，并迅速转化为过氧化氢，从而可以穿过质膜。暴露在高光胁迫下的叶绿体也产生相同的 ROS，尽管是通过不同的机制。病原菌对植物的胁迫反应不同于强光对植物的胁迫反应。如果 ROS 作为唤起这些不同应激反应的信号，它们的生物活性应该表现出高度的选择性和特异性，这可以从它们的化学特性和/或它们产生的细胞内位置得到。大多数已知的关于氧化剂诱导的信号转导是在使用过氧化氢作为氧化剂的实验中发现的。在这些实验中过氧化氢加入细胞培养或植物直接或间接通过 H_2O_2 产生酶。在这两种情况下过氧化氢是很难控制的细胞内的分布和生理意义诱导的基因表达的变化在这些条件下不能很容易评估。通过向植物喷洒百草枯（一种在光照下主要通过叶绿体内的超氧化物产生 H_2O_2 的除草剂），可以在特定区域内更可控地释放 H_2O_2，或者通过调节转基因植物中局限于不同细胞隔间清楚物的表达。

　　综上所述，也有可能来自过氧化氢的羟基自由基是植物某些胁迫反应的主要触发物。与过氧化氢相比，羟基自由基非常不稳定，并且局限于亚室区域。它们可能会产生具有生物活性的氧合产物，这些氧合产物可以保存一些地形信息，这可能是确保应激反应特异性所必需的。通过测定过氧化氢处理后的拟南芥细胞培养中基因表达的整体变化，可以发现基因表达的主要变化。令人惊讶的是，大量的基因对过氧化氢浓度的增加做出反应，这与 H_2O_2 作为氧化应激的普遍信号所扮演的角色相符。然而，细胞培养中 H_2O_2 响应基因的数量与用低浓度百草枯处理的整株植物中发现的数量形成了明显的对比。在没有可见坏死病变的情况下，很少有基因最初上调，其中一些与 H_2O_2 的解毒密切相关，如抗坏血酸过氧化物酶Ⅰ、抗坏血酸过氧化物酶Ⅱ或铁蛋白Ⅰ（高璇等，2019；孔广红等，2019）。这些基因不同于那些被单线态氧激活的基因，这表明两种 ROS 之间的化学差异可能导致了诱导应激反应的选择性。当植物暴露于高浓度的百草枯导致可见病变形成时，这种明显的选择性就消失了。在这些压力条件下，一个给定的压力反应的主要原因可能很难从叠加的次要影响中分离出来。

　　在四吡咯生物合成和分解代谢的研究中，识别原因和结果的问题被突出，其中几个酶的步骤被实验阻断。在光照条件下，这些植物中大量的与胁迫相关的反应被激活，这是由于这些植物中自发积累的游离四吡咯中间体的光动力活性。然而，这些反应的许多方面都与不相容的植物—病原体相互作用过程中释放超氧化物和/或过氧化氢引起的反应相似。单线态氧、超氧化物和过氧化氢在触发病原体防御反应时可以相互替代，或者在这些转基因植物的整个生命周期中，光动力活性四吡咯中间体和分解代谢物的结构性积累可能导致光氧化损伤，并可能促进多个重叠次级效应的多因素诱导。其中一些可能模仿对病原体的反应。后一种解释与在光氧化胁迫下叶片 ROS 产生的体内测量结果一致，表明单线态氧、超氧和过氧化氢在同一叶片中同时产生。如果特定 ROS 的化学特异性决定了应激反应的特异性，那么在这些条件下很难将特定的应激反应归因于明确定义的 ROS。目前，很少有案例研究表明特定 ROS 具有选择性信号传导效应。这可能部分是因为以前的研究主要集中在分析过氧化氢的信号转导作用，以及在较小程度上分析超氧自由基的信号转导作用，而其他 ROS，如羟自由基和单线态氧，在很大程度上被忽略了。如前所述，有多重证据表明，羟基自由基不仅可能是氧代谢的有害副产品，而且可能在氧化应激中发挥更重要的作用，还可能在根、胚芽和下胚轴的扩展生长或种子萌发过程中发挥更重要的作用。单线态氧诱发一组特定的应激反应。它的生物活性表现出高度的选择性，这源于这种 ROS 的化学特性和/或它产生的细胞内位置。研究表明，ROS 的生物活性可能有很大的不同。因此，不应将过氧化氢作为模型氧化剂的研究结果不恰当地一般化，并将其作为所有氧化剂或以不同方式产生的氧化应激诱导信号事件的固定模板。

第三章　橡胶树转录调控研究进展

王立丰　陆燕茜

（中国热带农业科学院橡胶研究所）

转录因子也称反式作用因子，是能够与真核基因启动子区域中顺式作用元件发生特异性相互作用的 DNA 结合蛋白，通过它们之间以及与其他相关蛋白之间的相互作用，激活或抑制转录。本章简要的以 MYB44 转录因子家族为例，介绍了橡胶树 MYB 转录因子的结构、功能和研究展望。

一、转录调控的原理简介

转录因子也称反式作用因子，是能够与真核基因启动子区域中顺式作用元件发生特异性相互作用的 DNA 结合蛋白，通过它们之间以及与其他相关蛋白之间的相互作用，激活或抑制转录。近年来，相继从高等植物中分离出一系列调控干旱、高盐、低温、激素、病原反应及发育等相关基因表达的转录因子（刘强等，2000）。从蛋白质结构分析，转录因子一般由 DNA 结合区、转录调控区（包括激活区或抑制区）、寡聚化位点以及核定位信号这 4 个功能区域组成。转录因子通过这些功能区域与启动子顺式元件作用或与其他转录因子的功能区域相互作用来调控基因的转录表达。典型的转录因子一般只有一个 DNA 结合区。但有的转录因子如拟南芥和水稻的 GT2，拟南芥的 APZ 等含两个 DNA 结合区。少数转录因子不含 DNA 结合区或转录调控区，它们通过与含有上述功能域的转录因子相互作用对基因转录进行调控。基因表达研究的一个核心目标是了解植物是如何转录调节 30 000~40 000 个基因在适当的空间和时间表达模式。在真核生物中 DNA 组装成染色质的时候，由于 RNA 聚合酶及其辅助因子限制基因保持在非激活状态。染色质的基本单位是核小体，核小体是由 DNA 与 4 对组蛋白（共 8 个）组成的复合物，其中有 H2A 和 H2B 的二聚体两组以及 H3 和 H4 的二聚体两组。另外还有一种 H1 负责连结两个核小体之间的 DNA。组蛋白经翻译后调控可以降低核小体抑制转录因子结合的能力。核小体自身组装成高阶结构，并根据不同的调控信息具备不同功能。在生长发展的过程中，基因功能开启和关闭以预定的方式进行，最终形成细胞特异性。这个发育调控就是由转录因子按规律调控的，其结合在调控基因的启动子区域。在调控过程中，转录因子经常是形成复合体的形式进行调控。在组合调控过程中，根据不同的时空发育需要组成不同的细胞特异性的蛋白复合体调控基因表达与关闭。基因转录调控的模式是由基因的上游启动子，核心启动子结合 RNA 聚合酶 Ⅱ（RNA Polymerase Ⅱ，Pol Ⅱ）及其附属因子，并在正确的基因起始位置启动基因表达。如果体内缺乏调控蛋白复合体，核心启动子就会失活，不与Pol Ⅱ结合。在核心启动子上游为调控启动子，在其上游或下游为增强子（Enhancer）（Chen et al.，2002）。增强子指增加同它连锁的基因转录频率的DNA 序列。增强子是通过启动子来增加转录的。有效的增强子可以位于基因的 5′端，也可位于基因的 3′端，有的还可位于基因的内含子中。增强子的效应很明显，一般能使基因转录频率增加 10~200 倍，有的甚至可以高达上千倍。调节启动子和增强子结合的蛋白称为激活子，其打开或者激活基因的转录。激活通常通过将结合到启动子 DNA 的活化剂与溶液中的通用基团之间的相互作用通过将核心启动子的通用募集到核心启动子来进行。一些激活子非特异性表达，一些激活子在某些特定细胞类型中表达，调控细胞特异性功能必须基因的表达。为了激活一个基因，包含基因及其调控区域的染色质必须改变结构允许转录。在转录过程的不同阶段一些催化剂广泛表达，而其他则局限于特定的细胞为特定的细胞类型调节基因的必要功能。激活基因、基因和其控制地区的染色质包含必须被改变或"改造"允许转录。有不同程度的修改需要在不同的层次和阶段的转录过程。高阶染色质结构组成的网络连接必须解压缩核小体，特定的核小体在基因特异性增强剂和促进剂必须访问特异性活化剂。核小体在基因本身必须改造允许通过转录 RNA 聚合酶。

二、橡胶生物合成中的转录调控

天然橡胶生物合成途径是典型的异戊二烯合成路径，尽管其合成路径已经清楚，但天然橡胶生物合成的转录调控机制尚不清楚巴西橡胶树是天然橡胶的重要来源，合成在橡胶树韧皮部的乳管中进行。在植物防卫反应中，主要的转录因子家族有 AP2/ERF、bHLH、TGA - bZIP、NAC、MYB、WRKY这 6 类。目前，仅发现橡胶树 HbMYB1 转录因子与橡胶树死皮发生和细胞程序性死亡有关（Peng et al.，2011）。我们最近发现 MYB 类转录因子（HbSM1）受多种植物激素诱导上调表达（Qin et al.，2014）。此外，我们分析发现异戊二烯生物合成关键酶启动子区域有 MYB 转录因子的结合位点。据此，我们推测 MYB 转录因子家族对异戊二烯合成的关键酶启动子区域含有 MBS 基序的 HMGR，AACT 等基因的起决定性调控作用，但需要进一步的实验证明 MYB 转录调控异戊二烯合成的分子机制。

三、植物 MYB 转录因子的研究进展

MYB 转录因子在高等植物中分布广泛，是最大的转录因子家族成员之一，在 N 端具有高度保守的 HTH_MYB DNA 结合结构域（陈俊和王宗阳，2002）。MYB 转录因子是植物激素信号转导和各种应激反应通路的关键环节，在植物生长发育、代谢及响应生物和非生物胁迫的调控网络中具有重要作用。植物第一个 MYB 转录因子是玉米中与色素合成相关的 ZmMYBC1 基因（Paz-Ares et al.，1987）。迄今为止，在拟南芥中已发现超过 198 个 MYB 家族基因，棉花中发现大约有 200 个 MYB 转录因子（Cedroni et al.，2003）。玉米中有 100 个左右 MYB 转录因子（Rabinowicz et al.，1999），毛果杨中至少 197 个 MYB 转录因子，葡萄中已发现超过 124 个 MYB 转录因子（Wilkins et al.，2009）。MYB 类转录因子以其结构上都有一段保守的 DNA 结合区——MYB 结构域而得名，由 3 个保守的结构域组成，即 DNA 结合结构域、转录激活结构域和一个不完全界定的负调节区。其中 DNA 结合结构域最为保守，一般包含 1~3 个不完全重复序列（R），每个重复片段 R 由 51~52 个保守的氨基酸残基和间隔序列组成，每隔约 18 个氨基酸规则间隔 1 个色氨酸残基。这些氨基酸残基使 MYB 结构域折叠成一个 3D 的螺旋—转角—螺旋（Helix-Turn-Helix，HTH）结构（Ogata et al.，1996），对维持 HTH 的构型有重要意义。根据 MYB 结构域所含 MYB 重复个数，把 MYB 类转录因子分为 4 种类型，即单一的 MYB 结构域蛋白（R1/R2）、包含 2 个重复的 2R 蛋白（R2R3）、包含 3 个重复的 3R 蛋白（R1R2R3），以及 4 个 MYB 重复的 4R-MYB（Ogata et al.，1994；陈清等，2009）。

MYB 转录因子是植物最大的转录因子家族成员之一，参与植物激素信号转导和各种应激反应（Ambawat et al.，2013）。R2R3-MYB 蛋白构成植物中 MYB 蛋白的最大的亚家族并调节植物特有的细胞功能。它们在初级和次级代谢，细胞形态和形态发生，发育过程和对植物中生物和非生物胁迫的反

应中起作用（Dubos et al., 2010）。例如，AtLHY 和 AtCCA1 参与昼夜节律控制。AtCPC 是根毛形成所需要的。水稻 OsMYBS2 和 OsMYBS3 调节 α-淀粉酶基因在糖和赤霉素信号反应中的表达（Lu et al., 2002），GmMYB176 调节大豆中的 CHS8 表达和异黄酮合成（Yi et al., 2010），AtMYBL2 参与拟南芥中类黄酮生物合成和油菜素类固醇信号通路（Dubos et al., 2008；Ye et al., 2012）。AtMYB62 为 R2R3-MYB 类转录因子，定位在细胞核上，是磷饥饿诱导基因（Pi Starvation-induced, PSI）的负调控因子，过表达 AtMYB62 能改变植株对磷饥饿的响应，如改变根系结构并促进植株对 Pi 的吸收（Devaiah et al., 2009）。虽然在不同的植物物种中已经鉴定出大量的 MYB 基因家族（Cai et al., 2012；Stracke et al., 2001；Wilkins et al., 2009；Yanhui et al., 2006），但大多数 MYBs 在植物细胞中的功能仍不清楚。

　　橡胶树是橡胶制品和木材制造中最重要的天然橡胶来源（Bandurski & Teas, 1957），天然橡胶的生产受到各种植物生理条件、环境变异和病原性疾病的影响，如机械伤害、过氧化氢（H_2O_2）、植物激素和干旱等对橡胶树的生长发育均有一定影响。橡胶树中 MYB 转录因子的结构与功能研究较少，已证明 HbMYB1 基因在橡胶树死皮病（TPD）树的树皮中的表达显著降低（Chen et al., 2003），在烟草中过表达 HbMYB1 能抑制胁迫反应从而引起细胞死亡（Peng et al., 2011）。为探究 MYB 基因在橡胶树中的生物学功能，著者克隆并鉴定 HbMYB62 等 31 个橡胶树 MYB 转录因子的 cDNA 全长序列，并利用荧光定量 PCR 技术分析该基因表达模式，为阐明其在橡胶树逆境抗性的功能打下基础。

　　植物 R2R3-MYB 转录因子通过结合靶标基因启动子 MBSI（T/C）AAC（T/G）G 和 MBSIIG（G/T）T（A/T）G（G/T）T 元件调控植物次生代谢和逆境响应等重要生理生化过程，且其调控过程还受多种激素和环境因子诱导。MYB 转录因子主要通过与 bHLH、WD 等其他转录因子或者互作蛋白结合调控植物多个重要生理生化过程，其自身也受到转录水平和翻译后水平的调节。天然橡胶生物合成是通过异戊二烯合成路径进行，是典型的植物次生代谢途径，参与橡胶树生长发育和抗逆反应。在模式植物中，已证明 MYB 调控异戊二烯合成关键酶表达，但 MYB 转录因子如何转录调节天然橡胶生物合成的机理尚不清楚。

　　研究表明，MYB 转录因子广泛参与植物次生代谢，激素和环境因子应答（Chen et al., 2003），并对细胞分化、细胞周期及叶片等器官形态建成（Lee & Schiefelbein, 2002）具有重要的调节作用。例如，AtMYB23 转录因

子能调控拟南芥表皮细胞分化、诱导不定根发育、叶子和茎的伸长，过表达
AtMYB2 能增强转基因植株的抗旱能力（Abe et al.，2003）。GhMYB109 转录
因子能直接参与调节棉花纤维细胞的发生和延伸。在杨树中过表达
BpMYB106 转录因子能显著地提高表皮毛密度、净光合速率以及生长速率
（Zhou & Li，2016），*JcMYB2* 通过与 MeJA（Methyl Jasmonate）和 ABA 信号
途径和功能的互作来调控麻风树（*Jatropha curcas*）根系发育的逆境响应。
MYB 转录因子主要通过下调下游关键基因表达参与防卫反应和植物生长发
育。例如，金鱼草 *AmMYB305* 和其同源的拟南芥 AtMYB4 转录因子通过抑制
编码 C4H 酶的关键基因的表达来积累紫外线防护物质芥子酸酯。
AmMYB308 转录因子下调 *C4H*（Cinnamate－4－hydroxylase），*4CL*
（Coumaroyl-4-Co A Ligase）和 *CAD*（Cinnamyl Alcohol Dehdrogenase）基因
调控苯丙酸和木质素的生物合成（Tamagnone et al.，1998）。*AtMYB32* 转录
因子抑制拟南芥中 *COMT* 基因的表达调控花粉管发育（Preston et al.，
2004）。

四、植物 MYB44 转录因子研究进展

（一）MYB44 转录因子结构

拟南芥基因组 MYB 转录因子按结构特性分为 22 个亚组（Stracke et al.，
2001），相同亚组的基因成员具有类似的功能。MYBR1（MYB44）是最早发
现与动物 MYB 转录因子相似的基因之一（Kirik et al.，1998）。AtMYB44 是
典型的 R2R3－MYB 转录因子，属于第 22 亚家族，这个亚家族中由
AtMYB44、*AtMYB70*、*AtMYB73*（樊锦涛等，2014）和 *AtMYB77*（Zhao &
Bartley，2014）4 个成员组成，有两个保守的基元 TGLYMSPxSP 和 GxFMxV-
VQEMIxxEVRSYM，此结构含两个 50~53 个氨基酸序列形成的螺旋-转角-
螺旋 R2R3 基元。该亚组成员具有基因结构保守、功能相近和表达规律相似
的特点，与下游基因启动子区 MBSI（T/C）AAC（T/G）G 和 MBSIIG
（G/T）T（A/T）G（G/T）T 元件结合（Kranz et al.，1998；Romero et al.，
1998）。

（二）MYB44 转录因子在逆境胁迫中的功能研究

1. MYB44 在植物激素信号中的作用

植物抗逆、防御病虫害主要与激素信号转导机制有关。研究表明，MYB44 既是水杨酸（Salicylic Acid，SA）、脱落酸（Abscisic Acid，ABA）、茉莉酸（Jasmonic Acid，JA）和乙烯（Ethylene，ET）、生长素（Auxin）和赤霉素（Gibberellin，GA）信号途径共同的转录因子，参与上述激素信号途径的交互作用，又对微生物、真菌、钙离子信号、盐和干旱等生物和非生物胁迫响应。

茉莉酸类是一种植物激素家族，调节生殖发育过程，例如，花发育，花粉成熟和衰老，茉莉酮酸酯还作为响应于伤口和病原体感染的激活防御基因的局部或系统的信号分子（Reymond & Farmer，1998）。AtMYB44 是拟南芥中一个多功能的转录激活因子，最初通过微阵列被确定为茉莉酸诱导的基因（Jung et al.，2007）。茉莉酸和胡萝卜软腐欧文氏菌胡萝卜亚种（Erwinia carotovora subsp. Carotovora，Ecc）可以诱导 AtMYB44 的表达（Jung et al.，2010），这说明 AtMYB44 参与拟南芥防卫胡萝卜软腐欧文氏菌的过程。其机制为 AtMYB44 抑制 JA 通路信号传导，并负调控拟南芥对胡萝卜软腐欧文氏菌的抗病性。茉莉酸甲酯（MeJA）和伤害也能够诱导 AtMYB44 转录因子的表达，但 AtMYB44 对茉莉酸激素信号的响应无特异性（Jung et al.，2010；Jung et al.，2008）。

ABA 处理处理拟南芥后，AtMYB44 转录水平明显增加，并且在导管和叶片气孔中高效表达。MYB44 在 ABA 信号转导中的作用机制为脱落酸信号受体 PYL8 与 MYB77 和 MYB44 形成蛋白复合体，促进 MYB44 结合下游靶标基因启动子区的 MBSI 基序，从而调控 ABA 响应基因表达（Jaradat et al.，2013）。此外，AtMYB44 通过抑制 ABA 的负调控因子 PP2Cs（丝氨酸/苏氨酸蛋白激酶 2C 家族）对 ABA 进行正向调控（Shim & Choi，2013）。采用 Pulldown 和酵母双杂交技术证明 AtMYB44 转录因子 N 端 54-105 氨基酸与 ABA 受体 RCAR1 互作（Li et al.，2014b）。

在乙烯信号路径中，MYB44 调控乙烯信号途径重要环节 EIN2 表达，从而调节对蚜虫和蛾的抗性，AtMYB44 与 EIN2 都对个芥子油苷合成相关基因中的 11 个基因转录水平有影响，AtMYB44 与 EIN2 的转录调控作用可能是通过影响芥子油苷合成进而达到抗蚜虫和小菜蛾的目的。这一调控过程对诱导抗性和免疫反应都显示出功能，代表了植物抵抗食植昆虫的一种重要防卫机制（Lu et al., 2013）。

在激素信号交互中，革兰氏阴性植物病原细菌产生的 harpin 蛋白 HrpN$_{Ea}$在抗虫抗病中的作用是通过拟南芥 MYB44 转录调控 ABA 和乙烯信号关键因子 ABI2 和 EIN2 实现的。AtMYB44 直接调控 WRKY70 表达来调节水杨酸和茉莉酸信号在植物防卫反应中作用（Shim & Choi, 2013）。脱落酸和赤霉素植物种子萌发和幼苗发育过程中具有拮抗作用，赤霉素抑制剂会上调 MYB44 表达来抑制萌发（Nguyen et al., 2012）。

2. MYB44 在病虫害防御和植物生长发育中的作用机制

MYB44 在氧化胁迫和非生物抗性具有重要作用，还参与种子成熟、胚的发育等生理过程。MYB44 是丝裂原活化蛋白激酶（MPK3）底物，是植物防卫的早期相应因子（Persak & Pitzschke, 2014）。参与转录间隔区（Inter-genic Spacer Region, ISR）分子机制，对叶片气孔阻力进行调控（Hieno et al., 2016）。研究表明，过表达 MYB44 转录因子能提高叶片的抗旱能力，降低叶片水分蒸发概率。采用 mRNA 差异显示技术（mRNA Differential Display PCR, DDRT-PCR）和反向 Northern 杂交技术分析小麦 Brock 在白粉菌诱导下的差异表达基因，发现白粉菌诱导后 MYB44 的表达明显上调。系统地分析橡胶树 HbMYB44 及其互作蛋白基因在白粉菌刺激下的表达模式表明 MYB44 可能参与 Brock 白粉菌侵染的早期应答反应（王艳红等，2015）。At-MYB44 具有调控拟南芥对丁香假单胞菌侵染后细胞防卫反应，这种反应以来 SA 信号通路，AtMYB44 通过调控 PR1 基因的表达提高抗性（邹保红，2013）。拟南芥对蚜虫的抗性与 harpin 蛋白有关，MYB44 是 37 个响应 harpin 蛋白的一员，其上调表达量最高（Liu et al., 2010；Lu et al., 2011）。进一步证明对桃蚜的抗性与 EIN2 有关（Lu et al., 2013）。植物生长促进真菌 Penicillium simplicissimum GP17-2 通过调控 MYB44 介导气孔张开提高对对丁香假单胞菌 Pseudomonas syringae pv. tomato DC3000（Pst）的抗性（Hieno et al., 2016）。但是，灰霉病会导致过表达拟南芥的抗性降低。拟南芥对真菌 Penicillium simplicissimum 系统抗性与 HbMYB44 调控气孔开关有关。拟南芥中 AtMYB44 直接调控 WRKY70 调控抗性（Shim & Choi, 2013；Shim et al., 2013）。在拟南芥种子萌发过程中，MPK3 和 MPK6 激酶分别作用在 MYB44 的 Ser^{53}和 Ser^{145}调控种子萌发（Nguyen et al., 2012）。AtMYB44 还具有促进拟南芥抗病耐热及抑制开花的作用。过表达 MYB44 减少细胞大小，但不影响细胞数量（Park et al., 2012）。

3. MYB44 在其他作物中的应用

以小麦幼胚诱导的愈伤组织为转化受体，以磷酸甘露糖异构酶基因作为选择标记，通过基因枪介导法将带有 *AtMYB44* 基因的表达质粒 AF234296－44 导入小麦品种扬麦 158，证明拟南芥转录因子 *AtMYB44* 基因对小麦抗病能力的影响（柳金伟等，2012）。在番茄中，证明了番茄激酶 SpMPKs 通过调控 *MYB44* 调控对非生物胁迫的响应。将拟南芥 *MYB44* 转入水稻后，对各种胁迫处理后的水稻各组织进行 RT－PCR 分析，表明 *MYB44* 基因在干旱和高盐的胁迫下存在过量表达。生理功能分析表明转基因水稻中 *MYB44* 基因的过量表达明显提高了水稻对低温胁迫的耐受性。将番茄的 *SpMPK3* 基因在拟南芥中过表达，也发现它能通过提高 *AtMYB44* 表达提高渗透胁迫抗性（Li et al.，2014a）。在大豆中，也证明了 *MYB44* 对干旱和盐胁迫的抗性（Seo et al.，2011）。

五、MYB44 转录因子在橡胶树抗逆研究中的展望

尽管在多种植物中证明 MYB 转录因子具有多样性的功能，但在橡胶树中研究较少。研究较为深入的是死皮相关的 HbMYB1 转录因子，其在橡胶树的叶片、树皮以及胶乳中表达，并且能有效地减少橡胶树死皮病的发生（Chen et al.，2003）。转基因实验证明 *HbMYB1* 还具有抑制烟草逆境引起的细胞死亡过程（Peng et al.，2011）。HbSM1 也是与橡胶树发育有关的 MYB 转录因子，参与橡胶树抗逆响应过程（Qin et al.，2014）。橡胶树在我国经常受到干旱（Wang，2014）、寒害和病原菌侵染（Wang et al.，2014）等生物与非生物胁迫。笔者采用分子生物学技术在橡胶树中克隆 HbMYB44 转录因子基因，结合模式植物和作物中的研究进展，对其在橡胶树抗逆研究中的应用展望如下。

在基因功能验证方面，将 *HbMYB44* 转基因到拟南芥、水稻、小麦（柳金伟等，2012）是最直接有效的验证方式。可将 *HbMYB44* 转入烟草、拟南芥或者橡胶草中，获得稳定植株后，采用干旱、寒、激素处理幼苗和白粉菌侵染叶片的方法鉴定该基因在抗逆中的作用。

突变体技术，包括双突变体和四突变体研究基因功能的有效手段，例如，*mybr1*（*myb44*）×*mybr2*（*myb77*）双突变体比单突变体衰老表型更重，说明 *MYB44* 和 *MYB77* 对衰老都有重要的调控作用（Jaradat et al.，2013）。将 *HbMYB44* 基因在拟南芥野生 Col 中过表达，并将其转入 atmyb44 突变体进

行互补验证，获得稳定植株后分析转基因植株表型、干旱、寒、激素处理处理后基因差异表达规律，有助于揭示 *HbMYB44* 结构及其在生长发育和抗逆过程的中的功能。

在转录因子鉴定方面，除了自激活和亚细胞定位，还要结合体内体外蛋白—蛋白和蛋白—DNA 互作技术阐明 *HbMYB44* 调控下游基因启动子区的结合元件，互作蛋白的位点等。例如，凝胶阻滞实验证明 MYB44 与 MBSⅡ元件在体外具有结合活性（Jung et al., 2012），体内共转化实验证明二者不具有结合活性（Persak & Pitzschke, 2014）。采用染色质免疫沉淀技术与体内共转化荧光素酶技术相结合研究 HbMYB44 与其互作 DNA 和蛋白的结合。

总之，系统地分析橡胶树 HbMYB44 及其互作蛋白、基因有助于阐明 HbMYB44 转录调控天然橡胶抗逆的分子机制，为培育橡胶树抗逆品种和研发新型抗逆栽培技术提供技术指导。

下　篇

技术指南

第四章　转录因子分析方法及其在橡胶树排胶机制研究中的应用

王立丰　　樊松乐

（中国热带农业科学院橡胶研究所）

转录因子功能研究在阐明植物抗逆调控等分子机制具有重要的作用，依赖于转录因子分析方法的持续创新。本章从转录因子的发现与鉴定、靶基因与蛋白质互作、蛋白质与蛋白质互作、功能验证 4 个方面总结了植物转录因子主要分析方法。其中，转录因子的发现与鉴定方法主要包括文库构建、转录组测序、亚细胞定位、转录因子自激活活性分析等；靶基因与蛋白质互作的方法主要有染色质免疫沉淀技术、凝胶电泳迁移、足迹法、酵母单杂交等；蛋白质互作的研究方法主要有酵母双杂交、双分子荧光互补、GST Pull-down 技术；功能验证主要包括突变体表型分析、β-葡萄糖苷酸酶（glucuronidase，GUS）染色、qRT-PCR 等。

一、转录因子结构与功能简介

转录因子（Transcription Factor，TF）可直接或间接与基因启动子区域中顺式作用元件发生特异性相互作用，是对基因转录进行调控的蛋白质（Ptashne，1988）。转录因子至少由两个结构域组成，DNA 结合结构域（DNA-binding Domain，DBD）和转录调控结构域（Transcription Regulation Domain）（Chen et al.，2006）。DNA 结合结构域特异性结合顺式作用元件，转录调控结构域激活或抑制靶基因表达。它们共同调节靶基因的转录起始速率和植物的生长发育、代谢等过程（陈峰等，2001）。

转录因子是一类响应特定胁迫条件而差异表达的蛋白质，如遭受干旱胁迫后，响应干旱胁迫的转录因子基因表达量会出现明显变化（Zhu，2002）。转录因子在植物的生长发育、防御反应及生物和非生物胁迫中起着重要的调节作用（Ambawat et al.，2013）。研究发现 AtMYB44 正向调节拟南芥中 N-3-氧代-己酰高丝氨酸内酯诱导初生根的伸长（Zhao et al.，2016）。研究发现，*AtMYB44* 通过激活拟南芥中 EIN2 介导的防御反应，提高对绿桃蚜和小菜蛾的抗性。小麦 MYB 转录因子 *TaMYB31* 参与拟南芥干旱胁迫反应（Zhao et al.，2018）。随着转录因子在模式植物和作物中基因转录调控的研究不断深入，转录因子研究方法持续创新，而对热带作物抗逆转录调控机制的研究较少。我们从转录因子的发现与鉴定、靶基因与蛋白质互作、蛋白质与蛋白质互作和功能验证 4 个方面详细总结了植物转录因子主要分析方法，展望了转录因子在热带作物的研究应用，为植物抗逆的研究提供理论和技术上的指导（马勇等，2017）。

转录因子功能结构域主要采用在线软件进行分析，本章以 HbMYB62 为例详细介绍了分析转录因子理化特性、结构域、跨膜结构、信号肽和亚细胞定位分析的在线软件分析网址等信息。

二、生物信息学分析

利用在线工具 PROSITE、ProtParam、SignalP、Tmpred、TMHMM、PSORT、Mitoprot 和 TargetP 对 HbMYB62 保守结构域和其他生物信息学进行分析（表 4-1）。使用 NCBI 保守结构域分析网站（http：//www.ncbi.nlm.nih.gov/Structure/cdd/wrpsb.cgi?）和 SMART（http：//smart.embl-heidelberg.de/）鉴定蛋白质结构域的结构（Letunic et al.，2004）。ExPASy 服务器上的 ProtParam 工具（http：//web.expasy.org/compute_pi/）用于计算 HbMYB62 蛋白的理论等电点和分子量。TMHMM 2.0 工具（http：//www.cbs.dtu.dk/services/TMHMM/）用于预测 HbMYB62 蛋白中的跨膜螺旋（Krogh et al.，2001）。使用 DNAMAN 软件和 ClustalX 软件进行多个序列比对（Thompson et al.，2002））。使用版本 6.0 的 MEGA 进行系统发育分析（Kumar et al.，2001）。

表 4-1 生物信息学分析所用在线软件名称、作用以及网址

用途	名称	网址
翻译后蛋白修饰	MotifScan	http//myhits.isb-sib.ch/cgibin/motif_scan
蛋白一级结构	Prot Param	http：//web.expasy.org/protparam/
保守结构域分析	SMART	http：//smart.embl-heidelberg.de/
序列处理	SMS	http：//www.bio-soft.net/sms/index.htmL

三、转录因子发现与鉴定方法

转录因子发现与鉴定是研究转录因子的首要步骤。转录因子发现方法包括文库筛选、转录组测序、基于基因组数据的生物信息学分析（Ong et al.，2016）、数字基因表达图谱测序技术（Niu et al.，2018）；转录因子鉴定方法主要有亚细胞定位、自激活等。

（一）转录组测序（RNA_seq）

转录组是能反映生物体在不同条件下基因表达情况和调控机制所有转录产物的集合（刘红亮等，2013）。转录组测序（RNA-seq）利用深度测序技术对转录组进行分析（Prasad et al.，2016）。RNA-seq 具有高通量、灵敏度高、分辨率高和不受物种限制等优点（Marioni et al.，2008）。Imran 等（2018）对拟南芥进行 RNA-Seq 转录组分析显示编码 WRKY 转录因子的 33 个基因在一氧化氮（NO）供体 s-亚硝基半胱氨酸（S-Nitrosocysteine，CySNO）作用下差异表达，其中93.9%的 TF 至少上调 2 倍，分析表明可能参与 NO 介导的基因调控（Imran et al.，2018）。采用高通量转录组测序技术分析转基因杨树 D5-20 和非转基因杨树 D5-0 的转录组差异，KEGG 注释显示有 36 个差异表达的基因（21 个上调，15 个下调）富集于 51 个生物学通路，其中 9 个与糖代谢有关。利用 454 测序技术对制备的 5 个组织型转录文库（叶片、树皮、胶乳、胚胎发生组织和根）进行测序，在橡胶树中鉴定 AP2/ERF 超家族，基于全球文库保存的 AP2 结构域的氨基酸序列，计算机模拟分析鉴定了 173 个 AP2/ERF 结构域（Duan et al.，2013）。基于单分子水平边合成边测序的思想开发了第三代测序技术，主要代表单分子荧光测序（Munroe & Harris，2010）、纳米孔测序（Eisenstein，2012），与前两代相比测序时不需要进行 PCR 扩增，克服了模板的限制，主要用于基因组测序，将为发现和鉴定转录因子提供更好的技术方法。

（二）亚细胞定位分析

转录因子在细胞核中发挥功能，生物信息学分析目标转录因子预测亚细胞定位结合位点。核定位信号是蛋白质的一个结构域，引导蛋白质入核。研究蛋白质亚细胞定位的方法有融合报告基因定位法（Levy et al.，2005）、共分离标记酶辅助定位法（Statham et al.，1977）、蛋白质组学定位法等（安志武和付岩，2017）。常用的是融合报告基因定位法，激光照射荧光蛋白在扫描共聚焦显微镜下可观察到荧光，构建带有目标转录因子和荧光蛋白的表达载体，转染植物后能有效表达确定荧光位置。通过构建 AtWRKY28-GFP 载体，PEG 介导转染野生型拟南芥叶片的原生质体，荧光显微镜观察发现 At-WRKY28 位于细胞核内（钟贵买等，2012）。带有 GFP ORF 序列的 *TaMYB31-B* 基因连接到 pCAMBIA1300 载体中，农杆菌侵染后在本塞姆氏烟草的叶表皮细胞中瞬时表达，共聚焦激光扫描显微镜观察发现 TaMYB31-B 蛋白主要位于细胞核中（Zhao et al.，2018）。通过构建 35S：PeRGA1-GFP、35S：PeRGA2-GFP、35S：PeGAI1-GFP 和 35S：PeGAI2-GFP 等表达载体，PEG 介导转染杨树的原生质体，共聚焦显微镜观察发现融合蛋白仅位于细胞核中（Liu et al.，2016b）。

（三）转录因子自激活实验

自激活验证实验的原理是若蛋白质具有转录活性，会与酵母 GAL4 中 DNA-BD 的共同作用启动转录因子的转录，即使两个蛋白质之间没有相互作用，报告基因也可以表达（图 4-1）。雷娟等 2005 年构建了带有 *At2g31070-GAL4* BD 表达载体，将融合蛋白转入酵母中发现报告基因 *LacZ* 表达，转录因子自激活实验表明 At2g31070 蛋白在酵母中具有转录激活活性（雷娟等，2005）。程占超等 2013 年构建 *PtoMYB148* cDNA 与 pGBKT7 载体的 *GAL4* DNA 结合域的融合载体，将重组载体转化到含有 *His* 和 *LacZ* 两个报告基因的酵母 AH109 菌株中，在 SD/-Trp/-His 缺陷筛选培养基上培养，检测发现 *PtoMYB148* 在酵母中具有转录激活活性（程占超等，2013）。

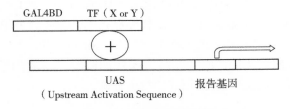

图4-1　转录自激活原理

四、互作蛋白与 DNA 筛选鉴定

转录因子与靶基因启动子的顺式作用元件结合才能发挥作用调控靶基因

表达，互作蛋白与 DNA 筛选鉴定方法主要有染色质免疫沉淀技术、凝胶电泳迁移实验、足迹法、酵母单杂交等。

（一）染色质免疫沉淀技术

染色质免疫沉淀（Chromatin Immunoprecipitation，ChIP）是一种在染色质水平上能真实反映体内基因组 DNA 与蛋白质结合情况的转录调控技术（Das et al.，2004）。染色质免疫沉淀技术的原理是在活细胞中把 DNA 与蛋白质交联，染色质被超声波随机切断利用靶蛋白特异性抗体富集与靶蛋白结合的 DNA 片段，纯化与检测目的片段得到蛋白质与 DNA 相互作用信息（Dahl & Collas，2008）（图 4-2）。Heyndrickx 等（2014）分析了拟南芥全基因组和公开的 27 个转录因子利用染色质免疫沉淀技术构建了包含 46 619 个调控作用和 15 188 个靶基因的作用网络。Yoon 等（2017）通过免疫共沉淀技术证明了 HA 标记的 *OSH15* 与 BELL homeobox 家族中 Myc 标记的 SH5 和 HA 标记的 qSH1 存在相互作用。ChIP 与基因芯片相结合的 ChIP-chip（Kim & Dekker，2018）技术可用于转录因子和靶基因高通量筛选、分析基因在全基因组中的分布情况（Johnson et al.，2006）和鉴定转录因子与启动子直接或间接的相互作用。

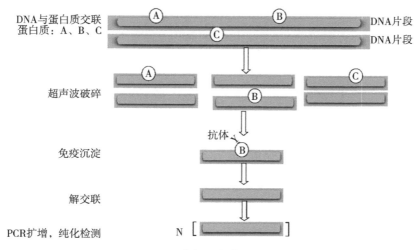

图 4-2　染色质免疫沉淀原理

（二）凝胶电泳迁移率分析

凝胶电泳迁移率分析（Electrophoretic Mobility Shift Assay，EMSA）是一种利用探针体外分析 DNA 与蛋白质相互作用的凝胶电泳技术（Patel & Santani，2009）。其原理是蛋白质和 DNA 结合后增加了相对分子质量，凝胶电泳中 DNA 移动的速度与其相对分子质量的对数呈正比，DNA 与蛋白质形成复合物移动速度慢（Hellman & Fried，2007）。放射性同位素标记待测 DNA 片段（即探针 DNA）与细胞提取蛋白共温育形成 DNA—蛋白质复合物进行非变性聚丙烯酰胺凝胶电泳（图4-3）。后改良了同位素标记使用非同位素标记。Ruiqin 等（2007）构建了 SND 的 NAC 域与 MBP 融合载体，诱导大肠杆菌表达融合蛋白与 *AtMYB46* 启动子片段用于电泳迁移实验，实验表明 SND1 与 *AtMYB46* 启动子结合。将含有 OsEIL1 n 端（1~350 个氨基酸）重组蛋白和 NEB 标记的 DNA 探针用于 EMSA 的实验中证明了 GST 标记的 Os-EIL1 在体外特异性结合非同位素标记的 *OsrbohA* 和 *OsrbohB* 启动子片段（Yang et al.，2017）。Zhong 等（2011）利用 PtrWND2B 和 PtrWND6B 蛋白以

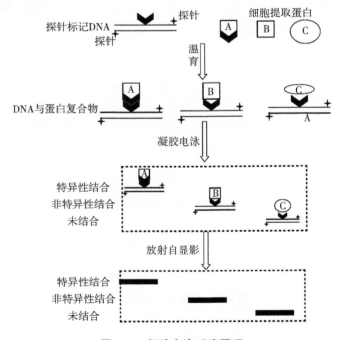

图4-3 凝胶电泳迁移原理

及含有 SNBE 位点的 *PtrMYB3* 启动子片段进行电泳迁移转移实验（EMSA），实验表明 PtrWND2B 和 PtrWND6B 蛋白与 *PtrMYB3* 启动子片段特异性结合。

（三）足迹法

凝胶电泳迁移率分析（EMSA）能确定转录因子的结合部位，却无法准确定位结合位点。足迹法是一种能精确定位 DNA 与蛋白质结合位点的技术（Galas & Schmitz，1978）。其原理是 DNA 与蛋白质结合后保护了 DNA 上结合蛋白质的部位，DnaseI 酶无法发挥作用结合位点免受降解，放射自显影图谱上显示的梯度条带在蛋白质结合区中断（Sandaltzopoulos & Becker，1994）。考虑到放射性危害发明了适合研究未纯化核蛋白粗提物中 DNA 结合蛋白的固相足迹法（徐冬冬等，2001）。Cristel 等（2002）通过 EMSA 对 *AtEm6* 启动子进行了 DNA 结合活性检测，为了进一步证明将 ABI5 与 *AtEm6* 启动子中的 G-box（ABRE 序列）进行了 DNase I 足迹实验，结果显示存在一个保护区对应于 -160 ~ -146 的碱基，该序列（AGACACGTGGCATGT）以 G-box 为中心。Reichelt 等（2018）为了验证 TFB-RF1 与新鉴定的操纵子 *pf1011/pf1012* 启动子特异性相互作用进行了 EMSA，以 *pf1011* 上游区域为模板，随着 TFB-RF1 浓度的增加，形成了特异的 DNA—蛋白复合物，固相 DNase I 足迹实验确定 TFB-RF1 的结合位点，TFB-RF1 保护了起始点上游非模板链 -70~ -47 的区域。

（四）酵母单杂交（Yeast One-Hybrid，Y1H）

酵母单杂交技术是 Wang 和 Reed 发明的（Wang & Reed，1993），转录因子可与 DNA 顺式作用元件结合调控报道基因表达。DNA 结合结构域和 DNA 激活结构域可分开利用，仅有一个结构域不能启动下游报道基因的表达。利用此原理构建目的基因与转录激活域融合的的载体转入酵母细胞中，转录激活域融合蛋白与特异的 DNA 序列结合激活启动子下游报道基因表达（图4-4）。Kelemen 等（2015）构建了拟南芥 R2R3-MYB cDNA 文库，酵母单杂交实验分析拟南芥 R2R3-MYB 转录因子家族的 DNA 结合活性，将 16 个已知的顺式调控序列克隆到 pHISi 酵母单杂交载体中对 R2R3-MYB 结合活性进行分析，发现 R2R3-MYBs 各亚群与其 DNA 靶序列之间相互作用的特定模式，有助于预测新 DNA 基序并为这个转录因子家族成员鉴定了新的假定靶基因。Li 等（2016b）以巴西橡胶树小橡胶颗粒蛋白（HbSRPP）编码基因启动子为诱饵，*HbSRPP* 启动子插入携带 Hind Ⅲ/Xho i 位点的 pAbAi 载体中构建诱饵载体，将 Sma i 线性化的 pGADT7-Rec 猎物载体和诱饵载体导入酵母菌株 Y1HGold 中选择培养基培养，通过酵母单杂交从巴西橡胶树中分离到一个名为 *HbMADS4* 的基因，筛选了胶乳 cDNA 文库。

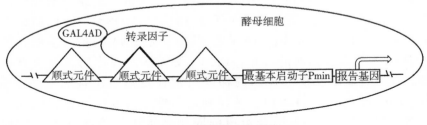

图 4-4　酵母单杂交原理

五、蛋白质互作的研究方法

蛋白质在植物体内是生命活动的主要承担者，细胞内蛋白质与蛋白质相互作用或形成蛋白质复合体形成了植物体内的调控网络，在生命活动过程起着重要作用。研究蛋白质互作的方法主要有酵母双杂交、双分子荧光互补和 Pull-down 等。

（一）酵母双杂交（Yeast Two-Hybrid，Y2H）

Fields 和 Song（1989）建立的酵母双杂交是一种体内检测蛋白质互作的方法。酵母 GAL4 结构上可分开使用，GAL4 DNA-BD 和 GAL4 DNA-AD 单独作用不能激活下游基因的表达，其原理是两个目标蛋白分别与 AD 和 BD 融合，当 BD 和 AD 在空间上足够靠近 GAL4 功能恢复可激活下游基因表达（图 4-5）。后来该方法不断得到完善成为研究蛋白组学的强大工具（Miller et al., 2005）。Dray 等（2006）将 *AtBRCA2*、*AtRAD51* 和 *AtDMC1* 的 cDNA 序列分别融合到 pGBT9 Gal-BD 和 pGAD424 Gal4-AD，在菌株 PJ69-4a 中进行，酵母双杂交实验表明 AtBrca2 与 AtRad51、AtDmc1 存在相互作用。Ma 等（2018）将从杨树中鉴定的 *MYB165*、*MYB194*、*MYB182* 和 *bHLH131* 分别融合到 *Gal4* 结合结构域和 *Gal4* 激活结构域，在选择培养基上培养，只有 *MYB165*、*MYB194*、*MYB182* 与 *bHLH131* 同时表达的细胞才能生长，酵母杂交实验证明 MYB165、MYB194、MYB182 与 bHLH 都存在相互作用。韦永选等（2016）以橡胶树 *HbTCTP1* 基因的开放阅读框（Open Reading Frame，ORF）作为诱饵，构建诱饵表达载体 pBD-GAL4-HbTCTP1，采用酵母双杂交系统从橡胶树胶乳 cDNA 文库中筛选与 HbTCTP1 互作蛋白，结果显示橡胶树 REF、PRL44 与 HbTCTP1 存在互作。

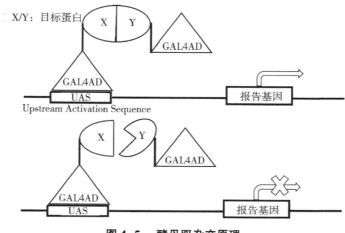

图 4-5　酵母双杂交原理

（二）双分子荧光互补

双分子荧光互补（Bimolecular Fluorescence Complementation，BiFC）是一项体内或体外鉴定蛋白质相互作用的技术。其原理（图 4-6）是利用荧光蛋白的性质，特定位点切开荧光蛋白产生不发光的 N 片段（N-fragment）和 C 片段（C-fragment），将荧光蛋白的 N 片段和 C 片段分别融合到两个相互作用的蛋白在体外或细胞内混合，这 2 个片段互相靠近能重新恢复成在对应激发光激发下产生荧光信号的荧光蛋白（Chang-Deng & K. Kerppola，2003）。Zhang 等（2018）构建 nYCP-RGA、cYFP-WRKY6 载体，制备拟南芥叶肉原生质体 PEG 转染，共聚焦激光扫描显微镜检测 YFP 荧光表明了 AtRGA 与 AtWRKY6 存在相互作用。Zhang 等将 *AtBH2* 和 *AtTTG1* 的全长 cDNA 序列分别克隆到 cYFP 和 nYFP 载体中，得到 AtHB2-YFPN、AtHB2-YFPC、AtTTG1-YFPN 和 AtTTG1-YFPC 载体，转化农杆菌菌株 GV3101，在本生烟草叶片中瞬时共表达，共聚焦激光扫描显微镜观察表明 AtHB2 与 AtTTG1 存在相互作用。Mao 等（2014）将全长 *PeCRY1* 和 *AtCOP1* cDNA 分别克隆到 pYFP-N（1155）和 pYFP-C（156239）载体上，洋葱表皮细胞经农杆菌侵染后，共聚焦激光扫描显微镜检测结果表明 PeCRY1 和 AtCOP1 存在相互作用。Laibach 等（2018）通过构建 TbSRPP5-NmRFP 载体和 CmRFP-TbSRPP3 载体、TbSRPP5-NmRFP 载体和 CmRFP-TbSRPP4 载体，转化农杆菌侵染本生烟使其在叶肉细胞中表达，利用双分子荧光技术证明 TbSRPP5 与 TbSRPP3、TbSRPP4 都存在相互作用。

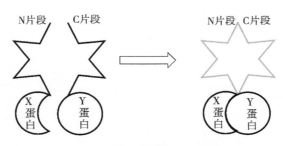

图4-6　双分子荧光互补原理

（三）GST Pull-down 技术

Pull down 是一种有效鉴定蛋白质直接相互作用的技术。常用的 Pull-down 标签包括组氨酸（Histidine，His）标签（His-tag）和谷胱甘肽巯基转移酶（Glutathione S-transferase，GST）标签（GST-tag）。GST 标签融合蛋白是 Smith（Smith & Johnson，1988）团队在 1988 年纯化出来的。GST Pull-down 技术是一种利用谷胱甘肽巯基转移酶与谷胱甘肽间特异性结合的特点鉴定体外蛋白质相互作用的技术（Wissmueller et al.，2011）。GST Pull-down 主要步骤如图 4-7 所示（Wissmueller et al.，2011）。Li 等（2014）构建了 GST、GST-rcar1/PYL9、GST-atmyb44、His-RCAR1/PYL9、His-AtMYB44、His-ABI1 原核表达载体使其在大肠杆菌中表达蛋白后纯化，GST Pull-down 技术证明了 RCAR1/PYL9 与 AtMYB44 存在相互作用。Cui 等（2016）将 OsCYP2 和 OsPEX11 分别克隆到 pGEX-4T-1 和 pET-28a 载体上，在大肠杆菌 BL21 菌株中表达 GST 和组氨酸融合蛋白，磁 his 蛋白纯化系统和 Magne GST 下拉系统分别用于融合蛋白纯化和 GST Pull-down，证明了 OsCYP2 与 OsPEX11 存在直接相互作用。

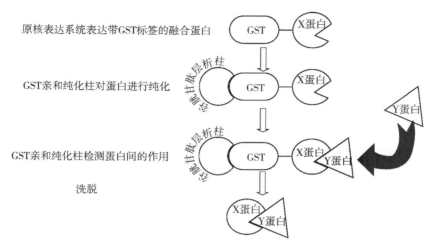

图 4-7 GST Pull-down 原理

六、转基因功能验证

转录因子是否成功转入植物体及转录因子是否可以发挥作用等都需要实验验证，对转基因植株表型、生理、生化进行分析有助于转录因子功能的研究。

（一）突变体表型分析

鉴定转录因子功能最直观和直接的方法是观察转录因子表达发生改变时对植物表型的影响。对基因过表达和基因功能缺失等各种突变体观察表征或生化分析可检测到的遗传变化，包括形态、生理和生物化学的改变、对病原体的反应和植物代谢物或贮藏产物变化分析，推测目标基因在植物中的作用（杜玉梅和左正宏，2008；Lloyd & Meinke，2012）。

基因缺失的表型分析主要采用功能缺失突变体和过表达等方法进行。RNA 干扰（Osato et al., 2006）、插入突变（Parinov & Sundaresan，2000）等方法都可以获得基因功能缺失突变体。其中 T-DNA 插入突变（Feldmann et al., 1991）最常用，T-DNA 是一段可以转移到其他基因上并整合到植物基因组中稳定表达的 DNA，在拟南芥中应用十分广泛（Valentine et al., 2012）。CRISPR/Cas9 是一种基因组编辑工具，通过单导 RNA 的介导，Cas9

蛋白能够识目标序列切割 DNA 造成 DNA 的双链断裂也可得到基因缺失突变植株（Baltes & Voytas，2015）。Meng 等（2017）通过 CRISPR/Cas9 技术，将 sgRNA 靶位点设计在启动密码子下游 ORFs 开始附近的外显子中，选取每个候选基因中最先识别的两个 sgRNA 靶位点和水稻茎组织（水稻表达谱数据库 RED）中高表达的 12 802 个基因和相应的 25 604 个sgRNA，构建大规模的突变文库，农杆菌介导转化将单个感染愈伤组织产生的转基因幼苗视为独立的转基因 T0 株系，获得了 14 000 多株独立的 T0 株系。Zhou 等（2017）利用 CRISPR/Cas9 系统以 *StMYB44* mRNA 的 376-396 核苷酸序列为导向 RNA 农杆菌介导转化后获得 11 个卡那霉素抗性马铃薯株系，经 PCR 检测 11 个株系中有 9 个株系携带突变 *StMYB44* 等位基因，得到了 *StMYB44* 敲除株系进而研究 StMYB44 对 *StPHO1* 转录的影响。

过表达指将目的基因和启动子构建到一个载体上，通过遗传转化的方法获得目的基因大量表达的植株。在目的基因前加一个组成型强启动子，如 CaMV35S 启动子转化到植物中，目的基因在转基因植物中大量表达促进下游基因表达改变转基因植物的生物性状。Shim 等（2013）利用 35S：AtMYB44 载体和 T-DNA 插入得到 *AtMYB44* 过表达和 *atmyb44* 突变植株分析证明了 *AtMYB44* 增强了拟南芥对生物营养病原菌 Pst DC3000 的抗病性（Shim et al.，2013）。将 *PdNF-YB7* cDNA 克隆到 pCAMBIA-1304 二元载体上转化农杆菌 GV3101 浸染拟南芥 Col-0 和突变系获得转基因植株，分析表明 *PdNF-YB7* 过表达植株通过增加碳同化和减少水分蒸腾提高整株水分利用效率增强耐旱性。Leclercq 等（2012）利用含有 npt Ⅱ、GFP 和 *HbCuZnSOD* 基因的二元载体和含 *uidA* 基因的二元载体，转化野生型胚愈伤组织利用 GFP 筛选建立了 72 株 35S：SOD 转基因愈伤组织成功建立并再生了过表达巴西橡胶树细胞质 *HbCuZnSOD* 基因的转基因株系，分析表明 *HbCuZnSOD* 细胞系 TS4T8An 有耐水分亏缺的特性。

（二）GUS 染色

Gus（β-glucuronidase，β-D-葡萄糖苷酸酶）是目前常用的一种报告基因，其表达产物 β-葡萄糖苷酸酶（GUS）是一种能将 5-溴-4-氯-3-吲哚-β-葡萄糖苷酸酯分解为蓝色物质的水解酶。将目的基因启动子与 GUS 构建到一个表达载体后，利用组织化学染色法对目的基因表达进行定位。Cunillera 等（2000）构建 FPS1S：GUS 和 FPS2：GUS 载体经农杆菌介导转化拟南芥，对 T$_2$ 代转基因株系进行 GUS 组织化学分析，*FPS1S* 启动子在整

个发育过程指导 *GUS* 报告基因广泛表达，*FPS2* 启动子在特定发育阶段指导 *GUS* 表达特定模式。Teichmann 等（2008）将 GH3 启动子、报告基因克隆到 pPCV002 载体并转化为杨树茎外植体，对杨树的叶片、根系、茎等经行了化学组织染色分析，对茎横截面 GUS 染色分析发现皮层和髓质是 GH3、GUS 活性的主要位点。Lardet 等（2011）将带有 GUS 基因的 pCAMBIA 2301-GFP 表达载体转化愈伤组织，对离体植株和发芽转基因植株发育完全的叶片分析 GUS 活性，发现荧光 GUS 酶活性是评价橡胶树转基因离体植株及其后续萌发亚系转基因表达变化的有效方法。

（三）qRT-PCR

实时荧光定量 PCR（Real-Time Fluorescent Quantitative Polymerase Chain Reaction，qRT-PCR）是在普通 PCR 的基础上增加荧光染料或荧光探针，对 PCR 扩增反应每个循环产物实时检测荧光信号，随着 PCR 产物的不断积累荧光强度也随之增强实现对起始模板的定量及定性分析（Kubista et al.，2006）。传统的 Northern 印迹和常规 PCR 很难准确地快速分析基因表达差异，qRT-PCR 能快速准确地分析不同处理条件下基因的表达差异（Ying et al.，2015）。qRT-qPCR 技术是分析植物基因表达水平变化及验证基因功能的一项重要技术。

七、转录调控技术在橡胶树排胶功能研究中的展望

转录调控在拟南芥（Song et al.，2016）、水稻（Nigam et al.，2015）、杨树等模式植物和作物中的研究较多，转录调控技术在模式植物和作物中的应用为研究非模式植物和作物转录调控机制奠定了基础。热带作物抗逆调控机制研究较少，热带作物（如橡胶树）在中国经常受到干旱（Wang，2014）、低温（Cheng et al.，2018）、病虫害（Li et al.，2016c）等非生物胁迫和生物胁迫。

转录因子在热带作物的生长发育、防御反应及生物和非生物胁迫中起着重要的调节作用。研究热带作物在抗逆中的作用对阐明热带作物响应胁迫的机制进而提高其产量和品质有着重要的作用。Chen 等（2012）利用 RACE 和实时荧光定量 PCR 技术从橡胶树乳管中分离并鉴定了 AP2/ERF 转录因子，AP2/ERF 转录因子在调节乙烯与茉莉酸盐信号通路中发挥作用，介导植物对生物和非生物胁迫的防御反应。Omidvar 等（2013）通过酵母单杂交

从乙烯处理的油棕果实中分离到编码 ERE 结合蛋白（EgAP2-1）的 cDNA，研究该基因在果皮不同发育阶段的 DNA 结合、转录激活、亚细胞定位和转录调控及对各种激素和非生物胁迫的应答，结果表明 *EgAP2-1* 表达调控与乙烯和 ABA 协同控制果实成熟之间存在关联。Sun 等（2017）从椰子胚乳中分离到一个新的 WRI1 基因家族成员，命名为 *CoWRI1*，利用酵母双杂交和酵母单杂交的方法验证了其转录活性和与 *CoWRI1* 的乙酰辅酶 A 羧化酶（BCCP2）启动子的相互作用，对拟南芥种子特异性表达和水稻胚乳特异性表达进行分析，*CoWRI1* 的异位表达显著增加了转基因植物种子的含油量。通过 RNA 测序研究热水处理（HWT）对杧果 Ataulfo 的基因差异表达情况并对所选基因进行定量表达验证，根据非冗余数据库对 27 629 个 ORF 注释，HWT 引起的基因表达变化大部分发生在绿熟期和成熟期，差异表达基因有 903 个，对杧果 WRKY 转录因子的 5 个转录本（c19459、c18104、c15973、c36269 和 c6850）分析发现分别被下调 4.7 倍、4.3 倍、4.1 倍、5.4 倍和 5.2 倍（Dautt-Castro et al.，2018）。

　　总之，笔者从转录因子的发现与鉴定、靶基因与蛋白质互作、蛋白质与蛋白质互作、功能验证 4 个方面总结了植物转录因子主要分析方法，展望了其在热带作物抗逆机制研究中的应用前景。转录调控技术的应用有助于更好地阐明热带作物转录调控机制。

第五章　橡胶树 MYB 转录因子克隆、生物信息学和表达分析

王立丰　陆燕茜　樊松乐

（中国热带农业科学院橡胶研究所）

R2R3-MYB 类转录因子参与包括逆境胁迫反应等多种生物反应。为鉴定橡胶树中 MYB 转录因子的结构与功能，本章介绍采用 RT-PCR 技术从橡胶树叶片中克隆了 MYB 家族 31 个成员，并采用生物信息学和 qRT-PCR 技术分析橡胶树 HbMYBs 的结构、在橡胶树花、树皮、叶片和乳胶的组成型表达分析，及其在过氧化氢（H₂O₂）、脱落酸（ABA）、水杨酸（SA）等处理条件下叶片的表达分析规律。为进一步研究其结构和功能打下基础。

一、橡胶树 HbMYBs 基因成员结构分析

在 GenBank 上搜索拟南芥 MYB 家族蛋白序列，将获得拟南芥 MYB 蛋白序列分别在橡胶树转录组数据库中做 blastn 搜索，获得与 MYB 基因同源的序列。在橡胶树基因组数据库中搜索并下载 MYB 序列。再将这些序列在 NCBI 数据库中进行 Blastp 搜索，获得部分橡胶树 MYB 蛋白序列。去除两次搜索结果中重复的序列。在 NCBI 数据库中直接搜索下载 HbMYB，去除已经得到的橡胶树 MYB 基因。将剩下的序列利用 ContigExpress 软件同源片段进行拼接，得到橡胶树 MYB 家族基因的 cDNA 序列。使用在线分析软件 NCBI ORF Finder 对 31 个橡胶树 HbMYBs 基因的编码区序列及氨基酸序列进行分析，结果如表 5-1 所示，然后用 ExPASy ProtParam 在线分析软件对这些基因的理化性质如等电点、蛋白分子量进行分析，通过 PSORT Prediction 在线分析预测各基因的亚细胞定位，各基因的分组则通过 MEGAX 与拟南芥 *MYB* 基因做系统进化树来分类。橡胶树 HbMYBs 家族编码的氨基酸为 180 ~ 1 017 aa，等电点为 4.87 ~ 9.44，蛋白质理论分子量范围为 20.1 ~ 114.2 kDa，通过亚细胞定位的预测发现其在细胞核、线粒体、微体、内质网膜中都有存在。31 个基因根据聚类分析可分为 10 组。

表 5-1　31 个 HbMYBs 基因家族成员结构分析

序号	名称	基因组号	组	等电点	分子量（Da）	蛋白长度（aa）	亚细胞定位
1	HbMYB96	CL3652. Contig2_All	S15	6.01	36 306.20	325	Cytoplasm
2	HbMYB91	CL4303. Contig1_All	S18	9.44	41 049.99	355	Nuclear
3	HbMYB61	CL346. Contig5_All	S6	6.46	35 038.10	309	Cytoplasm
4	HbMYB89	CL1993. Contig4_All	S21	5.40	114 232.40	1 017	Nuclear
5	HbMYB88	Unigene9270_All	S25	6.90	54 276.63	479	Cytoplasm
6	HbMYB82	CL346. Contig2_All	S6	6.11	30 744.41	270	Mitochondrial matrix space
7	HbMYB75	CL4160. Contig1_All	S6	8.87	33 217.58	286	Cytoplasm
8	HbMYB73	Unigene7596_All	S22	9.01	34 521.70	319	Cytoplasm
9	HbMYB70	Unigene9212_All	S22	6.04	28 426.96	252	Cytoplasm
10	HbMYB69	Unigene13641_All	S21	9.43	33 351.07	298	microbody
11	HbMYB67	CL7947. Contig2_All	S4	9.44	24 655.87	216	Cytoplasm
12	HbMYB65	CL1919. Contig1_All	S18	5.51	54 998.18	505	Nuclear
13	HbMYB63	CL7947. Contig5_All	S4	5.35	29 663.55	263	Cytoplasm
14	HbMYB62	CL8030. Contig1_All	S20	6.19	36 309.62	317	Cytoplasm
15	HbMYB6.1	CL499. Contig2_All	S10	8.88	35 643.95	317	Cytoplasm
16	HbMYB6	CL5780. Contig3_All	S10	8.86	34 840.07	307	Cytoplasm
17	HbMYB59	CL2612. Contig1_All	S20	4.87	20 112.25	180	Cytoplasm
18	HbMYB55	CL6829. Contig1_All	S13	7.62	51 283.69	460	Cytoplasm
19	2HbMYB5.2	CL2156. Contig11_All	S6	8.16	36 894.94	335	ReticμLum membrane
20	HbMYB5	Unigene4884_All	S6	8.92	23 856.78	207	Cytoplasm
21	HbMYB44	CL2621. Contig1_All	S22	8.27	37 894.46	365	Cytoplasm
22	HbMYB4	CL10735. Contig1_All	S10	9.12	10 125.68	88	Cytoplasm
23	HbMYB3R-5	CL2671. Contig1_All	S21	8.86	61 713.54	557	Cytoplasm
24	HbMYB3R-4	CL5149. Contig1_All	S21	5.11	115 114.37	1 042	Peroxisome
25	HbMYB33	CL6324. Contig2_All	S18	5.20	61 987.77	566	Nuclear
26	HbMYB3	CL10735. Contig2_All	S10	9.10	28 717.74	255	Microbody
27	HbMYB23	Unigene4982_All	S6	7.03	24 701.71	217	Mitochondrial
28	HbMYB112	CL10727. Contig1_All	S20	6.73	37 646.63	332	Matrix space
29	HbMYB108	CL10727. Contig2_All	S20	6.51	36 749.64	326	Nuclear
30	HbMYB82.1	CL1306. Contig2_All	S6	8.95	27 145.53	234	Cytoplasm
31	HbMYB82.2	CL1306. Contig3_All	S6	9.05	23 594.68	203	

（一）橡胶树 HbMYBs 家族成员系统树聚类分析

为探究橡胶树 HbMYBs 家族的进化关系，通过 MEGAX 将橡胶树 HbMYBs 与拟南芥 AtMYBs 家族成员做系统树聚类分析（图 5-1），根据结果及前人对拟南芥 AtMYBs 家族的分类研究，将橡胶树 31 个基因成员分为 10 个亚族（S4，S6，S10，S13，S15，S18，S20，S21，S22，S25），相同的亚族可能具有相似的功能。

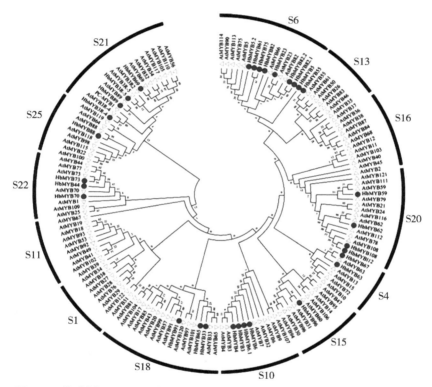

图 5-1 橡胶树 HbMYBs 家族和拟南芥 AtMYBs 家族成员的系统树聚类分析
注：圆形符号表示橡胶树 HbMYBs 家族成员。

（二）橡胶树 HbMYBs 家族 motif 预测

将橡胶树 HbMYBs 家族成员的蛋白序列用 MEME 进行 motif 在线预测，结果显示整个家族存在 4 种不同 motif。橡胶树 HbMYBs 家族 motif 的具体结构如图 5-2 所示，对具体每条序列的 motif 形象化的展示，不同颜色的方块代表不同 motif 和该 motif 的位置，方块的大小代表 motif 的长度，从图 5-2 可形象的展示不同序列 motif 的同异。

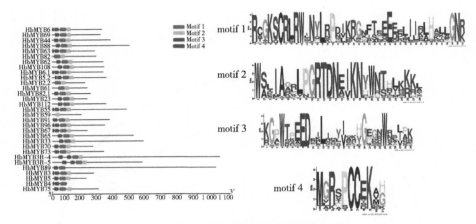

图 5-2　橡胶树 HbMYBs 家族 motif 预测

（三）橡胶树 HbMYBs 家族成员组织特异性表达

在相同的时间地点采集不同组织样品（树皮、胶乳、叶、根），液氮冻存后，于-80℃保存，提取 RNA，反转录 cDNA，用设计好的引物做荧光定量，得到 31 个橡胶树 *MYB* 基因在不同组织中的表达差异（图 5-3）。从图中显示的结果可看出，大多数基因在花中表达量较高，其次是叶、根、茎，在皮、胶乳中的基因表达量最低。13 种基因在花中表达量较高，包括 *HbMYB4*、*HbMYB6*、*HbMYB3*、*HbMYB82*、*HbMYB59*、*HbMYB62*、*HbMYB55*、*HbMYB91*、*HbMYB96*、*HbMYB70*、*HbMYB73*、*HbMYB44*、*HbMYB3R-5*，其中 *HbMYB70* 的表达量最高。6 种基因在根中表达量较高，包括 *HbMYB5.2*、*HbMYB59*、*HbMYB91*、*HbMYB73*、*HbMYB44*，其中 *HbMYB59* 的表达量最高。9 种基因在叶中表达量较高，包括 *HbMYB3*、*HbMYB82*、*HbMYB55*、*Hb-MYB91*、*HbMYB96*、*HbMYB73*、*HbMYB44*、*HbMYB3R-5*、*HbMYB89*，其中 *HbMYB44* 表达量最高。6 种基因在茎中表达量较高，包括 *HbMYB82*、*Hb-MYB59*、*HbMYB55*、*HbMYB91*、*HbMYB73*、*HbMYB44*，其中 *HbMYB91* 表达量最高。*HbMYB73* 在胶乳中表达量较高。*HbMYB73* 在皮中表达量较高。

*HbMYB6*仅在花中表达，而 *HbMYB70* 在花中表达量最高且在其他组织中表达量很低，表明两个基因可能在花发育中发挥特定作用。

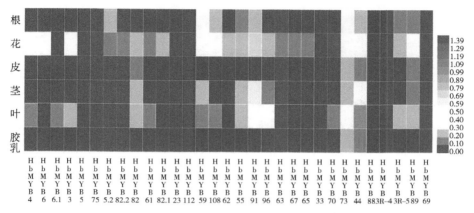

图 5-3　橡胶树 31 个 HbMYBs 家族成员的组织特异性表达

注：不同的深浅作为刻度表示基因表达量的变化，下同。

（四）橡胶树 HbMYBs 家族成员在白粉菌处理下的差异表达分析

对橡胶树 GT1 叶片进行白粉菌处理，采样后对橡胶树 31 个 HbMYBs 家族成员做荧光定量，分析各基因在白粉菌处理下的表达模式，结果如图 5-4 所示。由图 5-4 中结果可看出，大多数基因在 3 h、12 h 和 24 h 表达量显著升高。相比 0 h，*HbMYB82.2*、*HbMYB82*、*HbMYB82.1*、*HbMYB108*、*HbMYB62* 和 *HbMYB70* 在 3 h 的表达量显著升高，达到处理前的 28～62倍。6 h 时，各基因的表达差异相比 0 h 不显著。12 h 时，*HbMYB82.1*、*HbMYB59*、*HbMYB108*、*HbMYB70*、*HbMYB73* 和 *HbMYB44* 表达量显著升高，达到处理前的 28～134 倍。24 h 时，*HbMYB23*、*HbMYB108*、*HbMYB62*、*HbMYB55*、*HbMYB67*、*HbMYB73* 和 *HbMYB88* 的表达量显著升高，达到处理前的 24～243 倍。48 h 时各基因表达量相比 0 h 不显著。31 个基因在白粉菌处理后的各时段中，*HbMYB62*、*HbMYB44* 和 *HbMYB88* 的表达量变化最为显著，*HbMYB62* 基因在 24 h 时达到处理前的 243 倍，*HbMYB44* 基因在 12 h 时达到处理前的 135 倍，*HbMYB88* 基因在 24 h 时达到处理前的 135 倍。

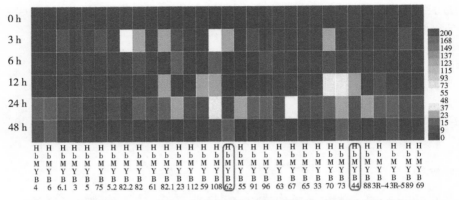

图5-4　橡胶树 31 个 MYB 家族成员在白粉菌处理下的差异表达分析

（五）橡胶树 31 个 MYB 家族成员在 ET 处理下的差异表达分析

对橡胶树热研 73397 芽接苗进行 ET 处理，用橡胶树 31 个 MYB 家族成员引物做荧光定量 PCR，分析各基因在 ET 处理下的表达模式，结果见图 5-5。从图 5-5 中可看出有 4 种基因在 ETH 处理后表达差异较显著，达到 0 h 的 40~250 倍左右。其中 *HbMYB63* 基因表达量 6 h 时达到 0 h 的 19 倍，10 h 时表达量显著上升，达到 0 h 的 272 倍，24 h 时表达量有所下降，但比 0 h 高 93 倍。*HbMYB23* 基因在 10 h 时表达量达到 0 h 的 37 倍，*HbMYB44* 基因则是在 0.5 h 时表达量显著上升，达到 0 h 的 42 倍，之后显著下降，表达量与 0 h 时相差不大。*HbMYB69* 基因表达量从 6 h 时显著上升，10 h 时达到高峰，是 0 h 的 55 倍。

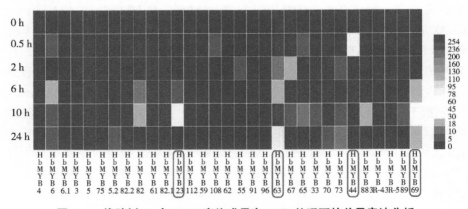

图5-5　橡胶树 31 个 MYB 家族成员在 ETH 处理下的差异表达分析

二、材料处理方法

用中国热带农业科学院橡胶研究所培育的巴西橡胶树品种热研73397正常割胶的10年生成龄树为材料，进行MYB62等基因克隆和不同组织的表达分析。选用热研73397品种高1~1.1 m、2年生顶棚稳定芽接苗为材料，进行脱落酸ABA、水杨酸SA、茉莉酸甲酯MeJA、乙烯利（Ethephon，ETH）、过氧化氢H_2O_2、MG132、干旱和机械伤害处理。

（一）组织表达分析取样

用于组织差异性表达分析的巴西橡胶树，选取未采用乙烯利处理的10年割龄的巴西橡胶树，同一时间点取其胶乳、叶片、树皮、根和花（雄花和雌花），立即保存于液氮中保存。分别提取RNA，并反转录为cDNA作为模板，进行后续实时荧光定量分析。

（二）干旱处理

用热研73397品种高1~1.1 m，2年生顶棚稳定芽接苗为材料，干旱处理采用先浇饱和水后断水的方法（Wang，2014）。在处理前采集芽接苗叶片作为处理0 d的样品，当天上午10:00开始断水干旱处理，第二天上午10:00采样作为处理1 d之后的样品，第三天上午10:00采样作为处理2 d后的样品，以此类推，采集处理3 d、4 d、5 d、6 d、7 d、8 d、9 d和10 d后的样品。同时将正常处理的芽接苗作为对照。光照强度为200 μmol/（$m^2 \cdot s$），温度为28℃，相对湿度60%~80%。每批处理3个生物学重复，数据为3个生物学重复和3次技术重复的均值和标准误。

（三）激素、过氧化氢和MG132处理

选取长势相同并且无明显病害或是伤害的芽接苗，在芽接苗上分别喷施200 μmol/L（w/v）ABA，1.0%（v/v）ETH，5 mmol/L（w/v）SA，200 mmol/ L MeJA，50 μmol/L MG132（一种蛋白酶体抑制剂）和2%（v/v）H_2O_2，所有药剂用0.05%（v/v）乙醇进行溶解，对照植株喷施0.05%乙醇水溶液，收集处理前和处理完成后0.5 h、2 h、6 h、10 h、24 h、48 h和72 h的叶片做进一步表达分析。

选取未处理的10年割龄的巴西橡胶树，配制浓度为1.5%（v/v）ET和

1.0%（v/v）MeJA 分别涂布于割面，然后隔 0 h、0.5 h、2 h、6 h、10 h、24 h、48 h、72 h 分别取胶乳（每棵树只取 1 次），立即保存于液氮中保存，分别提取 RNA，并反转录为 cDNA 作为模板进行实时荧光定量。

（四）机械伤害处理

机械伤害处理采用平头镊子夹伤的方法（Piffanelli et al., 2002），采集处理前的叶片和处理了 0.5 h、1 h、2 h、6 h、10 h、24 h 后的叶片。

三、实验方法

（一）总 RNA 的提取

橡胶树胶乳、叶片、树皮和花的总 RNA 提取方法如下。

（1）取实验材料 2~3 g，用液氮研磨成细粉末，同时分成两等份，转入 50 mL 冰上预冷的螺口离心管中。每管加入 2 倍 65℃预热的 CTAB 提取液 10 mL 和 β-巯基乙醇 500 μL，剧烈涡旋，在 65℃水浴温育 30 min（庄海燕等，2010a）。

（2）每管加入氯仿+异戊醇（体积比 24∶1）的混合液 10 mL，涡旋混匀，在冰浴中放置 10 min。15 000 r/min，4℃离心 10 min。

（3）在上清液中加入 500 μL 的 β-巯基乙醇和 1/3 体积 8 mol/L 的 LiCl，在-20℃冰箱中沉淀 8 h 以上。

（4）在 4℃条件下，15 000 r/min 离心 20 min，弃去上清液，将沉淀溶于 1mL 的 TE（pH 值 8.0）中，转移至 1.5 mL 离心管中，加入 8 mol/L 的 LiCl 使其终浓度为 2 mol/L，-20℃冰箱中放置 3 h 以上。

（5）在 4℃条件下，15 000 r/min 离心 20 min，弃去上清液，然后用 DEPC 处理的 dd H_2O 300 μL 溶解，加入 3 mol/L 的 NaAc（pH 值 5.2）1/10 体积至终浓度为 0.3 mol/L，加入 2.5 倍体积的无水乙醇，充分混匀，-20℃冰箱中放置 4 h。

（6）15 000 r/min，4℃离心 20 min。沉淀用 1 mL 预冷的 75%乙醇漂洗 2 次。

（7）在超净台上将 RNA 沉淀吹干，然后用适量 DEPC 处理的 dd H_2O 将其溶解，-80℃保存备用。

（8）取 1 μL 的 RNA 用紫外分光光度计测定吸光值。根据 OD_{230}、

OD_{260}、OD_{280} 的吸收值和 OD_{260}/OD_{230}、OD_{260}/OD_{280} 的比值计算 RNA 纯度和浓度。

（9）取 1 μL 的 RNA 进行 1%甲醛变性凝胶电泳以进一步确证所提 RNA 的纯度及完整性。剩余样品加入于 -80℃ 条件下保存。

（二）RNA 质量的电泳检测

RNA 的完整性使用甲醛变性凝胶电泳进行检测。

1. 变性琼脂糖凝胶配制

称取琼脂糖 300 mg，放于预先用 DEPC 水处理过的三角瓶中，加入 1×MOPS 的缓冲液 30 mL，使用微波炉小心加热熔化。待凝胶冷却至 60℃ 左右时，加入甲醛 0.5 mL 和 10 mg/mL 的 EB 储备液 1.5 μL，混匀。在通风橱中灌制凝胶，插好梳子。

2. 制备上样样品

在 0.2 mL 的 DEPC 水处理过 PCR 管中加入 10×MOPS 溶液 2 μL、甲醛 3.5 μL、去离子甲酰胺 10 μL、RNA 稀释液 4.5 μL，混匀后瞬时离心。将 PCR 管置于 65℃ 的 PCR 仪中保温 10 min，立即放到冰上 2 min，加上样染料 2 μL，混匀后瞬时离心。以 1×MOPS 为电泳缓冲液，使用 4 V/cm 电压电泳 40 min 左右，在凝胶成像系统中观察 RNA 的完整性。

3. RNA 中痕量 DNA 的去除

（1）取 RNA 样品 5 μg，按照表 5-2 所列的顺序，将各成分加入 1.5 mL 的 DEPC 处理过的离心管中。

表 5-2　DNA 去除体系

组分	体积
10×DNase Ⅰ Buffer	5 μL
Dnase Ⅰ（RNase-free）	2 μL
RNase Inhibitor（40 U/μL）	1 μL
总计	8 μL

（2）加入 DEPC 水至 50 μL，在 37℃ 条件下反应 30 min 后，再加入 DEPC 水 50 μL、水饱和酚+氯仿+异戊醇（体积比 25∶24∶1）100 μL，充分混匀并离心，取上清液至另一干净离心管中。

（3）离心管中加入氯仿+异戊醇（体积比 24∶1）100 μL，充分混匀后离心，取上层清液转移至另一干净离心管中，加入 3 mol/L 的 NaAc（pH 值 5.2）缓冲液 1/10 体积，再加入无水乙醇 250 μL，于−20℃冰浴中静置 30~60 min。

（4）离心回收沉淀，用 70% 的乙醇清洗沉淀，超净工作台内干燥，并用适量的 DEPC 水溶解。

（三）cDNA 合成

所有耗材和试剂均经过 DEPC 水处理后，高压蒸汽灭菌，烘干，保证 RNAase-Free。根据反转录试剂盒（Revert Aid™ First Strand c DNA Synthesis Kit，Fermentas）说明书进行 cDNA 合成，方法如下。

（1）向 200 μL 离心管中加入表 5-3 中所示试剂。

表 5-3　反转录体系 1

组分	体积
5×gDNA Eraser Buffer	4 μL
RNA	2 μL
gDNA Eraser	2 μL
RNase-Free dd H_2O	12 μL
总计	20 μL

（2）室温静置 25 min。

（3）再加入表 5-4 中所示试剂，反应：37℃，15 min；85℃，5 s，稍离心，−20℃保存备用。

表 5-4　反转录体系 2

组分	体积
5×PrimeScript Buffer	4 μL
RT Primer Mix	1 μL
PrimeScript RT enzyme Mix	1 μL
（1）的反应液	10 μL
RNase-Free dd H_2O	4 μL
总计	20 μL

（4）将得到的不同组织 cDNA 稀释成相同浓度作为模板，用 *Hb18SrRNA*（*Hb18SrRNA-F*：5′-GCTCGAAGACGATCAGATACC-3′，*Hb18SrRNA-R*：5′-TT CAGCCTTGCGACCATAC-3′）作内参基因（Chao et al.，2016）进行 PCR

扩增（3 次重复），进行电泳检测，保存结果。

（5）PCR 反应体系如表 5-5 所示。

表 5-5 PCR 扩增反应体系

组分	体积
cDNA	1 μL
2×TaqMix	9 μL
Hb18SrRNA-F	1 μL
Hb18SrRNA-R	1 μL
dd H_2O	8 μL
总计	20 μL

PCR 反应程序如图 5-6 所示。

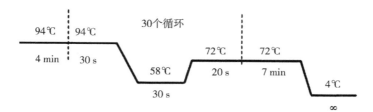

图 5-6 基于 Hb18SrRNA PCR 检测 cDNA 扩增程序

采用伯乐 CFX96 Touch™ Real-Time PCR Detection System（Bio-Rad Laboratories, Inc, Hercules, California, USA），程序为95℃、13 min 退火，随后 40 个循环的扩增（94℃，10 s；60℃，20 s；72℃，30 s）。相对表达量采用伯乐荧光定量 PCR 仪软件进行分析。

（四）HbMYB62 转录因子的克隆

为了获得 HbMYB62 的全长，设计了用于 RACE 的引物（表 5-6，通过使用由 3′提供的寡聚 dT-3 位点连接引物（5′-CCA GTG AGC AGA GTG ACG AGG ACT CGA GCT CAA GCT TTT TTT TTT TTT TT-3′）反转录 1 μg 总 RNA。将 3′-RACE 试剂盒（Takara, Dalian, China）中的特异性引物来合成分别设计为基于 MYB 保守片段的引物 3HbMYB62F 和嵌套引物 3HbMYB62R。使用通用引物（5′-CCA GTG AGC AGA GTG ACG-3′）和总体积为 50 μL 的含有 2.5 μL 3′-ready cDNA 的特异性引物 3HbMYB62 进行第

一轮 3′-RACE，之后进行 31 个循环的扩增（94℃，1 min；55℃，1 min；72℃，1 min）。使用通用引物（5′-GAG GAC TCG AGC TCA AGC-3′）和特异性引物 3HbMYB62R，在与第一轮扩增的相同条件下将 PCR 产物稀释 10 倍作为第二轮 3′-RACE 的模板。纯化产物并克隆到 pGEM-T easy 载体中，随后测序。

表 5-6 *HbMYB62* 全长扩增和荧光定量引物序列

名称	序列（5′ to 3′）
3HbMYB62F	TCCTTGTGCTGTCTGCTA
3HbMYB62R	AGTAGTCCTGGCTCTTGG
HbMYB62F	ACAAGAGACACAAGAACACT
HbMYB62R	TCAGACAGAATGGTGATAGC
Y18SF	GCTCGAAGACGATCAGATACC
Y18SR	TTCAGCCTTGCGACCATAC

1. PCR 扩增

采用 2×Prestar mix Ex Taq（Takara）进行 PCR 扩增，反应体系如表 5-7 所示。

表 5-7 *HbMYB62* 扩增体系

组分	体积
CDNA 模板	1.0 μL
2×Prestar mix Ex Taq	20.0 μL
3HbMYB62F	1.5 μL
3HbMYB62R	1.5 μL
dd H$_2$O	16.0 μL
Total	40.0 μL

瞬时离心混匀，在 DNA Thermo CyclerT1 上进行 PCR，扩增参数参照如下：94℃预变性 3 min 后，94℃ 条件下变性 30 s，55℃条件下退火 50 s；72℃ 条件下延伸 2 min；循环 33 次，最后 72℃ 延伸 10 min。

2. PCR 产物回收

PCR 产物于 1.0% 琼脂糖凝胶电泳后，将目的片段在紫外灯下切下，并尽量去除多余的凝胶。使用 OMEGA 公司的凝胶回收试剂盒进行胶回收，操作步骤如下。

（1）先称取 1.5 mL 的空离心管的重量，然后将切下的带目的片段的凝胶装在该离心管中，再次称量，利用差减法得到凝胶块的重量。按照胶薄片的重量与溶胶液体积比为 0.1 g : 0.1 mL 的比例加 Binding Buffer 溶液；把混合物置于 55~65℃ 水浴中 7 min，每隔 2~3 min 混匀一次，至凝胶完全溶化。

（2）将溶胶混合液溶胶混合液冷却到室温后转移到 HiBind DNA 柱子中，并把柱子装在一个干净的 2 mL 收集管内，在室温下条件下，10 000×g 离心 1 min，弃去上层清液。

（3）将柱子重新套回收集管中，在 HiBind DNA 柱子中加入 Binding Buffer 溶液 300 μL，室温条件下，10 000×g 离心 1 min，弃去上清液。

（4）将柱子重新套回收集管中，加入 700 μL SPW Wash buffer 至 HiBind DNA 柱子中，室温，10 000×g 离心 1 min，弃去滤液。

（5）重复操作（4）。

（6）将空柱子重新套回收集管中，室温，≥13 000×g 离心 2 min 以甩干柱基质残余的液体。这步可以去除柱子基质上残余的乙醇，柱子室温干燥。

（7）把干燥好的柱子装在一个干净的 1.5 mL 离心管内，在柱内中间的膜上加入 30~50 μL 洗脱液或者是无菌水（65℃ 预热），室温放置 2 min；室温，≥13 000×g 离心 2 min，离心管中的溶液就是胶回收后的 DNA 产物，保存于 -20℃。

（8）回收目的 DNA 的产量及质量检测：把回收产物取 1 μL 在微量分光光度计上测 260/280 比值及浓度含量。

（9）琼脂糖凝胶电泳检测胶回收产物。

3. 目的片段克隆和鉴定

使用 TransGen Biotech 公司的 *pEASY*™-T1 Simple 载体进行片段克隆。

（1）连接。在 0.2 mL PCR 管中加入表 5-8 中所列物质。

表 5-8 连接体系

组分	体积
目的片段	4 μL
pEASY™-T1 Simple Vector	1 μL
总计	5 μL

每一枪的液体都要打在管底部，以保证溶液充分混合，在 25℃ 恒温水浴锅中进行连接 20 min。

（2）转化。将连好的载体溶液全部转移到感受态细胞中，转化细胞在冰浴中放置 30 min；然后将转化细胞 42℃下，热激 45 s，立即转移到冰上静置 3 min；加入 400 μL 活化的培养基；在 37℃，200 r/min 条件下摇菌 60 min；取 50 μL 培养液涂布到含 Amp 的 LB 培养基平板上（在 LB 平板制备时，50℃时加入 100 mg/L 的 Amp 至终浓度为 100 μg/mL，培养基凝固后，放于 4℃备用）；37℃倒置培养过夜。

（3）PCR 鉴定重组子。用灭菌牙签蘸少量单个白色菌落放入 800 μL 带有 Amp 的 LB 液体培养基中 37℃，200 r/min 的摇床进行扩摇。在无菌 PCR 管中加入表 5-9 中所列组分。

表 5-9 PCR 鉴定重组子体系

组分	体积
Primer 1 （10 μmol/L）	1 μL
Primer 2 （10 μmol/L）	1 μL
2×PCR Mix	7 μL
菌液	1 μL
dd H$_2$O	5 μL
总计	15 μL

检测用引物为通用引物 M13。上述组分充分混合，进行菌落 PCR 扩增，扩增程序如前文图 5-6 所示。

PCR 产物进行 1%琼脂糖凝胶电泳，在凝胶系统中观察并记录阳性克隆的编号。

（4）重组子菌种的测序和保存。鉴定出的阳性菌液从中吸取 300 μL 送样到广州 Invitrogen 公司测序，剩下的 4℃保存，测序正确的取 500 μL 菌液与 500 μL 灭过菌的 40%甘油，1:1 混合后放在-80℃冰箱长期保存。

（5）PCR 产物凝胶检测和回收。将基因克隆得到的 PCR 产物进行凝胶电泳检测和回收，回收方法参照 OMEGA 琼脂糖凝胶 DNA 回收试剂盒说明书：①回收的胶于 1.5 mL 离心管盛装；②加入 500 μL 的 XP2，57℃水浴 3 min 溶解；③将溶解液吸入吸附柱内，9 000 r/min 离心 75 s；④弃滤液，加 300 μL 的 XP2 于吸附柱，9 000 r/min 离心 75 s；⑤弃滤液，加 650 μL 的 SPW，9 000 r/min 离心 75 s，重复 1 次；⑥弃滤液，14 000 r/min 离心 2 min，弃 2 mL 管；⑦将吸附柱置于 1.5 mL 灭菌管上，加入 25 μL dd H$_2$O，静置 2 min，14 000 r/min 离心 75 s，测量其浓度，并于 4℃保存备用。

将回收产物连接到 pMD18T。连接体系如表 5-10 所示。16℃连接 6 h 以上。将连接产物转化入大肠杆菌感受态 DH5α。转化步骤如下：①冰上融化大肠杆菌 DH5-α 感受态细胞；②将连接产物吸入感受态细胞中，轻轻混匀，冰上放置 35 min；③42℃热激 90 s，冰上放置 1 min；④加入 750 μL 液体 LB 培养基，37℃，180 r/min 振荡培养 2 h；⑤取 100 μL 菌液，涂布于含 50 μg/mL AMP LB 固体培养基上，37℃倒置培养过夜。

表 5-10　连接体系

组分	体积
回收产物	5 μL
pMD18T	1 μL
Solution I	4 μL
总计	10 μL

HbMYB62 菌落 PCR 检测和阳性克隆鉴定采用挑取单菌落，进行菌落 PCR 验证，菌落 PCR 体系如表 5-11 所示。

表 5-11　菌落 PCR 体系

组分	体积
菌落	少量
2×TaqMix	6 μL
Hb18SrRNA-F	1 μL
Hb18SrRNA-R	1 μL
dd H$_2$O	5 μL
总计	13 μL

PCR 程序如下：94℃预变性 3 min 后，94℃ 条件下变性 30 s，55℃条件下退火 50 s；72℃ 条件下延伸 2 min；循环 33 次，最后 72℃ 延伸 10 min。

凝胶检测，挑取少量菌落于 1.5 mL LB 培养基内混匀，测序。

挑取测序正确的菌落 37℃培养 14~16 h，命名为 *HbAPC10-T* 保存备用，并进行质粒提取保存和-80℃保存甘油菌液（甘油：菌液=1:1）。

HbHbMYB62 质粒提取和保存。质粒提取步骤参考 OMEGA 公司小型

质粒提取试剂盒说明书进行：①取 37℃ 培养 16 h 的菌液，13 000 r/min 室温离心 2 min；②solution Ⅰ/RNase A 加 250 μL 充分悬浮；③solution Ⅱ 加 250 μL 混匀，室温放置 3 min；④ solution Ⅲ 加 350 μL，混匀；⑤14 000 r/min 室温离心 3 min；⑥离心后，将上清液加至吸附柱上，9 000 r/min 室温离心 2 min；⑦弃滤液，加入 Buffer HB 500 μL，9 000 r/min 室温离心 2 min；⑧弃滤液，加入 DNA Wash Buffer 700 μL（已加无水乙醇），9 000 r/min 室温离心 2 min；⑨重复步骤⑧；⑩ 14 000 r/min 室温离心 3 min；⑪加 35 μL dd H$_2$O 于离心柱中央，放置 3min 后，14 000 r/min 室温离心 2 min，测量浓度，命名为 *HbMYB62-T* 保存备用。

（五）荧光定量分析

用 *Hb18SrRNA*（*Hb18SrRNA-F*：5′-GCTCGAAGACGATCAGATACC-3′，*Hb18SrRNA-R*：5′-TT CAGCCTTGCGACCATAC-3′）作为内参，参照 Premix Taq 说明书，配制 25 μL 的 PCR 反应体系，以 Hb18SrRNA 进行检测，以 2 μL 的 cDNA 模板进行 PCR 检测反转录效果，PCR 反应程序为：94℃、50 s；94℃、40 s，55℃、30 s，72℃、65 s，30 个循环；72℃、5 min；20℃ 保存。PCR 完成后，电泳检测 PCR 产物。

制作荧光定量标准曲线。将上述回收产物 5 μL 和合成的 cDNA 模板 5 μL（任一模板均可）1∶1 混合后，用 SYBR® Premix Ex TaqTM 中的 EASY Dilution 依次稀释 1×10^2 倍、1×10^3 倍、1×10^4 倍、1×10^5 倍、1×10^6 倍、1×10^7 倍等梯度的稀释液，参照 SYBR® Premix Ex TaqTM 说明书配制 20 μL 的 PCR 体系，使用荧光定量 PCR 仪（Bio-Rad）进行荧光定量 PCR，反应程序为：95℃，预变性 30 s；95℃，预变性 5 s，58℃，退火 30 s，40 个循环。并添加溶解曲线（从 72℃ 逐渐升温至 95℃，每秒钟升温 0.5℃），得到每对引物扩增的标准曲线。

将各种不同组织材料提取的 RNA 合成 cDNA，检测浓度并稀释成相同浓度作为模板，以为内参基因对 *HbHbMYB62* 的表达特性进行分析。

参照 SYBR® Premix Ex TaqTM（Perfect Real Time）说明书，配制 25 μL 的反应体系，在荧光定量 PCR 仪（Bio-Rad）上进行扩增，PCR 反应条件为：95℃，预变性 30 s；95℃，预变性 5 s，58℃，退火 30 s，40 个循环；72℃，3min，20℃ 保存。

反应体系如表 5-12 所示。

表 5-12　荧光定量反应体系

组分	体积
cDNA 模板	4.0 μL
SYBR	10.0 μL
正向引物 Fq（20 μmol/L）	0.4 μL
反向引物 Rq（20 μmol/L）	0.4 μL
Rox	0.4 μL
dd H$_2$O	25.0 μL
总计	25.0 μL

（六）数据统计分析

使用 IBM-SPSS 版本 26 检验的单因素方差分析 ANVOA 和 Duncan 检验分析差异显著性，使用 Origin 数据分析和绘图软件 OriginPro2018（Origin Lab Corporation，Massachusetts，USA）作图。

四、结果与分析

（一）*HbMYB62* 的克隆

从橡胶树热研 73397 叶片中克隆得到 *HbMYB62* cDNA 全长序列，通过 PCR 扩增 ORF，并测序确认，将该 cDNA 命名为 *HbMYB62*（GenBank：JQ178240.1）。其长度为 1013bp，包含 945bp 的 ORF，其编码 314 个氨基酸残基，两端为 31-bp 的 5′-UTR（非翻译区）上游起始密码子和 55bp 的 3′-UTR 下游终止密码子。蛋白质的分子量约为 35.2kDa，理论等电点（pI）为 6.50。*HbMYB62* 推导的氨基酸序列具有植物 MYB 转录因子家族的特异性结构域 SANT-Myb DNA 结合结构域，分别位于 51-74 氨基酸 WNLLAKCAG-LRRTGKSCRLRWLNY 和 103-126 氨基酸 WSKIAQHLPGRTDNEIKNYWRTRV 处（图 5-7 和图 5-8）。Ser、Leu 和 Asn 在氨基酸序列组成中出现频率较高，分别占 15.6%、9.2% 和 6.1%，而一些氨基酸如 Pyl、Sec 在氨基酸序列中则没有出现。通过 TMHMM Server V.2. 分析发现 HbMYB62 无跨膜蛋白，通过 TargetP 1.1 分析发现，HbMYB62 蛋白无信号肽。采用 MitoProt Ⅱ、亚细胞定位分析表明其位于线粒体或者细胞核中。

```
                                    cttgaacctgctccataagagtggtggct
1    ATGTCTTCTGTGTCATCATCTTCTTTAAGCAAGAAGAGCTTAAGCAGCTCTAGTGAAGAT
1    M  S  S  V  S  S  S  S  L  S  K  K  S  L  S  S  S  S  E  D
61   GATTCTTCTGATAAGCTTAGGAGAGGCCCATGGACGCTTGAAGACAATCTCCTCGTT
21   D  S  S  D  K  L  R  R  G  P  W  T  L  E  E  D  N  L  L  V
121  CATTACATTGCTCGTCATGGCGAGGGTCGATGGAATTTGCTTGCAAAATGTGCAGGATTG
41   H  Y  I  A  R  H  G  E  G  R  W  N  L  L  A  K  C  A  G  L
181  AGAAGAACAGGCAAGAGTTGCAGACTCAGATGGCTGAATTATCTAAAACCAGATGTTAAG
61   R  R  T  G  K  S  C  R  L  R  W  L  N  Y  L  K  P  D  V  K
241  CGAGGAAACCTCACCTCAAGAACAGCTCTTGATTCTTGATCTTCCATTCAAAGTGGGGT
81   R  G  N  L  T  P  Q  E  Q  L  L  I  L  D  L  H  S  K  W  G
301  AACAGGTGGTCGAAAATTGCACAACATTTACCAGGAAGAACGGACAATGAAATCAAGAAC
101  N  R  W  S  K  I  A  Q  H  L  P  G  R  T  D  N  E  I  K  N
361  TATTGGAGAACTCGAGTGCAGAAACAAGCAAGGCATCTGAAAGTAGATGCCAATAGCACA
121  Y  W  R  T  R  V  Q  K  Q  A  R  H  L  K  V  D  A  N  S  T
421  GCTTTCCAAGATATAATCAAGTGTTTCTGGATACCAAGATTGCTTCAGAAAATAGAAGGA
141  A  F  Q  D  I  I  K  C  F  W  I  P  R  L  L  Q  K  I  E  G
481  TCAAGTACTTCATGTTCATCGACATCAACATCATCATCTCTACCATTTATCCCAGAAC
161  S  S  T  S  C  S  S  T  S  T  S  S  S  S  T  I  L  S  Q  N
541  CCAACAGTAGTTTCTGATCAGCCTGTGAATTATTCTGCTCATGATTTACCATTCCCAATA
181  P  T  V  V  S  D  Q  P  V  N  Y  S  A  H  D  L  P  F  P  I
601  CCACCACCACAGCTGCCACAGGAAGTTTCTGGTAATCTTCAGGGAAATCTTGACCATAAC
201  P  P  P  Q  L  P  Q  E  V  S  G  N  L  Q  G  N  L  D  H  N
661  TCAGACTCAGAGCATGGCTCAAATTCTTGCATTTCTTCCACGGAATCAATGAATATCTCA
221  S  D  S  E  H  G  S  N  S  C  I  S  S  T  E  S  M  N  I  S
721  CAAATATCTCAATTATCAGAATACCCAACTAGTCCTTTTCATCCCATCAGCACCTTTCAG
241  Q  I  S  Q  L  S  E  Y  P  T  S  P  F  H  P  I  S  T  F  Q
781  AAAGATTGTTACTATGTTGATAGTGGTTGCTATAACATGGAATCCATGACCCCGGCAACT
261  K  D  C  Y  Y  V  D  S  G  C  Y  N  M  E  S  M  T  P  A  T
841  CTGTCAGTGCCTGCAGGAGTATTTCAGAACGTGGCTGAAAGCAATTGGGTTGGGTATGAT
281  L  S  V  P  A  G  V  F  Q  N  V  A  E  S  N  W  V  G  Y  D
901  TTCGGAGATAACATGGACGATGGATAATTAATGGCAATTTAGgaactcactagaattt
301  F  G  D  N  I  W  S  M  D  E  L  M  A  I  *
     ggagatttttagggtctcgttttttctgga
```

图 5-7 *HbMYB62* 基因编码区的核苷酸和推导的氨基酸序列

图 5-8 *HbMYB62* 推导氨基酸保守结构域

该基因与其他植物桉树 EgMYB1 (*Eucalyptus gunnii*, CAE09058)、白云杉 PgMYB1 (*Picea glauca*, ABQ51217)、火炬松 PtMYB1 (*Pinus taeda*, AAQ62541)、豌豆 PsMYB26 (*Pisum sativum*, CAA71992) 和黑云杉 PmMYBF1 (*Picea mariana*, AAA82943) 的蛋白进行同源性分析发现，它们的相似性分别为 25.70%、23.01%、25.11%、37.50% 和 23.86%。系统进化树分析显示橡胶树 HbMYB62 与拟南芥的 AtMYB62 聚在一起，表明它们之间亲缘关系最近（图 5-9 和图 5-10）。

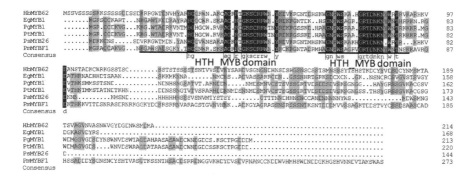

图 5-9　橡胶树 HbMYB62 与其他植物 MYB 蛋白序列多重比对

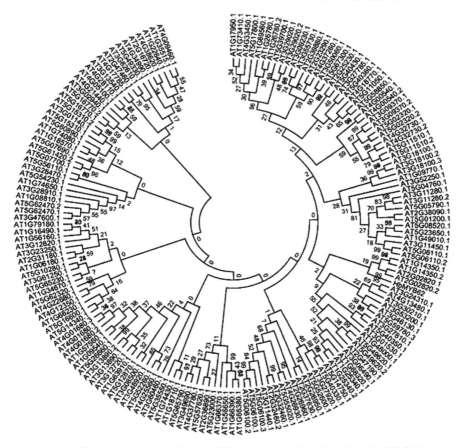

图 5-10　橡胶树 HbMYB62 蛋白与拟南芥中 MYB 家族成员的系统树聚类分析

（二）*HbMYB62* 的表达分析

通过 qRT-PCR 数据分析发现，*HbMYB62* 基因在橡胶树花、树皮、叶、胶乳中均有所表达，但在树皮、叶、胶乳中表达量相对极低，花中表达量是树皮的 700 倍左右（图 5-11）。

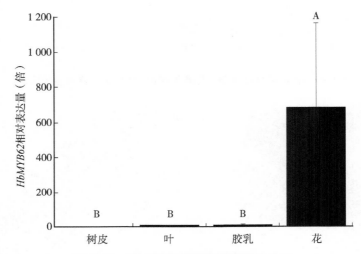

图 5-11 *HbMYB62* 基因的组织表达分析

注：各柱形图上用不同大写字母标识表示数据间差异极显著（*P*<0.01），余图同。

如图 5-12 所示，*HbMYB62* 基因的表达量在 ABA 作用下，0~24 h 无显著性差异，48 h 时表达量显著升高，且达到最高值，72 h 时下降到处理前水平。在干旱处理下 *HbMYB62* 基因表达量在 1 d 无显著性差异，2 d 时表达量显著性升高，达到最高值，为 0 d 的 70 倍左右。之后表达量下降，但相对于处理前都为上调表达。从图 5-13 可看出，在 ABA、干旱处理下，*Hb-MYB62* 基因的表达量都是在处理 48 h 时显著升高且达到最高值。

在图 5-13 中，叶片在经机械伤害处理后，*HbMYB62* 基因的表达量在 0.5~2 h 首先上调，在 2 h 期间表现出最高的表达水平，随后下调，在 10 h 时又有所上调，随着处理时间的延长，表达量逐渐下降。在 H_2O_2 处理下 *HbMYB62* 的表达量初期无显著性变化，在 6 h 时表达量显著上升，10 h 时基因表达量达到最高值。*HbMYB62* 基因的表达量在 H_2O_2、机械伤害处理下都上调，这表明 H_2O_2、机械伤害均正调控 *HbMYB62* 的表达。

如图 5-14 所示，在 MeJA、ETH、SA 处理 6 h 后，橡胶树 *HbMYB62* 表

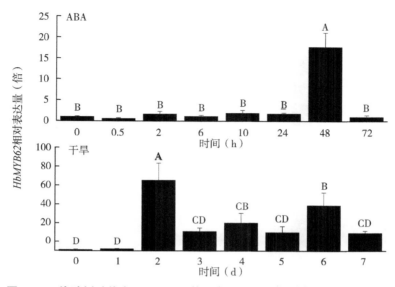

图 5-12 橡胶树叶片中 *HbMYB62* 基因在 ABA 和干旱条件下的表达分析

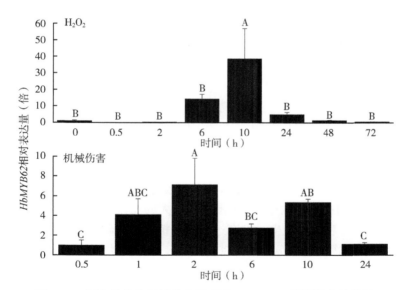

图 5-13 过氧化氢和机械伤害处理下 *HbMYB62* 基因的表达分析

达量相对于处理前均有所上调。处理 0~2 h，*HbMYB62* 因的表达量无显著性变化，但都在处理 6 h 时表达量显著性上升，且在 MeJA 和 SA 处理 6 h 时基因表达量升到最高，ETH 处理 10 h 时达到表达水平最高点。

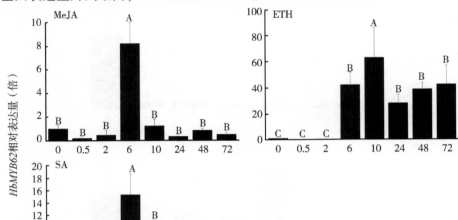

图 5-14 *HbMYB62* 基因在不同激素处理下的表达分析

五、讨 论

MYB 类转录因子家族是植物中最大的转录因子家族之一，广泛参与植物细胞分化、环境因子和激素应答等生物过程（Chen et al., 2003），对次生代谢以及叶片等器官形态建成具有重要的调节作用（Lee & Schiefelbein, 2002；Uimari & Strommer, 1997）。大多数植物 MYB 蛋白是 R2R3 型。R2R3-MYB 蛋白构成植物中 MYB 蛋白的最大的亚家族，它们在初级和次级代谢、细胞形态和形态发生、发育过程和对植物中生物和非生物胁迫的反应中都起到一定作用（Dubos et al., 2010）。

橡胶树中关于 MYB 结构与功能相关报道还较少，本研究克隆得到橡胶树 *HbMYB62* 推导的氨基酸序列具有植物 HTH_MYB 家族的特异性结构域。与其他植物 EgMYB1、PgMYB1、PtMYB1、PsMYB26 和 PmMYBF1 的蛋白相似性分别为 25.70%、23.01%、25.11%、37.50% 和 23.86%。通过 HbMYB62 蛋白与拟南芥 MYB 家族成员的聚类分析结果发现，该蛋白与 At-

MYB62 属于同一分支并具有高度相似性。研究证明，AtMYB62 定位在细胞核上，是一个参与低磷胁迫转录调控的 MYB 超家族转录因子，可能通过调控赤霉素生物合成途径中的基因来影响植物体内赤霉素浓度，进而调节植物对低磷的响应（Devaiah et al., 2009）。因此，预测 HbMYB62 蛋白和 AtMYB62 蛋白的功能相近，即与调节植物对低磷的响应有关。

本研究利用 qRT-PCR 技术分析发现，HbMYB62 在橡胶树花、树皮、胶乳、叶中均有表达，在花中表达量较高，但树皮、叶、胶乳中表达量相对极低。根据 *HbMYB62* 在各组织中表达程度，表明它在花中比在树皮、叶和胶乳中发挥着更重要的作用。在 ET 处理下，橡胶树 *HbMYB62* 基因的表达量显著上调，最高能达到处理前 65 倍左右。乙烯对植物生长和发育等多方面都有影响，其中包括花的发育，器官的脱落和衰老等。由此推测 *HbMYB62* 基因可能参与乙烯信号途径来调控花的发育。

与植物干旱胁迫相关的主要有 MYB、NAC 和 MYC 类等转录因子，基因表达分析表明，这些转录因子通过与顺式作用元件特异结合来调控其下游基因表达的过程中存在两种途径：依赖 ABA 转录调控途径，以及不依赖 ABA 的转录调控途径（Shinozaki & Yamaguchi-Shinozaki, 2007）。例如，AtMYB44、AtMYB60 与 AtMYB2 均被证实参与了植物的干旱胁迫应答反应。其中，AtMYB2 的合成依赖于内源 ABA 的积累，并通过 ABA 途径参与调控干旱胁迫基因 *RD22* 的表达调控（Cominelli et al., 2005；Jung et al., 2008）。*HbMYB62* 基因的表达量在 ABA、干旱处理的初期无显著性差异，处理 48 h 时都表现为显著性升高。推测 HbMYB62 可能在依赖 ABA 的转录调控途径中发挥重要作用，与相应顺式作用元件结合来参与调控下游抗旱相关基因的表达。

植物在正常的生理代谢过程中都可能会有活性氧 ROS 的产生，如光合成、光呼吸、脂肪酸氧化和衰老等过程中都能自然产生 ROS（Oracz & Karpinski, 2016；Baxter et al., 2014；Schieber & Chandel, 2014）。尤其在干旱、高温、低温、机械损伤、强光照、气体污染、真菌浸染等外界环境胁迫下会产生大量的活性氧。越来越多的证据表明，H_2O_2 在植物面临环境胁迫反应中发挥着重要的作用，如应对逆境产生抗病防御反应、调控植物的生长发育、参与保卫细胞气孔运动等诸多生理过程。同时，为了减轻和防止 H_2O_2 的毒害，植物体内已形成了复杂和有效的氧化应激机制（蔡甫格等，2011）。*HbMYB62* 基因的表达量在 H_2O_2、机械伤害处理下显著上调，表明 *HbMYB62* 基因可能参与植物氧化应激机制，并且在植物受到机械损伤时，通过此机制对植物进行调节以应对机械伤害。JA 作为与损伤相关的植物激素和信号分子，广泛地存在于植物体中，外源应用能够激发防御植物基因的表达，诱导植物的化学防御，产生与机械损伤和昆虫取食相似的效果。SA可作为植物抗病反应所需的信号分子来激活植物防御保护机制，在植物信号传导和抗逆反应中起着关键作用。SA 还可与其他植物激素如 ABA、JA、ET等协同作用，保护植物（罗红丽和闫志烨，2011）。在 MeJA、ETH 和 SA 作用下，橡胶树 *HbMYB62* 基因的表达量均有所上调，推测 *HbMYB62* 基因与植物的 MeJA、ET 和 SA 的信号传导过程有关，与 Duan 等（2010）结果一致（Duan et al., 2010）。本研究为进一步阐明 *HbMYB62* 在橡胶树的抗逆反应和激素信号传导过程中的功能打下基础。

第六章 橡胶树胶乳均一化酵母双杂交 cDNA 文库构建

王立丰 余海洋 覃 碧

（中国热带农业科学院橡胶研究所）

本章详细介绍了以橡胶树胶乳为材料，提取高纯度 RNA，构建橡胶树胶乳均一化酵母双杂交 cDNA 文库的方法，采用酵母双杂交技术构建巴西橡胶树胶乳均一化酵母双杂交 cDNA 文库对克隆胶乳特异表达基因及其功能鉴定、筛选与天然橡胶生物合成关键酶互作的蛋白、研究天然橡胶生物合成途径及其调控的分子机制具有十分重要的意义。

橡胶树胶乳主要是乳管细胞的细胞质，胶乳中表达丰度最高的是橡胶延伸因子 REF 和小橡胶粒子蛋白 SRPP（Chow et al.，2007）。采用传统的 cDNA 文库构建方法，常会导致部分低丰度 mRNA 丢失或者筛选困难。均一化 cDNA 文库（Normalized cDNA Library），即某一特定组织或细胞的所有表达基因均包含其中且含量大致相等的 cDNA 文库，该文库使所有的 mRNA 丰度趋于一致，降低高丰度表达基因，有效富集低丰度表达基因，降低冗余率。双链特异性核酸酶（Duplex-specific Nuclease，DSN）是 2002 年在堪察加拟石蟹（*Paralithodes camtschaticus*）体内发现的一种热稳定的双链特异性核酸酶，该酶能够选择性降解双链 DNA 和 DNA-RNA 杂交体中的 DNA，对单链核酸分子几乎没有作用，已被成功地用于 cDNA 均一化文库构建（Cifarelli et al.，2013；Zhou et al.，2016；de los Reyes et al.，2003）。与传统的均一化技术相比，DSN 均一化技术步骤少且操作简单，效率高，但在橡胶树中鲜有使用此方法构建均一化 cDNA 文库的报道（Carla et al.，2011）。采用 SMART® cDNA 合成技术和 DSN 均一化技术构建巴西橡胶树胶乳均一化酵母双杂交 cDNA 文库，并对该文库质量进行分析和评价，以期为进一步利用酵母双杂交技术筛选天然橡胶生物合成关键酶互作蛋白及其调控蛋白、克隆天然橡胶生物合成调控相关基因提供借鉴。

一、材料与方法

（一）材　料

巴西橡胶树（*Hevea brasiliensis* Müll. Arg.）品种热研 73397 开割树，种植于中国热带农业科学院试验场实验基地。割胶后收集胶乳用于总 RNA 提取。

（二）橡胶树胶乳总 RNA 提取与检测

（1）取新鲜胶乳 12 mL 到预冷的 50 mL 离心管中，等体积加入 SDS 缓冲液，摇匀 30 min，冰浴 2 min，加 24 mL（水饱和）酚+氯仿+异戊醇（体积比 25：24：1），摇匀 2 min，冰浴 5 min，4℃，16 000 r/min，离心 5 min。

（2）取上清液，等体积加入酚+氯仿+异戊醇（体积比 25：24：1）涡旋混匀 2 min，冰浴 2 min，4℃，16 000 r/min，离心 5 min。

（3）取上清液，等体积加入酚+氯仿+异戊醇（体积比 25：24：1）涡旋混匀 2 min，冰浴 2 min，4℃，16 000 r/min，离心 5 min。

（4）取上清液，按体积比 3：1 加入 8 mol/L LiCl，再加入 20 μL 的 β-巯基乙醇，−80℃保存过夜。

（5）冰上静置解冻，4℃，16 000 r/min 离心 10 min，去掉上清液。

（6）1 mL 的 DEPC 水溶解沉淀，转移至 1.5 mL 离心管中，加入 350 μL 8 mol/L 的 LiCl，−80℃放置 2 h。

（7）冰上静置解冻，4℃，16 000 r/min 离心 10 min，弃上清，200 μL DEPC 水溶解，加入 25 μL 3 mol/L 的 NaAc（pH 值 5.2）和 3 倍体积（675 μL）无水乙醇，混匀，−80℃放置 2 h。

（8）冰上静置解冻，4℃，16 000 r/min 离心 10 min。加 200 μL 预冷的 75%乙醇，混匀后，4℃，16 000 r/min 离心 10 min，重复一次。

（9）将沉淀冰浴并晾干，后用 30 μL 的 DEPC 水溶解，用微量分光光度计（Thermo Scientific NanoDrop 2000）测定 RNA 的纯度及浓度，用 1%的琼脂糖凝胶电泳检测其完整性，−80℃保存备用。

（三）合成 cDNA 第一条链

以橡胶树胶乳 RNA 为模板，利用 Make Your Own "Mate & Plate™" Library System（Clontech Laboratories, Inc., Mountain View, CA, USA）中的 cDNA 合成组分合成第一链 cDNA，引物为 CDS Ⅲ Primer 5′-ATTCTAGAG-GCCGAGGCGG-CCGACATG-d（T）30VN-3′合成 cDNA 第一条链，然后采用 Advantage® 2 Polymerase Mix（Clontech）试剂盒进行两轮 LD-PCR 扩增获得 ds-cDNA，反应体系如下。

（1）PCR 管中加入表 6-1 所列试剂。

表 6-1 反转录体系 1

组分	体积
5×First strand buffer	2 μL
dNTP Mix	1 μL
SMART MMLVRT	1 μL
DDT	1 μL
总计	5 μL

（2）PCR 管中加入表 6-2 所列试剂。

表 6-2 反转录体系 2

组分	体积
CDS Ⅲ Primer	1.0 μL
RNA	0.5 μL
dd H$_2$O	2.5 μL
总计	4.0 μL

（3）向（2）中加入（1）混匀，42℃，10 min。

（4）加入 1.0 μL 的 SMART Ⅲ Oligo，混匀，42℃，1 h。

（5）75℃，15 min；降至室温加入 1 μL 的 RNase，37℃，20 min，-20℃保存。

（四）第一轮 LD-PCR

以上述 cDNA 第一条链为模板合成完整 cDNA，引物为 5′ Primer（5′-TTCCACCCAAGCAGTGGTATCAACGCAGAGTGG - 3′）；3′ Primer（5′-GTATCGATGCCCACCCTCTAGAGGCCGAGG-CGGCCGACA-3′）进行 PCR 扩增，反应体系如表 6-3 所示。

表 6-3　PCR 扩增反应体系

组分	体积
cDNA	2 μL
5×primer STARGXL buffer	20 μL
5′ primer	1 μL
3′primer	1 μL
dNTP Mix	8 μL
STARGXL DNA polymerase	6 μL
dd H$_2$O	62 μL
总计	100 μL

PCR 反应程序如图 6-1 所示。

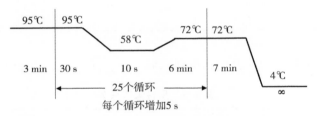

图 6-1　LD-PCR 扩增程序

以 *Hb18SrRNA* 引物 PCR 检测，体系和程序参考如下：94℃预变性 3 min 后，94℃条件下变性 30 s，55℃条件下退火 50 s；72℃ 条件下延伸 2 min；循环 33 次，最后 72℃延伸 10 min。

按以下程序过柱纯化 PCR 产物（OMEGA PCR 产物纯化试剂盒，Cycle-Pure Kit）。

（1）将上述产物加入 1.5 mL 离心管中。

（2）加入 300 μL 的 XP2，静置 5 min。

（3）将全部溶液注入收集管中，加上套管，12 500 r/min 离心 75 s，重复一次。

（4）弃滤液，加 350 μL 的 XP2 于过滤柱，12 500 r/min 离心 75 s。

（5）弃滤液，加 600 μL 的 SPW（先加 100 mL 无水乙醇），12 500 r/min离心 75 s，重复一次。

（6）弃滤液，12 500 r/min 离心 99 s，弃 2 mL 管。

（7）将过滤柱置于 1.5 mL 灭菌管上，在过滤膜上 25 μL 常温灭菌水，静置 2 min，12 500 r/min 离心 2 min，将滤液重复离心一次，测量其浓度，并于 4℃ 保存备用。

（五）cDNA 均一化

（1）向 PCR 管中加入 6 μL 的 cDNA，2 μL 的 HEPES（200 mmol/L）。

（2）加入矿物油液封：98℃，3 min；68℃，5 h。

（3）加入 2 μL 68℃ 的 10×DSN Master Buffer，dd H_2O 9μL，再加入 1 μL 的 DSN，68℃，20 min。

（4）加入 10 μL 的 2×DSN Stop Solution，dd H_2O 10 μL，68℃，5 min 终止反应。

（六）第二轮 LD-PCR

以第一轮 LD-PCR 产物为模板，进行 PCR 扩增并检测。并将所有产物过 T-400 柱子纯化。

（七）酵母 cDNA 文库构建

1. 酵母 Y187 感受态制备

（1）取酵母菌株 Y187 在 YPDA 固体培养基上划线 30℃ 培养 3d，挑取整个菌斑于 10 mL 的 YPDA 液体培养基，30℃、200 r/min 培养 20 h，按 1∶50 接种于 50 mL 的 YPDA 液体培养基，30℃、200 r/min 培养 2～3 h 至 OD_{600} = 0.6 左右。

（2）分装至无菌 50 mL 离心管，700 g，7 min，小心去掉上清。

（3）加 20 mL 无菌水，混匀重悬，700 g，7 min，去上清，两遍。

（4）加 20 mL 1.1×TE/LiAc，混匀重悬，700 g，7 min，去上清，两遍。

（5）1 mL 1.1×TE/LiAc，混匀重悬，冰上备用。

2. cDNA 转化酵母 Y187 感受态

（1）向预冷的 15 mL 管中加入 cDNA 20 μL、pGADT7-Rec 6 μL，以及 5 μL 提前 99℃ 煮 10 min 的 carrier DNA。

（2）加入 600 μL 感受态细胞，混匀，再加入 2.5 mL 的 1×PEG/LiAc，30℃ 水浴 30 min，期间混匀两次。

（3）42℃ 水浴，15 min，期间混匀两次。

（4）瞬时离心，去上清。

（5）加入 3 mL 的 YPD Plus medium，30℃、50 r/min 培养 90 min。

（6）700 g，离心 5 min，去上清。

（7）加入 15 mL 0.9%的 NaCl，均匀涂布 SD/-Leu 平板上，每个平板 150 μL，静置 5min；同时在直径 100 mm 的 SD/-Leu 平板上涂布 1/10、1/100 的稀释转化液，3 个重复，用于计算转化效率。

（8）倒置平板，30℃培育箱孵育 3~4 d，直至菌落出现。

（9）向每个平板中加入 5 mL 冷冻培养基（YPDA/25%甘油），将菌落从平板上刮下来全部收集在无菌的三角瓶中，共 300 mL，按每管 1 mL 分装至 1.5 mL 的离心管中，−80℃保存。

（八）文库库容和 cDNA 文库插入片段大小检测

取 100 μL 菌液分别按 1 000 倍、10 000 倍和 100 000 倍稀释后取 100 μL 涂布 100 mm SD/-Leu 平板，30℃培养 3~4 d，待菌落长出来以后计算文库滴度，文库滴度 =（平板上克隆数×稀释倍数/涂板体积）×菌液总体积。然后随机挑取平板上生长的单菌落，以 pGADT7 载体通用引物 T7（5′-TAAT-ACGACTCACTATAGGG−3′）和 3′AD（5′−AGATGGTGCACGATGCACAG−3′）对其进行 PCR 扩增。扩增程序为：94℃预变性 3 min；94℃变性 30 s，55℃退火 30 s，72℃延伸 3 min，循环数为 30；72℃延伸 10 min。用 1.2%的琼脂糖凝胶电泳检测 cDNA 插入片段的大小。

二、结果与分析

（一）橡胶树胶乳总 RNA 提取与质量检测

构建 cDNA 文库要求高质量的 RNA，按改进的 SDS 方法提取橡胶树胶乳的总 RNA，经 1%凝胶检测结果如图 6-2 所示，可观察到总 RNA 有 18S rRNA 和 28S rRNA 两条带，且 28S rRNA 的量约为 18S rRNA 的 2 倍，表明总 RNA 没有降解，质量较好。进一步采用分光光度计测定其含量与质量，结果显示，OD260/OD280 = 2.069，总 RNA 的浓度为 1 506 ng/μL，表明总 RNA 的质量和纯度满足建库的要求。

（二）ds-cDNA 的合成

以 2.0 μL 总 RNA 反转录合成第一链，然后经两轮 LD-PCR 扩增后，经电泳检测结果显示 ds-cDNA 呈弥散状，片段分布较广，丰度不均匀，中间

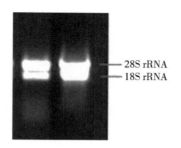

图 6-2 橡胶树胶乳总 RNA 凝胶检测

有若干较亮条带代表高丰度表达基因（图 6-3）。以上结果表明不同大小和丰度的 mRNA 都得到了有效的反转录和扩增。

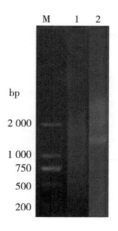

图 6-3 均一化之后和均一化之前的 cDNA 检测结果

注：M—DL2000 DNA Marker，余同；1—均一化后 cDNA；2—未均一化 cDNA。

（三）DSN 均一化效果

ds-cDNA 经 DSN 均一化处理后，再次采用两轮 LD-PCR 进行扩增放大，所得产物用 CHROMA SPIN+TE-400 柱纯化以去除小片段 cDNA。过柱后最终回收的产物经检测显示，小于 500 bp 的片段基本被去除，如图 6-4 所示，其中 DSN 均一化处理前的 ds-cDNA 中代表高丰度基因的亮带消失，呈现出一条均匀的弥散条带，且分布在 500 bp 以上，表明高丰度基因的丰度明显下降。分光光度计检测过柱后最终回收的产物浓度为 384 ng/μL。为了进一步检测 ds-cDNA 经 DSN 均一化后对高丰度基因的均一化效果，采用两个管家基因 18S rRNA 和 β-actin 分别对 DSN 均一化前以及均一化并过柱纯化后的 cDNA 进行扩增检测，结果如图 6-4 所示，经扩增 30 个循环后，DSN 均一化处理后的 cDNA 中，*18S rRNA* 和 *β-actin* 两个基因的表达丰度均明显低于均一化之前。以上结果表明，均一化处理有效地降低了高丰度基因的水平，过柱纯化后的 cDNA 质量良好，cDNA 的量足够构建一次文库，可进一步用于文库构建。

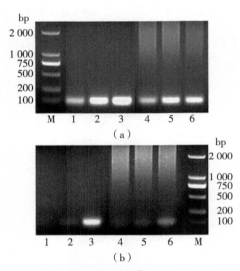

图6-4　均一化前后 *18S rRNA*（a）和 *β-actin*（b）表达丰度变化检测

注：分别以均一化之前（1~3）和均一化之后并过柱纯化（4~6）的 cDNA 为模板扩增 *18S rRNA*（a）和 *β-actin*（b），1 和 4 扩增 20 个循环，2 和 5 扩增 25 个循环，3 和 6 扩增 30 个循环。

（四）均一化酵母双杂交文库构建及质量评价

过柱纯化后的 ds-cDNA 和线性化质粒 pGADT7-Rec 共转化 Y187 感受态细胞，转化后的菌落生长情况如图 6-5 所示，经统计和计算，初始文库独立克隆为 1.26×10^6 cfu/mL，取收集后的文库菌液 100 μL，按 1 000 倍、10 000 倍和 100 000 倍稀释后，分别涂布 100 μL 稀释液于 100 mm SD/-Leu 平板，统计单克隆数并计算文库滴度。结果显示，所构建文库的滴度为 3.23×10^7 cfu/mL。从文库中随机挑取 23 个阳性克隆，以 pGADT7 载体通用引物 T7 和 3′AD 进行 PCR 扩增检测插入片段大小，结果如图 6-6 所示，有插入片段的阳性克隆为 20 个，插入片段两端的载体序列大约为 200 bp，去除载体序列后，其中插入片段≥1.0 kb 的单克隆为 14 个，插入片段≥0.7 kb 的单克隆为 6 个，平均插入片段大于 1.0 kb，重组率的计算方法为：有插入片段的反应个数/反应总数×100%。所得文库的重组率为 87%。

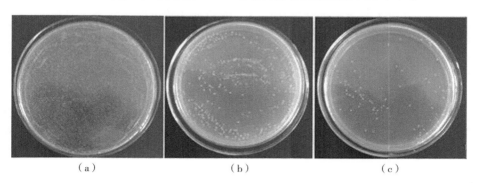

（a）　　　　　　　　　（b）　　　　　　　　　（c）

图 6-5　均一化文库的菌落生长情况

注：（a）取 150 μL 转化悬浮液涂布 150 mm SD/–Leu 平板的生长情况；（b）取 100 μL 的 1/10 转化悬浮液涂布 100 mm SD/–Leu 平板的生长情况；（c）取 100 μL 的 1/100 转化悬浮液涂布 100 mm SD/–Leu 平板的生长情况。

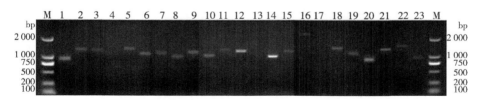

图 6-6　均一化文库插入片段大小检测

注：1~23 为随机挑选的 23 个文库单克隆 PCR 产物。

三、讨　论

高质量的酵母双杂交 cDNA 文库是筛选互作蛋白的重要基础，文库的质量对后续实验的成败起关键作用。评价文库质量的参数主要有文库的滴度、重组率、插入片段大小以及均一化效果。在 cDNA 的合成过程中，LD-PCR 的循环次数影响所合成 cDNA 的大小以及基因在文库中的丰度。经过柱纯化后的 cDNA 片段经电泳检测，其范围在 500 bp 以上均匀分布，而且两个管家基因 18S rRNA 和 β-actin 的扩增检测结果显示，管家基因的表达水平明显低于均一化之前，表明 LD-PCR 反应条件是适合的。均一化之前进行了两轮 LD-PCR 放大，均一化之后再经过两轮 LD-PCR 放大，一方面减少起始总 RNA 的使用量，并保证了过柱纯化后有足够量的 ds-cDNA 用于文库构建，另一方面使低丰度基因得到扩大，提高筛库获得低丰度基因的概率。根据试剂盒说明书，所构建的酵母双杂交 cDNA 文库的滴度应该大于 $1×10^7$ cfu/mL，以保证文库的完整性与覆盖度。本书采用 Make Your Own "Mate & Plate™" Library System 与 DSN 均一化技术相结合构建的均一化酵母双杂交 cDNA 文库，高丰度基因在均一化处理后明显降低，文库的滴度为 $3.23×10^7$ cfu/mL，重组率为 87%，平均插入片段大于 1.0 kb。从文库的鉴定结果来看，所构建的文库质量良好，可为橡胶树胶乳特异表达基因的克隆和功能研究以及研究天然橡胶生物合成的调控机制提供参考。

橡胶树乳管细胞的主要生理活动是胶乳代谢和橡胶生物合成（张福城和陈守才，2006；于俊红等，2007）。乳管细胞中的大部分表达基因都与橡胶生物合成有关，其中橡胶粒子膜蛋白 REF 和 SRPP 是两个高丰度表达基因（王艺航等，2018；杨署光等，2021）。由于这两个高丰度基因影响导致其余可能与胶乳生物调控的低丰度基因的筛选和克隆难以进行，而均一化 cDNA 文库应用广泛，经济节约。另外，它是优良的探针资源，可以用于基因遗传图谱的制作和进行大规模的原位杂交（周斌辉等，2013；杨光涌等，2018；戚继艳等，2013）。因此，构建橡胶树胶乳均一化全长 cDNA 文库，利于筛选与胶乳生物调控的低丰度基因以及其功能验证。

第七章　抗体制备检测与 Western 检测

王立丰

（中国热带农业科学院橡胶研究所）

抗体制备是鉴定蛋白功能的重要环节。本章以巴西橡胶树 bHLH 转录因子 HblMYC3 为例，采用 HblMYC3 转录因子氨基酸序列进行分析，选取 14 个位点合成多肽，注射到小鼠中，获得抗体，经 ELISE 和 Western 检测，证明抗体合格。将抗体进一步进行 Pulldown 分析，筛选与其互作蛋白。

一、HblMYC3 研究背景

乳管细胞存在茉莉酸信号途径，其在巴西橡胶树乳管细胞中起着调控天然橡胶生物合成的作用。在模式植物拟南芥中，茉莉酸信号途径的 3 个核心环节分别为 SCF^{COI1} 复合体，JAZ 阻遏蛋白和 MYC2 转录因子（Chini et al.，2009）。SCF 复合物被认为是 E3 泛素连接酶中最大的一个家族，一般由 4 个亚单位组成：F-box 蛋白、RBX1、CμL1 和 SKP1（Mukai & Ohshima，2016）。其中，由 RBX1 和 Cul1 构成泛素连接酶的活性中心，F-box 蛋白通常被认为是 SCF 复合物底物结合的作用点，而 SKP1 在 Cul1 与 F-box 蛋白之间起着连接的作用。在 SCF^{COI1} 复合物中，CμL1 在 RUB 激酶的作用下被泛素相关蛋白 RUB1 共价修饰，并通过其 N 端的 F-box 结构域与 SKP1 蛋白的 C 端的 SKP1 结构域相连。位于 COI1 蛋白 C 端的 LRR 结构域使得 COI1 蛋白可以与 JAZ 蛋白（茉莉酸信号的阻遏抑制因子）的 Jas 结构域相连。COI1-JAZ-MYC2 作为茉莉酸信号途径的核心组件，主要通过 JAZ 蛋白家族和 MYC2 转录因子这两个环节的调节控制，辅助单一的 SCF^{COI1} 复合物来行使其复杂的生理功能（Qi et al.，2011；Ahmad et al.，2016）。其中，COI1-JAZ 之间能发生物理结合，并依赖于茉莉酸。JAZ 蛋白通过 Jas 结构域与 MYC2 的 N 端结合，抑制其转录激活活性，这种结合不依赖茉莉酸（Sheard et al.，2010）。JAZ 蛋白之间通过其 ZIM 结构域发生物理结合，形成同源或异源二聚体（Hong et al., 2015；Chao et al., 2019）。

　　茉莉酸类物质是伤害信号转导和调控植物次生代谢的关键分子（Seo et al., 2015；Seo et al., 2014）。根据外施茉莉酸可以诱导巴西橡胶树次生乳管分化和促进橡胶合成关键酶基因的表达，我国学者提出茉莉酸调控天然橡胶生物合成这一理论（Tian et al., 2003）。近几年来，又从橡胶树乳管细胞这一特化组织中克隆了与 COI1 同源的基因 HbCOI1（Peng et al., 2009），与 AtJAZ1 和 AtJAZ2 同源的基因 HbJAZ1（Tian et al., 2010）以及 HbSKP1、HbRBX1、HbCul1 等 SCF^{COI1} 复合体成员（马瑞丰等，2010）。前期已经证明割胶、机械伤害和外施茉莉酸甲酯不但可以上调橡胶合成关键酶 REF、SRPP、HMGR1 和 HbHRT2 的基因表达，还可以上调茉莉酸信号途径相关基因 HbCOI1 和 HbJAZ1 的表达（Tian et al., 2010）。最近，我们又克隆了 JAZ 家族的另外 6 个成员和 MYC 家族的 5 个成员，并采用酵母双杂交技术证明了它们部分成员之间的相互作用。以上研究结果进一步证明了在乳管细胞中茉莉酸信号途径具有调控天然橡胶生物合成的作用（Zhao et al., 2011）。

　　MYC（Myelocytomatosis）类转录因子是转录因子家族中重要的一类，其蛋白的 C-端含有一个 DNA 结合结构域，被称为碱性区域/螺旋—环—螺旋（basic Helix-Loop-Helix，bHLH）基序，其中的碱性区域与 DNA 结合有关；螺旋—环—螺旋结构则是 MYC 蛋白与其他蛋白形成异源二聚体的功能域。研究表明，MYC 家族成员在植物激素，诸如茉莉酸、脱落酸、乙烯介导的植物应答环境胁迫反应中起着非常重要的转录调控作用。采用 DNA 配体结合技术克隆得到 rd22BP1 基因。它可以被外源的脱落酸经过干旱诱导表达，被命名为 AtMYC2（也被称为 MYC2），是研究最多的 MYC 转录因子。在拟南芥中的研究发现，茉莉酸和脱落酸都可以上调转录因子 AtMYC2 基因的表达（Abe et al., 2003；Montiel et al., 2011）。机械伤害可以通过茉莉酸信号途径上调 AtMYC2 基因的表达，进而上调 VSP 和 JR1 基因的表达。干旱胁迫可以通过脱落酸信号途径上调 AtMYC2 基因的表达，进而上调抗旱基因 rd22 和 AtADH1 的表达（Abe et al., 2003）。另外，AtMYC2 还可以抑制乙烯介导的病原菌诱导基因 β-CHI 和 PDF1.2 的表达（Lorenzo et al., 2004）。在番茄中的研究发现，通过茉莉酸信号途径，机械伤害可以上调 JaMYC2 和 JaMYC10 基因的表达，进而对 LAP 和 pin2 的基因的表达进行调控。最近，我们在高低产品种中发现基因表达差异最大巴西橡胶树 MYC 成员是 HblMYC3，表明其与天然橡胶产量密切相关。随后，又采用酵母单杂交技术证明了受 Hbl-MYC3 调节的靶基因是橡胶生物合成关键酶基因 HbREF 和 HbSRPP，与两个基因启动子区域 G-box 元件结合。据此推测，该基因的转录调节可能是乳管细胞中天然橡胶生物合成调控机制的一个重要环节。因此，系统的研究乳管细胞中与产量相关的 HblMYC3 的调控机制将有助于为进一步阐明乳管细胞天然橡胶生物合成调控机制奠定基础。需要抗体制备鉴定其结构与功能。下面详细介绍委托上海 Abmart 公司制备 HblMYC3 抗体的过程。

二、橡胶树 HblMYC3 多克隆抗体制备和检测

橡胶树 HblMYC3 转录因子蛋白序列如下：

MEEITSPSSTSSFMSFCQETSPPLQQRLQFILQSRPEWWVYAIFWQASKDATGRLV
LSWGDGHFCGTKEFAAKACNKLNQPKFGFNLERKMINKESPTLFGDDMDMDRL
VDVEVIDYEWFYTVSVTRSFAVEDGILGRTFGSGAFIWLTGNHELQMFGCERVK
EARMHGIQTLACISTTCGVVELGSSNTIDKDWSLVQLCKSLFGGDTACLVSLEPSH
DSHLHILNTSFLDISMFSASQNETSTEKQIEGDKKKDVTGQVRSSSDSGRSDSDGN
FAAGITDRFKKRAKKLQNGKELPLNHVEAERQRRERLNHRFYALRSVVPNVSK
MDKASLLADAVTYIKELKAKVDELESKLQAVTKKSKNTNVTDNQSTDSLIDQIRD
PSIYKTKAMELEVKIVGSEAMIRFLSPDINYPAARLMDVLREIEFKVHHASMSSIK
EMVLQDVVARVPDGLTNEEVVRSTILQRMQNLAASL

橡胶树 HbIMYC3 的抗原位点见图 7-1 和表 7-1。

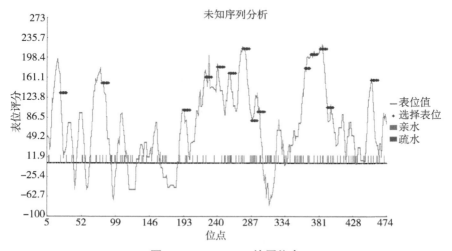

图 7-1　HblMYC3 抗原位点

表 7-1　HblMYC3 抗原位点

序号	起始位点	终止位点	蛋白序列
1	378	389	IDQIRDPSIYKT
2	271	282	NTNVTDNQSTDS
3	365	376	DSDGNFAAGITD
4	283	294	HDSHLHILNTSF
5	219	230	DKKKDVTGQVRS
6	252	263	RFKKRAKKLQNG
7	357	368	QAVTKKSKNTNV
8	236	247	FSASQNETSTEK
9	76	87	NKLNQPKFGFNL
10	449	460	QETSPPLQQRLQ
11	18	29	RVPDGLTNEEVV
12	292	303	QNGKELPLNHVE
13	387	398	NTIDKDWSLVQL
14	189	200	YKTKAMELEVKI

　　根据蛋白序列分析并设计合成多肽的位点进入抗体生产流程。抗原生产流程如图 7-2 所示。

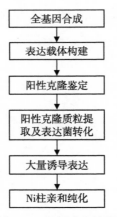

图 7-2　抗原生产流程

经过纯化，得到蛋白抗原用于免疫。

1. 动物免疫

将成功获得的抗原混合免疫鼠龄为 8~12 周的雌性 BALB/c 健康小鼠 3

只。采取小鼠快速免疫方式，将 3 只小鼠的脾脏混合进行融合。

2. 融合和单抗筛选

免疫反应最好的小鼠的脾细胞与骨髓瘤细胞（SP2/0）进行融合，融合后的细胞经过适当稀释，分置于 96 孔培养板中培养，培养 10~14 d 进行 ELISA 检测，挑选 OD 值高的孔中的细胞进行有限稀释法亚克隆。

具体方法如下：将有限稀释的细胞培养至 96 孔板中，待克隆生长到全孔的 1/6 时，标记单克隆及多克隆，对单克隆进行 ELISA 检测。ELISA 检测后将 OD 值最高的单克隆再有限稀释接入 96 孔板中如上法所述再次亚克隆，此过程重复数次，直至阳性孔比率为 100%，我们即认为此为单克隆。即我们通常认为的建株成功的细胞株。将筛选得到的阳性单克隆扩大培养，细胞数按（1~2）×10⁶/管进行冻存。同时收集细胞安排腹水制备。

3. 腹水制备

细胞株采用小鼠腹腔接种法制备腹水，10~14 d 收集腹水，ELISA 检测腹水是否制备成功。腹水完成后 Abmart 将腹水小样发由客户验证。

4. 抗体纯化

待验证完成后，指定克隆号，Abmart 将采用 Protein G 柱纯化腹水，获得抗体实验数据（表 7-2）。

表 7-2　表位信息及 ELISA 检测数据

抗体号	表位	酶联免疫法稀释倍数
14717-1hz-6/C534_130823	RFKKRAKKLQNG	128k
14717-1hz-2/C505_130823	NTNVTDNQSTDS	100k
14717-1hz-10/C461_130824	QETSPPLQQRLQ	100k
14717-1hz-3/C517_130826	DSDGNFAAGITD	100k
14717-1hz-13/C487_130826	NTIDKDWSLVQL	100k
14717-1hz-14/C374_130828	YKTKAMELEVKI	128k
14717-1hz-4/C372_130828	HDSHLHILNTSF	100k
14717-1hz-10/C464_130828	QETSPPLQQRLQ	100k
14717-1hz-7/C542_130828	QAVTKKSKNTNV	128k
14717-1hz-7/C539_130828	QAVTKKSKNTNV	128k
14717-1hz-6/C529_130828	RFKKRAKKLQNG	128k
14717-1hz-5/C521_130828	DKKKDVTGQVRS	100k
14717-1hz-2/C508_130828	NTNVTDNQSTDS	100k
14717-1hz-11/C472_130828	RVPDGLTNEEVV	100k
14717-1hz-8/C457_130828	FSASQNETSTEK	100k
14717-1hz-4/C367_130828	HDSHLHILNTSF	100k

（续表）

抗体号	表位	酶联免疫法稀释倍数
14717-1hz-3/C515_130828	DSDGNFAAGITD	100k
14717-1hz-7/C538_130829	QAVTKKSKNTNV	128k
14717-1hz-6/C532_130829	RFKKRAKKLQNG	128k
14717-1hz-2/C507_130831	NTNVTDNQSTDS	100k
14717-1hz-4/C368_130828	HDSHLHILNTSF	100k
14717-1hz-7/C541_130831	QAVTKKSKNTNV	100k
14717-1hz-5/C524_130831	DKKKDVTGQVRS	100k
14717-1hz-12/C476_130831	QNGKELPLNHVE	128k
14717-1hz-6/C530_130903	RFKKRAKKLQNG	100k
14717-1hz-5/C526_130904	DKKKDVTGQVRS	100k

注：①x 表位是指在表位鉴定实验中由于该细胞组上清的 ELISA 信号在阳性阈值附近，因此表位信息判断模糊。若客户对该细胞株初步鉴定成功，Abmart 将免费对 x 表位的细胞株的纯化抗体或腹水重新鉴定表位信息。②Elisa Titer 判断标准：将抗体进行一定的梯度稀释，大于 NC（NC：免疫抗原包板，检测抗体为牛奶+细胞培养基）两倍且大于 0.25 的 OD450 值对应的稀释度值即为该抗体的效价。

三、Western 蛋白检测

为了证明抗体的有效性，采用 Western 技术检测橡胶树叶片和胶乳粗蛋白提取液，稀释倍数分别为 1 000 倍、3 000 倍、9 000 倍、27 000 倍，反应温度 37℃，检测时间为 30 min-30 min-15 min，吸光率设定在 450 nm。检测结果如图 7-3 至图 7-5 和表 7-3 所示。

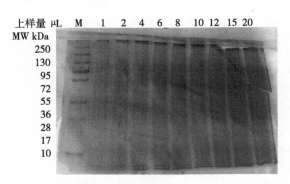

图 7-3 叶片 HbIMYC3 抗体检测 SDS-PAGE 电泳图

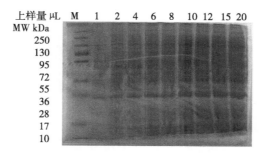

图 7-4　HblMYC3 抗体 SDS-PAGE 电泳图

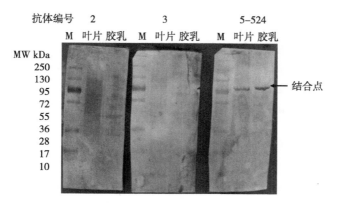

图 7-5　HblMYC3 抗体 Western 蛋白检测

表 7-3　HblMYC3 抗体 Western 蛋白检测序列

样品	稀释倍数	2	4-368	4-372	5-526	6-534	6-530	7-541	7-538	8-457	10-464	12-476	14-374
叶片	1 000	2. 272	1. 975	0. 95	0. 32	0. 183	0. 43	0. 163	0. 221	0. 278	0. 507	0. 165	0. 745
	3 000	1. 337	1. 42	0. 464	0. 177	0. 119	0. 14	0. 108	0. 136	0. 124	0. 27	0. 099	0. 184
	9 000	0. 756	0. 892	0. 238	0. 113	0. 092	0. 096	0. 086	0. 091	0. 107	0. 136	0. 074	0. 083
	27 000	0. 413	0. 414	0. 155	0. 093	0. 086	0. 076	0. 081	0. 084	0. 088	0. 099	0. 082	0. 086

样品	稀释倍数	3	4-367	5-524	5-521	6-532	6-529	7-542	7-539	10-461	11-427	13-478	空白
胶乳	1 000	0. 310	1. 295	0. 512	0. 181	0. 173	0. 176	0. 215	0. 216	0. 28	0. 228	1. 141	0
	3 000	0. 388	0. 806	0. 243	0. 112	0. 118	0. 113	0. 139	0. 149	0. 157	0. 142	0. 783	0
	9 000	0. 775	0. 266	0. 176	0. 095	0. 108	0. 095	0. 107	0. 114	0. 12	0. 123	0. 424	0
	27 000	0. 501	0. 232	0. 149	0. 099	0. 122	0. 092	0. 117	0. 126	0. 109	0. 147	0. 257	0

　　从图 7-5 可见 HblMYC3 在叶片和胶乳样本中位于分子量 53. 4 kDa 左右均无结合，在抗体 5-524 在分子量在 75 kDa 左右有明显的结合点。说明可用于下一步结构与功能分析。

第八章　ABA 信号途径 bZIP 转录因子的 Pull-down 分析

王立丰

（中国热带农业科学院橡胶研究所）

植物 bZIP 转录因子是 ABA 信号转导途径的关键的调控因子，通常与 MYB、WD40 等其他蛋白结合形成转录调控复合体结合下游靶基因启动子区域顺式元件调控或抑制转录，进而调控基因表达。在转录复合体研究中，Pulldown 分析是研究蛋白互作和筛选互作蛋白的有效方法。本章简要介绍 ABA 信号转导途径的功能，并介绍 bZIP 转录因子的 Pulldown 分析方法。

一、ABA 的抗逆功能

脱落酸 ABA 是植物内源激素，具有促进脱落与休眠，控制植物的生长发育和种子萌发等功能（Seiler et al., 2011）。研究发现，ABA 能够增加植物抗逆能力，在逆境胁迫（低温、干旱、高盐、高温等）时起到重要作用（Hirayama & Shinozaki，2007）。不同逆境胁迫均能不同程度上刺激植物体内 ABA 合成（Giraudat et al., 1994），使气孔关闭以响应逆境胁迫，随后有关抗逆特异蛋白被诱导合成，促使相关基因得到表达。前人在研究干旱与 ABA 的关系时发现，植物受到渗透胁迫诱导后合成 ABA，植物不同品系的抗旱性与 ABA 的积累量相关，所以内源 ABA 含量被作为鉴定抗旱性指标之一。ABA 联系根系及其他地上植物部分，土壤含水量影响根系中 ABA 的浓度，叶片导管中 ABA 浓度也与叶片生长速率和气孔导度有关。ABA 能够减轻水分胁迫带来的伤害，根系遭受水分胁迫时，ABA 经木质部运输到植物地上部分，从而调节气孔开度，控制蒸腾作用。ABA 处理瓜尔豆叶片后，净光合速率和蒸腾速率降低，内源 ABA 含量升高。内源 ABA 的含量的升高只在一定范围内，在植物适应干旱的环境时，ABA 的含量暂时下降，后随干旱胁迫缓慢上升。用 ABA 处理不同发育时期的小麦，发现 ABA 可使小麦种子发芽率提高，增强芽期小麦的抗旱能力，促进小麦幼苗的生长。ABA

处理后的甜椒幼苗呼吸速率降低，ABA 内源激素、叶片脯氨酸、钾离子和可溶性糖等渗透调节物质的含量升高，活性氧自由基累积量和产生速率下降，由此可见外源 ABA 减轻低温胁迫对幼苗造成的伤害，使甜椒幼苗抗寒性增强。

（一）ABA 信号转导途径

PYR/PYL/RCAR-PP2C-SnRK2-ABRE/ABF/bZIP 通路是一种重要的 ABA 依赖型信号通路，在非生物胁迫反应中起着至关重要的作用（Sun et al.，2011）。该途径主要包括四大核心组件：ABA 受体 PYR/PYL/RCAR（Kim et al.，2012）、负调控因子 PP2C 蛋白磷酸酶（PP2C-type protein phosphatase，PP2C）A 亚族成员、正调控因子蔗糖非发酵相关蛋白激酶 2（Sucrose Non-fermenting 1-related Protein Kinase 2，SnRK2）（Kobayashi et al.，2005）和转录因子 ABA 反应元件结合蛋白 ABRE/ABF/bZIP（ABA Responsive Element Binding Protein）/（ABRE Binding Factors）。正常情况下，PP2C 直接磷酸化抑制 SnRK2；环境胁迫下，ABA 在植物细胞中积累。ABA 含量升高被 PYR/PYL/RCAR 受体蛋白识别，ABA 诱导 PP2C 与受体蛋白相互作用，抑制 PP2C 蛋白磷酸化，使得 SnRK2 处于激活状态，触发下游 ABA 应答元件（ABA Responsive Element，ABRE）与 ABF 转录因子结合，从而调控下游靶基因的表达（Fujita et al.，2009）。

（二）ABA 信号应答元件 bZIP 转录因子家族

ABRE/ABF 是碱性亮氨酸拉链（Basic Region/Leucine Zipper Motif，bZIP）转录因子成员，bZIP 转录因子普遍存在于真核生物中（Correa et al.，2008），参与植物光信号、生长发育及病原防御等过程（张计育等，2011），通过 ABA 信号途径响应植物逆境胁迫（Uno et al.，2009；Uno et al.，2000）。bZIP 转录因子是根据其共同的 bZIP 结构域而被命名为 bZIP。bZIP 结构域由 60~80 个氨基酸组成，被两个功能不同的区域包围，一个碱性结构域和亮氨酸拉链结构域（Hurst，1994），碱性结构域约由 16 个氨基酸残基组成，可与特异 DNA 序列结合，亮氨酸拉链结构域与碱性结构域紧密连接（Nijhawan et al.，2008）。bZIP 蛋白优先与含有 ACGT 的 DNA 序列结合，特别是 G-box（CACGTG）、C-box（GACGTC）和 A-box（TACGTA）结合（Izawa et al.，1994；Izawa et al.，1993）。在与 DNA 结合时，碱性结构域 N-末端嵌入双链 DNA 亮氨酸拉链结构域的 C 端，并介导二聚化形成叠加的卷曲螺旋结构（Landschulz et al., 1988）。目前，拟南芥（Oyama et al., 1997）、木薯（Hu et al., 2016b）、烟草（Heinekamp et al., 2004；Heinekamp et al., 2002）等植物的 bZIP 转录因子家族已被鉴定。拟南芥（Jakoby et al., 2002）和木薯（Hu et al., 2016a）的 bZIP 转录因子基因家族被分为 10 个亚族，而水稻、黄瓜、马铃薯的 bZIP 基因家族则分别被划分为 11 个、8 个和 9 个亚族。不同亚族的功能各不相同，其中研究比较广泛的是 A 亚族，被命名为 ARBE 或 ABF（Fujita et al., 2013）。A 亚族参与对逆境胁迫的调控和 ABA 的表达，植物响应 ABA 信号和各种胁迫主要是通过 ABA 响应元件 ABRE 诱导一系列基因的表达而实现，而属于 *bZIP* 的 A 亚族转录因子 ABF 和 ABRE 能够广泛绑定含有 ABRE 元件的基因启动子，从而启动下游基因的表达。另外，ABA 和各种胁迫可诱导 AREB/ABF 类转录因子的表达，且 AREB/ABF 需要 ABA 磷酸化激活。A 亚族 *ABI*5（Baloglu et al., 2014）基因能够被 ABA、干旱和高盐等胁迫诱导表达，在植物抗逆中起着重要的作用。此外，研究发现 C 亚族与 S 亚族参与胁迫应答，F 亚族基因响应植物缺锌胁迫。

前期以拟南芥 NF-YC 系列突变体和野生型（Colombia，Col-0）为材料，进行了植物的逆境胁迫处理实验。发现 nf-yc3/nf-yc4/nf-yc9 突变体植株比 Col-0 的抗旱性高，nf-yc3/nf-yc4/nf-yc9 及 NF-YC 同源基因双突变在 PEG 处理下敏感性较低，对盐的敏感性与 Col-0 无明显差异。NF-YC 亚家族基因同源性分析表明 NF-YC1、NF-YC3、NF-YC4 和 NF-YC9 在家族中的同源性最高，已有报道表明植物 NF-YA 和 NF-YB 参与盐害、干旱、冷热胁迫和渗透胁迫等多种非生物胁迫的调控过程，而同为 NF-Y 基因家族的 NF-YC 基因仅发现与光氧化胁迫和内质网胁迫相关，因此可以推测植物 NF-YC 亚家族基因可能以某种机制参与到干旱和盐害等非生物胁迫响应的调节当中，而且 NF-Y 家族基因调控逆境响应的机理也很不清楚。需采用 Pull-down 技术证明二者间相互作用关系。

二、GST Pull-down 证明体内蛋白互作

将拟南芥 ABF3/bZIP 的 cDNA 克隆到 pGEX-4T-1 载体中（Pharmacia），将 NF-YC9 的 cDNA 克隆到 pQE30 载体中，所需引物如表 8-1 所示。

表 8-1　拟南芥基因克隆所用引物

引物名称	引物序列
ABF3-Nde1-F	GGAATTCCATATGATGGGGTCTAGATTAAAC
ABF3-Sma1-R	TCCCCCGGGCTCTACCAGGGACCCGTCAATG
ABF3-C-Nde1-F	ATACATATGGAGAAAGTGATTGAGAGAAG
ABF3-N-Sma1-R	TCCCCCGGGCTACAGAACTGCACCTGTTTTC
ABF3-BamHI-F	CGGGATCCATGGGGTCTAGATTAAAC
ABF3-SmaI-F-2	TCCCCCGGGATGGGGTCTAGATTAAAC
ABF3-SmaI-R-2	TCCCCCGGGCCAGGGACCCGTCAATG
nf-yc9-F	ATATGCTTGGTGTTGTAGGAACAATTC
nf-yc9-R	AGAGAAATGGATCAACAAGGA

（1）测序正确的质粒转化入 Rosetta 感受态中，使用 IPTG 诱导 GST-ABF3 和 His-YC9 蛋白表达，用谷胱甘肽琼脂糖珠（Glutathione Sepharose Beads，Amersham Biosciences）纯化 GST-ABF3 蛋白，同时用 Ni-NTA agarose beads（QIAGEN）纯化 His-YC9 蛋白。

（2）将纯化的 GST-ABF3 和 His-YC9 蛋白用于 GST Pull-down 实验，将 GST-ABF3 和 Glutathione Sepharose Beads 孵育后结合成功的复合物和 His-YC9 蛋白一起 4℃ 孵育过夜，作为实验组。GST 和 His-YC9 蛋白同样方法过夜为对照组，结合后的复合物经过清洗和洗脱后，用 SDS-PAGE 蛋白电泳检测大小，并用 GST 和 His 标签蛋白特异抗体进行 Western Blot 特异性检测。

（3）GST-ABF3 诱导至 OD=0.6 时候，用 IPTG=0.2 mmol，150 r/min，14℃ 过夜条件诱导 12~16 h。

（4）富集菌液，按 10∶1 比例用 STE 重悬菌体，超声至澄清，超声条件：20 min，12%，10 s/10 s，4℃。

（5）加 Beads 50 μL，4℃，多用途旋转摇床孵育 4 h，PBS 洗 3 次，每次 10 min；取 10 μL 的 Beads 加入 GSH 洗脱 Buffer 煮样，检测挂柱蛋白。若有，剩下的 40 μL Beads 用于 Pull-down 实验。

（6）His-YC9 诱导至 OD=0.6，用 IPTG=0.1 mmol，150 r/min，4℃ 过夜条件诱导 12~16 h。

（7）凝胶电泳迁移率分析 EMSA。

EMSA 的非变性 PAGE 胶配制见表 8-2。

表 8-2　EMSA 的非变性 PAGE 胶配制比例

组分	5%（7.5mL）配比	6%（7.5mL）配比
dd H_2O	5.815 mL	5.565 mL
10XTBE	0.375 mL	0.375 mL
30%Arcy	1.250 mL	1.500 mL
10%AP	55.000 μL	55.000 μL
TEMED	5.000 μL	5.000 μL

　　缓冲液配制方法如下：封闭液用 800 mL 水溶解，用 HCl 调到 pH 值 7.2，最终调到 1 L（表 8-3）。清洗液 I 就是 0.1 X 封闭液。清洗液 II 用 800 mL 水溶解，用 HCl 调到 pH 值 9.5，最终调到 1 L（表 8-4）。2X EMSA 缓冲液配制按表 8-5 配制。

　　具体操作步骤：①制备非变性胶（每个胶孔 7.5 mL）；②设计结合反应；③准备和预运行凝胶；④准备和执行结合反应；⑤电泳结合反应；⑥结合反应 Nylon 膜的电泳转移；⑦交联将 DNA 转移到膜上；⑧化学发光法检测生物素标记的 DNA。

表 8-3　封闭液配制比例

组分	含量
5% SDS	50 g SDS
125 mmol/L NaCl	7.3 g NaCl
25 mmol/L Na_3PO_4	2.4 g Na_2HPO_4 和 1.0 g NaH_2PO_4
无菌水	调至 1 L

表 8-4　清洗液配制比例

组分	含量
100 mmol/L Tris-HCl	12 g Tris base
100 mmol/L NaCl	5.8 g NaCl
10 mmol/L $MgCl_2$	2.03 g $MgCl_2 \cdot 6H_2O$（2 g $MgCl_2$）
无菌水	调至 1 L

表 8-5　2XEMSA 缓冲液配制比例

组分	添加试剂	1 mL 缓冲液的配制体积（2XEMSA）
40 mmol/L Tris-HCl（pH 值 8.0）	Tris-HCl 1 mol/L（pH 值 8.0）	40.00 μL
200 mmol/L KCl	KCl 3.75 mol/L	53.33 μL
2 mmol/L EDTA	EDTA 0.5 mol/L	4.00 μL
2 mmol/L DTT	DTT 1 mol/L	2.00 μL
24% Glycerol	Glycerol 87%	276.00 μL
500 ng/μL BSA（0.5 mg/mL）	BSA 10 mg/mL	50.00 μL
4 ng/μL poly dI·dC	poly dI·dC 1 000 ng/μL	5.00 μL
4 ng/μL Salmon sperm	Salmon sperm	Sterile H_2O
DNA（0.04 mg/mL）	DNA 10 mg/mL . 4 μL	565.60 μL

第九章 ChiP-seq 鉴定转录因子目标基因

王立丰

（中国热带农业科学院橡胶研究所）

染色质免疫沉淀技术的原理是在活细胞中把 DNA 与蛋白质交联，染色质被超声波随机切断利用靶蛋白特异性抗体富集与靶蛋白结合的 DNA 片段，纯化与检测目的片断得到蛋白质与 DNA 相互作用信息。采用 ChiP-seq 技术可以筛选转录因子蛋白结合的特异序列，进而筛选特异结合序列。可用于转录因子结合位点或组蛋白特异性修饰位点的研究。本章以 HblMYC3 转录因子为例，介绍了分析鉴定在光照处理下潜在靶基因启动子序列筛选的方法。

一、橡胶树光照样品的处理

以中国热带农业科学院橡胶研究所实验基地培育的橡胶树实生苗 GT1 作为研究材料，实生苗种植于草炭土与蛭石比例为 3：1 的育苗袋中。待实生苗长出第二蓬叶后，对植株进行光照处理，每个光照梯度处理 3 株，每株取叶柄中间的一片绿熟期叶片进行分析。光照处理采用 1 000 W 钨灯作为照明设备，光照强度分别为 400 $\mu mol/(m^2 \cdot s)$，灯光与实生苗样品之间有循环水隔热。光照强度照射 2 h 后进行取样。

二、ChIP 免疫沉淀实验

研磨破碎后的橡胶树叶片至细胞水平，分别采用交联染色质免疫沉淀（Cross-liking Chromatin Immuneprecitation，X-ChIP）和非变性染色质免疫沉淀（Native Chromatin Immunoprecipitation，N-ChIP），步骤如下。

（一）交联染色质免疫沉淀

（1）甲醛处理细胞，使 DNA-protein 的相互结合作用被交联固定。

（2）裂解细胞，得到全细胞裂解液。

（3）超声处理，将基因组 DNA 打断至 100~500 bp。

（4）抗体免疫沉淀在细胞裂解液中加入一抗和 beads，并进行孵育。

（5）采用合适的实验条件进行洗脱，并解交联。

（6）通过 qPCR 对 ChIP 结果进行验证。

（7）准备好的 ChIP 后的 DNA 样品可以用于 ChIP Sequencing 建库。

（二）非变性染色质免疫沉淀

（1）通过非变性的方式得到核裂解液。

（2）微球菌核酸酶（Micrococcal Nuclease）消化染色质，得到单核小体或核小体寡聚体。

（3）抗体免疫沉淀：在细胞裂解液中前后加入一抗和 beads，并进行孵育。

（4）DNA 分离。

（5）通过 qPCR 对 ChIP 结果进行验证。

（6）准备好的 ChIP 后的 DNA 样品可以用于 ChIP Sequencing 建库。

三、ChIP 文库构建流程

文库构建流程主要有以下步骤。

（1）DNA 片段末端修复、3′端加 A 碱基，连接测序接头（详细步骤请参考 Illumina 公司 Paired-End DNA Sample Prep kit）。

（2）PCR 扩增及 DNA 产物的片段大小选择（一般为 100~300 bp，包括接头序列在内）。

（3）合格的文库用于上机测序。

ChIP 文库构建流程如图 9-1 所示。

四、信息分析流程

由 Illumina 测序产生的数据通过质量控制以及过滤，借助比对工具与参考基因组比对。提取比对上唯一位置的序列，结果以 Bed 文件存放，用 Bed 文件做后续信息分析，包括 Read 的分析和 Peak 扫描。在全基因组范围对 Peak 进行扫描，对于扫描到的 Peak，对其相关联的基因进行分析，包括 GO

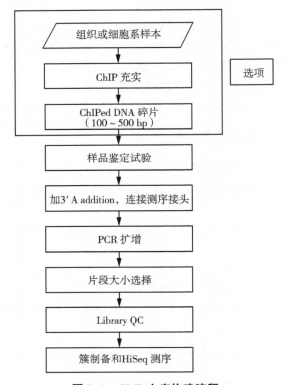

图 9-1　ChiP 文库构建流程

以及 Pathway 富集分析。另外对于多样品，还可以做样品间差异 Peak 的鉴定。信息分析流程如图 9-2 所示。

五、数据过滤质控

测序完成后，对原始数据进行去接头、去除低质量数据等处理，得到可用数据并统计产量。一条序列如符合以下任一条件则会被作为不合格序列去除。

（1）序列含有 Adapter 接头。

（2）N 碱基含量超过 10% 序列长度。

（3）质量值低于 20 的碱基含量超过 50% 序列长度（表 9-1）。

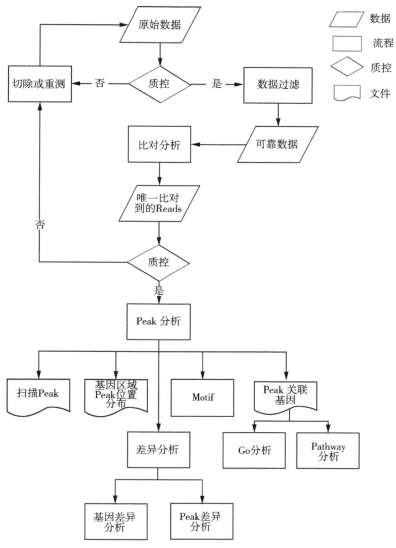

图 9-2 信息分析流程

表 9-1 数据产出统计

样品	序列长度	序列总数	碱基总数	%GC	Q20	Q30
对照（CK）	125；125	33 959 430	4 244 928 750	40.97；40.95	95.93；97.82	92.00；95.61
光照（Light）	125；125	29 017 098	3 627 137 250	45.22；45.31	96.42；97.41	92.73；94.77

（4）数据产出质量、碱基比例分布见图9-3和图9-4。

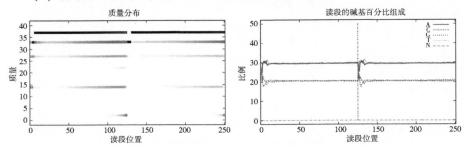

图9-3　CK测序质量和碱基比例分布

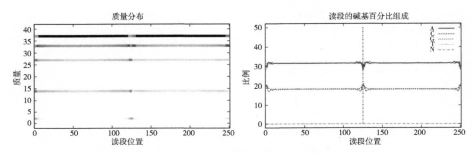

图9-4　光照（Light）测序质量和碱基比例分布

六、与参考序列比对

（一）比对结果统计

将可用数据与所选参考基因组序列进行比对，设定允许不超过2个碱基的错配，其中比对到基因组上唯一位置的序列（唯一比对序列）将用于后续的信息分析（表9-2）。

表9-2　比对结果统计

样品名	总序列数	比对序列数	比对率（%）	唯一比对序列数	唯一比对率（%）
对照（CK）	33 959 430	24 031 386	70.76	17 262 194	50.83
光照（Light）	29 017 098	14 048 016	48.41	10 076 260	34.73

（二）基因组测序深度累积分布

以比对后得到的唯一比对序列为分析对象，分析其在参考基因组上的覆盖分布，统计基因组位点的深度信息，得到基因组上测序深度统计结果（图9-5和图9-6）。

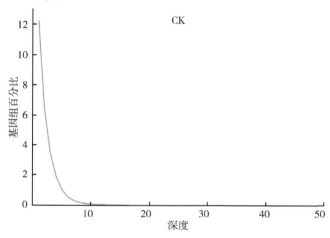

图9-5 CK基因组测序深度累积分布

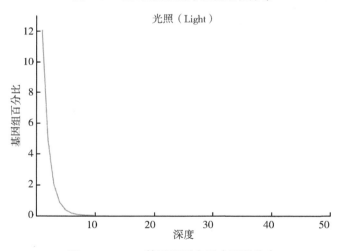

图9-6 Light基因组测序深度累积分布

（三）基因测序深度分布

以比对后得到的唯一比对序列为分析对象，分析其在基因本体区间及上下游 2k 区间内的深度分布，得到基因及上下游区间深度分布结果（图 9-7 和图 9-8）。

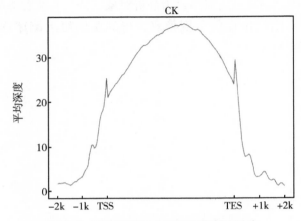

图 9-7　CK 基因及上下游测序深度分布

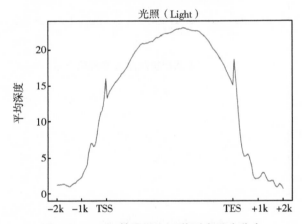

图 9-8　Light 基因及上下游测序深度分布

七、Peak 分析

（一）Peak 扫描

基于一定的分析模型在全基因组范围进行 Peak（ChIP Sequencing 富集区域）扫描，得到 Peak 在基因组上的位置信息，Peak 区域序列信息等（表 9-3）。Peak 结果以 Wiggle 文件格式存放，可上传至 UCSC 查看。

表 9-3 peak 扫描结果

样品	Peak 数	Peak 总长度	Peak 平均长度	Peak 总序列深度	Peak 平均序列深度	基因组比例（%）
对照（CK）	21 616	8 813 507	407	247 556	11	3.85
光照（Light）	8 877	3 539 176	398	117 292	13	1.55

（二）Peak 长度分布

Peak 的长度是 Peak 区间的重要信息之一，分析结果根据 Peak 结果绘制得到每一个样品的 Peak 长度分布。以所有 Peak 为分析对象进行绘图，横轴为 Peak 的长度，纵轴为特定长度 Peak 分布数值（图 9-9 和图 9-10）。

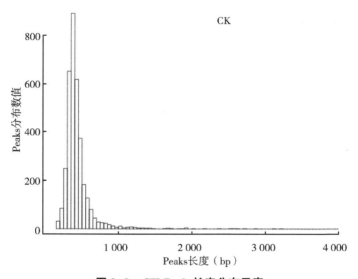

图 9-9 CK Peak 长度分布示意

（三）Peak 深度分布

Peak 区域所含序列数也是 Peak 区间的重要信息之一。分析结果根据 Peak 结果绘制得到每一个样品的 Peak 所含序列数分布图形。以所有 Peak 为分析对象进行绘图，横轴为 Peak 的区域内序列数，纵轴为特定序列数下 Peak 的累积分布比例值（图 9-11 和图 9-12）。

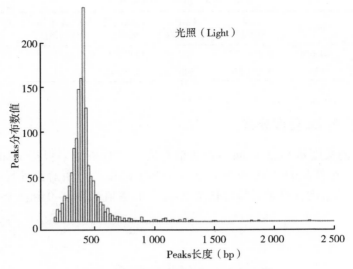

图 9-10　Light Peak 长度分布示意

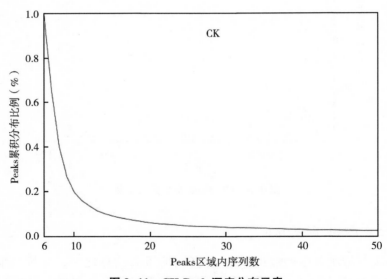

图 9-11　CK Peak 深度分布示意

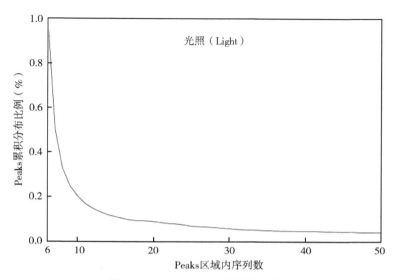

图 9-12 **Light Peak** 深度分布示意

八、Peak 注释

(一) Peak 在基因功能元件上的分布

以饼图表示 Peak 在基因的外显子 Exon、Intron、Upstream、Downstream、Intergenic 等功能元件的分布特征，如图 9-13 和图 9-14 所示。

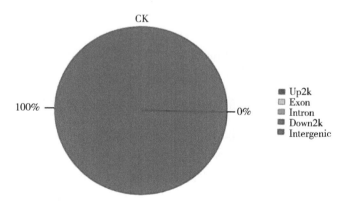

图 9-13 **CK Peak** 基因功能元件分布示意

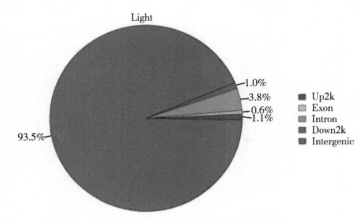

图 9-14　Light Peak 基因功能元件分布示意

（二）Peak 相关基因分析

通过找到与目的蛋白相结合区域（Peak 区域）在基因组上的定位及其与哪些基因有关，从一定程度上表示了目的蛋白或特定组蛋白修饰可能调控的靶基因区域。

（三）Peak 相关基因的 GO 功能显著性富集分析

Gene Ontology（简称 GO）是一个国际标准化的基因功能分类体系，提供了一套动态更新的标准词汇表（Controlled Vocabulary）来全面描述生物体中基因和基因产物的属性。GO 总共有 3 个 Ontology（本体），分别描述基因的分子功能（Molecular Function）、所处的细胞位置（Cellular Component）、参与的生物过程（Biological Process）。GO 的基本单位是 Term（词条、节点），每个 Term 都对应一个属性（图 9-15 至图 9-17）。

（四）Peak 相关基因的 Pathway 功能显著性富集分析

在生物体内，不同基因相互协调行使其生物学，基于 Pathway 的分析有助于更进一步了解基因的生物学功能。KEGG 是有关 Pathway 的主要公共数据库，Pathway 显著性富集分析以 KEGG Pathway 为单位，应用超几何检验，找出与整个基因组背景相比，在 Peak 相关基因中显著性富集的 Pathway。

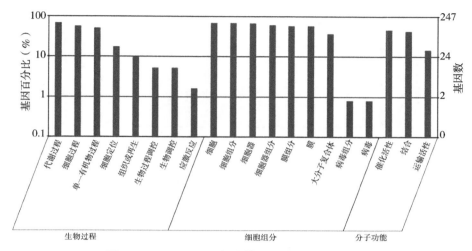

图 9-15　Light Peak 相关基因（Gene）GO 分类

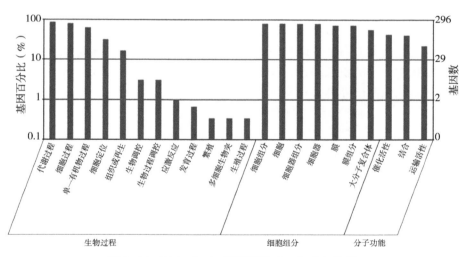

图 9-16　Light Peak 相关基因（Up）GO 分类

（五）鉴定样品间差异 Peak

基于 MAnorm 工具，对两个样品进行差异分析，确定存在样品间差异修饰的区间。

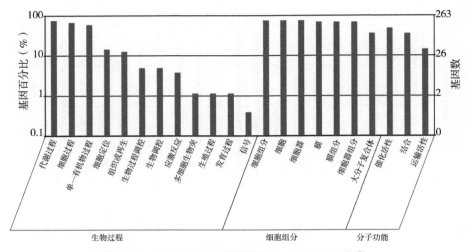

图 9-17 Light Peak 相关基因（Down）GO 分类

（六）Motif 分析

基因表达起始于多种蛋白因子结合于特异的非编码 DNA 序列，非编码区域的主要研究方向之一即是 Motif 研究（图 9-18）。基因表达调控机制研究是生物学研究的重点内容，鉴定 DNA 调控元件尤其是 DNA Motif，对于基因表达调控机制研究具有重要意义。

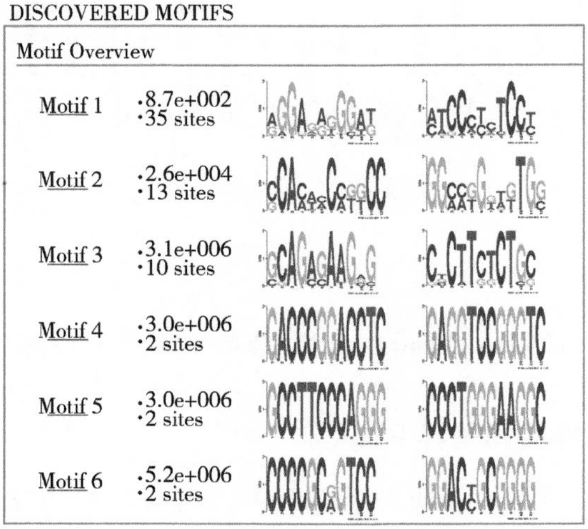

DISCOVERED MOTIFS

Motif Overview		
Motif 1	·8.7e+002 ·35 sites	
Motif 2	·2.6e+004 ·13 sites	
Motif 3	·3.1e+006 ·10 sites	
Motif 4	·3.0e+006 ·2 sites	
Motif 5	·3.0e+006 ·2 sites	
Motif 6	·5.2e+006 ·2 sites	

图 9-18 潜在调控基因启动子 Motif 分析

第十章　转录因子蛋白互作分析方法

王立丰　余海洋　樊松乐

（中国热带农业科学院橡胶研究所）

　　研究蛋白质互作的方法主要有酵母双杂交（Y2H）、双分子荧光互补（BiFC）和萤火素酶互补实验检测蛋白互作（LCA）等技术等。本章以橡胶生物合成关键酶为例，详细介绍蛋白的酵母双杂交互作，双分子荧光互补（BiFC）和萤火素酶互补实验所需载体和操作步骤。

一、*HbSRPP1* 基因克隆与分析检测

　　根据 Soo Kyung Oh 等提供的 Hb*SRPP1* 序列登录号（AF051317.1）（Oh et al.，1999），在 GenBank 检索基因全长，并根据序列设计全长引物（*Hb-SRPP1-ORF-F*：5′-ATGGCTGAAGAGGTGGAGGAAGAGA-3′；*HbSRPP1-ORF-R*：5′-TTATGATGCCTCATCTCCAAACACC-3′）。利用设计的引物，以胶乳 cDNA 为模板，克隆 *HbSRPP1* 全长。

　　PCR 反应体系和程序参照表 10-1 反应体系和程序检测和回收 PCR 产物，连接到 pMD18T 并转化 DH5a，37℃过夜培养，检测养性菌落并测序验证序列 100%正确。

表 10-1　PCR 扩增反应体系

组分	体积
cDNA	1 μL
10×advantage buffer	2 μL
Q5 High quality polyase	1 μL
dNTP Mix	4 μL
Hb18SrRNA-F	1 μL
Hb18SrRNA-R	1 μL
dd H$_2$O	10 μL
总计	20 μL

将基因克隆得到的 PCR 产物进行凝胶电泳检测和回收，回收方法参照 OMEGA 琼脂糖凝胶 DNA 回收试剂盒说明书：①回收的胶于 1.5 mL 离心管盛装；②加入 500 μL XP2，57℃水浴 3 min 溶解；③将溶解液吸入吸附柱内，9 000 r/min 离心 75 s；④弃滤液，加 300 μL XP2 于吸附柱，9 000 r/min 离心 75 s；⑤弃滤液，加 650 μL SPW，9 000 r/min 离心 75 s，重复 1 次；⑥弃滤液，14 000 r/min 离心 2 min，弃 2 mL 管；⑦将吸附柱置于 1.5 mL 灭菌管上，加入 25 μL dd H_2O，静置 2 min，14 000 r/min 离心 75 s，测量其浓度，并于 4℃保存备用。

将回收产物连接到 pMD18T。连接体系如表 10-2 所示。16℃连接 6 h 以上。

表 10-2　回收产物连结体系

组分	体积
回收产物	5 μL
pMD18T	1 μL
Solution I	4 μL
总计	10 μL

将连接产物转化入大肠杆菌感受态 DH5α。转化步骤如下：①冰上融化大肠杆菌 DH5-α 感受态细胞；②将连接产物吸入感受态细胞中，轻轻混匀，冰上放置 35 min；③42℃热激 90 s，冰上放置 1 min；④加入 750 μL 液体 LB 培养基，37℃，180 r/min 振荡培养 2 h；⑤取 100 μL 菌液，涂布于含 50 μg/mL AMP LB 固体培养基上，37℃倒置培养过夜。

二、*HbSRPP1* 菌落 PCR 检测和阳性克隆鉴定

（1）挑取单菌落，进行菌落 PCR 验证，菌落 PCR 体系如表 10-3 所示。

表 10-3　菌落 PCR 扩增反应体系

菌落少量	体积
2×TaqMix	6 μL
Hb18SrRNA-F	1 μL
Hb18SrRNA-R	1 μL
dd H_2O	5 μL
总计	12 μL

（2）凝胶检测，挑取少量菌落于 1.5 mL 的 LB 培养基内混匀，测序。

（3）挑取测序正确的菌落 37℃ 培养 14～16 h，命名为 *HbAPC*10-T 保存备用，并进行质粒提取保存和-80℃ 保存甘油菌液（甘油：菌液＝1：1）。提取和保存质粒，命名为 *HbSRPP*1-T。

三、酵母表达载体构建

（一）互作融合表达蛋白载体构建

根据 *HbAPC*10 开放阅读框（ORF），用在线引物设计软件 Oligo3.1（http：//sg.idtdna.com/calc/analyzer）设计带酶切位点引物（*HbAPC*10-*EcoR* Ⅰ-F2：5'-CGGAATTCATGGCAACAGAGTCAT-3'，*HbAPC*10-*BamH* Ⅰ-R2：5'-CGGGATCCTCTCACTGAAGAGTGAC-3'），利用设计的引物，以胶乳测序正确的质粒为模板，克隆带酶切位点并去终止密码子的 *HbAPC*10-*locate*。PCR 反应后检测和回收 PCR 产物，连接到 pMD18T 并转化 DH5a，37℃ 过夜培养。PCR 检测养性菌落并测序验证序列 100% 正确，提取和保存质粒，命名为 *HbAPC*10-*locate*-E/B-T。

同时对质粒 *HbAPC*10-*locate*-E/B-T 和亚细胞定位载体 pGREEN-OE6HA 进行双酶切，37℃，2h。将回收产物连接到 pGREEN-OE6HA-E/B。连接回收产物并转化质 DH5a 并进行菌落 PCR 鉴定，pGREEN-OE6HA 鉴定引物为 35S：5'-GTAATACGACTCACTATAGGGCGA-3' 和 *HbAPC*10-*BamH* Ⅰ-R2：5'-CGGGATCCTCTCACTGAAGAGTGAC-3'，并挑取阳性克隆送测序。提取 100% 正确序列的重组表达载体，命名为 pGREEN-HbAPC10-GFP，保存质粒备用，并-80℃ 保存甘油菌液（甘油：菌液＝1：1）。

（二）农杆菌介导转化烟草瞬时表达

农杆菌感受态制备采用冻融法。

（1）取-80℃ 保存的农杆菌菌株 GV3101：psoup，划线培养于 YEP（pH 值为 7.4）固体培养基（50 μg/mL Rif/Tetra/Genta）上，28℃ 培养 3 d。

（2）挑取单菌落接种于 1 mL 含 50 mg/mL Rif/Tetra/Genta 的 YEP 液体培养基中，28℃，180 r/min 过夜培养。

（3）按 1：25 比例将菌液接种到加有 50 μg/mL Rif/Tetra/Genta 的 50 mL YEP 液体培养基中，28℃，150 r/min 培养至 OD_{600}＝0.6 左右，分装为

50 mL 离心管。

（4）冰浴 30 min 后，4℃，2 000 r/min，离心 7 min，弃上清。

（5）加入 20 mL 20 mmol/L 预冷的 $CaCl_2$ 轻轻悬浮。

（6）离心，弃上清，菌体用 1 mL 的 20 mmol/L 预冷的 $CaCl_2$ 重悬，加等体积的预冷甘油（30%）混匀，以 50 μL 每管分装，经液氮速冻 1 min 后，于 -80℃ 冰箱保存备用。

（三）重组质粒转化农杆菌 GV3101：psoup

（1）取 -80℃ 保存的农杆菌感受态细胞 50 μL，冰上融化。

（2）加入 1 μg 的重组质粒 pGREEN-HbAPC10-GFP，混匀，冰上放置 30 min。

（3）液氮冷冻 1 min，37℃ 孵育 5 min，加入 700 μL 的 YEP 液体培养基（无任何抗生素）28℃，180 r/min 恢复培养 3 h。

（4）取 100 μL 涂布于含 50 μg/mL Kan/Rif/Tetra/Genta 的 YEP 平板上，28℃ 培养 4 d，挑取单菌落进行 PCR 鉴定，取阳性克隆接种于 10mL 含 50 μg/mL Kan/Rif/Tetra/Genta 的 YEP 液体培养基，28℃，180 r/min，培养 2 d，命名为 HbAPC10-GFP-GV3101，将阳性菌于 -80℃ 保存。

（四）农杆菌转化烟草叶片

（1）将 5 mL 过夜培养的农杆菌转接到 250 mL 含 50 μg/mL Kan/Rif/Tetra/Genta 的 YEP 液体培养基中，28℃，180 r/min，培养至 $OD_{600}=0.8$ 左右。

（2）离心 3 000 r/min，10 min，用重悬液（1/2 MS，100 μmol/L 乙酰丁香酮；0.012% L-77，pH 值调至 5.7）重悬菌体，静止 2 min。重复两次。

（3）3 000 r/min，离心 5 min，用重悬液重悬菌体至 $OD_{600}=0.6$。

（4）注射 3 周的烟草植株；暗培养 1 d。

（5）正常光照培养 2 d 后，通过激光共聚交荧光显微镜检测 GFP 信号。

（6）记录实验结果，保存图片。

同时，对 HbSRPP1-E/B-T 载体和表达载体 pGADK7 进行双酶切并回收、连接转化至 DH5a，提取 100% 正确序列的重组表达载体，命名为 pAD-Gal4-HbSRPP1，保存质粒备用，并 -80℃ 保存甘油菌液（甘油 : 菌液 = 1 : 1）。

四、天然橡胶合成关键酶酵母表达载体构建

在 HbSRPP1 基础上，在 NCBI 上找到其余与胶乳合成相关的基因序列 HbHRT1（GenBank：AB061234），HbHRT2（AB064661），HMGR1（Gen-Bank：HQ857601.1），HbREF 在 GenBank 检索基因全长，并根据序列设计 ORF 引物 HRT1：（HRT1-ORF-F1：5′-ATGGAATTATACAACGGTGAGAGG-3′；HRT1-ORF-R1：5′-TTATTTTAAGTATTCCTTATGTTTC-3′）、HRT2：（HRT2-ORF-F1：5′-ATGGAATTATACAACGGTGAGA-3′；HRT2-ORF-R1：5′-TTATTTTAAGTATTCCTTATG-3′）、HMGR1：（HbMR1-ORF-F1：5′-GGCATATTTTACATGGACACCAC-3′；HbMR1-ORF-R1：5′-TGCTTCATTC-CTATCTCCATACTTC-3′）、REF：（HbEF1-ORF-F1：5′-ATTATGGCT-GAAGACGAAGACAAC-3′；HbEF1-ORF-R1：5′-TCAACACTCAGGAT-GAGAACATAAA-3′），利用设计的引物，以胶乳 cDNA 为模板，克隆 HRT1、HRT2、HMGR1、REF 基因全长。PCR 反应体系检测和回收 PCR 产物，连接到 pMD18T 并转化 DH5a，37℃过夜培养，检测养性菌落并测序验证序列 100%正确，提取和保存质粒，命名为 *HRT1-ORF-T*、*HRT2-ORF-T*、*HMGR1-ORF-T*、*REF-ORF-T*。并根据 ORF 设计带酶切位点的引物 HRT1：（HRT1-EcoRI-F：5′-CGGAATTCATGGAATTATACAACGGT-3′；HRT1-BamHI-R：5′-CGGGATCCTTATTTTAAGTATTCC-3′）、HRT2：（HRT2-EcoRI-F：5′-CGGAATTCATGGAATTATACACCGGT-3′；HRT2-BamHI-R：5′-CGGGATCCTTATTTTAAGTATTCC-3′）、HMGR1：（HMGR1-NdeI-F：5-′TCCATATGATGGACACCACCGG-3′；HMGR1-EcoRI-R：5′-CGGAATTCCTAAGATGCAGCTT-3′）、REF：（HbREF1-EcoRI-F：5′CG-GAATTCATGGCTGAAGACGAAG-3′；HbREF1-BamHI-R：5′-CGGGATCCT-CAATTCTCTCCAT-3′），利用设计的引物，以胶乳测序正确的质粒为模板，克隆带酶切位点的 *HRT1-ORF*、*HRT2-ORF*、*HMGR1-ORF*、*REF-ORF*。PCR 反应后，检测和回收 PCR 产物，连接到 pMD18T 并转化 DH5a，37℃过夜培养，检测养性菌落并测序验证序列 100%正确，提取和保存质粒，命名为 *HRT1-E/B-T*、*HRT2-E/B-T*、*HMGR1-E/B-T*、*REF-E/B-T*。

同时对质粒 *HbAPC10-E/B-T*、*HbSRPP1-E/B-T*、*HRT1-E/B-T*、*HRT2-E/B-T*、*HMGR1-E/B-T*、*REF-E/B-T* 和酵母表达载体 pGBDKT7、pGADT7 进行双酶切，37℃，2h。分别将回收产物 *HbAPC10-E/B* 连接到

pGBDKT7-E/B、pGADT7-E/B；分别将回收产物 HbSRPP1-E/B-T、HRT1-E/B-T、HRT2-E/B-T、HMGR1-E/B-T、REF-E/B-T 连接到 pGADT7-E/B。连接回收产物并转化质 DH5a 并进行菌落 PCR 鉴定，pGBDKT7 鉴定引物为 T7：5′-GTAATACGACTCACTATAGGGCGA-3′和 3′-BD：5′-GACTCT-TAGGTTTTAAAACGAAAA - 3′，pGADT7 鉴定引物为 T7：5′- GTAAT-ACGACTCACTATAGGGCGA-3′和 3′-AD：5′-AGATGGTGCACGATG CACAG-3′，并挑取阳性克隆送测序。提取 100%正确序列的重组表达载体，命名为 pAD-Gal4-HbAPC10、pBD-Gal4-HbAPC10、pAD-Gal4-HbSRPP1、pAD-Gal4-HRT1、pAD-Gal4-HRT2、pAD-Gal4-HMGR1、pAD-Gal4-REF，保存质粒备用，并-80℃保存甘油菌液（甘油：菌液=1：1）。

五、基于酵母双杂交验证橡胶生物合成关键酶互作

酵母感受态制备和重组载体转化，将 5 个组合（每种表达载体 2 μg）pBD-Gal4-HbAPC10 和 pAD-Gal4-HbSRPP1、pBD-Gal4-HbAPC10 和 pAD-Gal4-HRT1、pBD-Gal4-HbAPC10 和 pAD-Gal4-HRT2、pBD-Gal4-HbAPC10 和 pAD-Gal4-HMGR1、pBD-Gal4-HbAPC10 和 pAD-Gal4-REF 转化到酵母感受态 AH109，同时转化阳性对照组合 pAD-Gal4-T/pBD-Gal4-53，阴性对照组合 pAD-Gal4-T/pBD-Gal4-Lam，空白对照组合 pBD-Gal4/pAD-Gal4-HbSRPP1、pBD-Gal4/pAD-Gal4-HbAPC10、pBD-Gal4/pAD-Gal4-HRT1、pBD-Gal4/pAD-Gal4-HRT2、pBD-Gal4/pAD-Gal4-HMGR1、pBD-Gal4/pAD-Gal4-REF、pBD-Gal4-HbAPC10/pAD-Gal4。取转化后的重组菌株 6 μL 依次对应在 SD/-Trp/-Leu 和 SD/-Trp/-Leu/-His/-Ade 平板培养基上点板，倒置平板，30℃培育箱孵育 2~4 d。挑取上述各类实验组合的单菌落于 10 mL SD/-Trp/-Leu 液体培养基 30℃、200 r/min 培养 3 d，并-80℃保存甘油菌液（甘油：菌液=1：1）。根据设计引物 HbAPC10-EcoRⅠ-F1 和 HbAPC10-BamHⅠ-R1，以 HbAPC10-T 为模板克隆出带酶切位点的 ORF，连接到 pMD18T，在经过双酶切技术和连接技术构建出酵母重组表达载体 pAD-Gal4-HbAPC10、pBD-Gal4-HbAPC10（图 10-1 和图 10-2）。

将 5 个组合（每种表达载体 2 μg）pBD-Gal4-HbAPC10 和 pAD-Gal4-HbSRPP1、pBD-Gal4-HbAPC10 和 pAD-Gal4-HRT1、pBD-Gal4-HbAPC10 和 pAD-Gal4-HRT2、pBD-Gal4-HbAPC10 和 pAD-Gal4-HMGR1、pBD-Gal4-HbAPC10 和 pAD-Gal4-REF 转化到酵母感受态 AH109，同时转化阳性

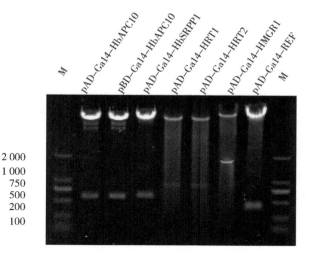

图 10-1 重组酵母表达载体的酶切鉴定

注：从左到右依次为 pAD-Gal4-HbAPC10、pBD-Gal4-HbAPC10、pAD-Gal4-HbSRPP1、pAD-Gal4-HRT1、pAD-Gal4-HRT2、pAD-Gal4-HMGR1、pAD-Gal4-REF。

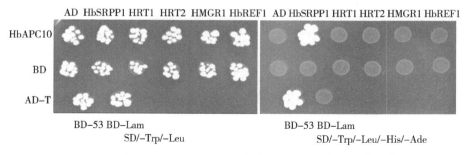

图 10-2 酵母双杂交验证 HbAPC10 与 5 种橡胶合成酶的关系

对照组合 pAD-Gal4-T/pBD-Gal4-53，阴性对照组合 pAD-Gal4-T/pBD-Gal4-Lam，空白对照组合 pBD-Gal4/pAD-Gal4-HbSRPP1、pBD-Gal4/pAD-Gal4-HbAPC10、pBD-Gal4/pAD-Gal4-HRT1、pBD-Gal4/pAD-Gal4-HRT2、pBD-Gal4/pAD-Gal4-HMGR1、pBD-Gal4/pAD-Gal4-REF、pBD-Gal4-HbAPC10/pAD-Gal4。取转化后的重组菌株 6 μL 依次对应在 SD/-Trp/-Leu 和 SD/-Trp/-Leu/-His/-Ade 平板培养基上点板，倒置平板，30℃培育箱孵育 2~4 d。

在 SD/-Trp/-Leu 平板培养基上，所有对照组和实验组均能正常生长，说明所有表达载体均成功转化入酵母菌株 AH109；在 SD/-Trp/-Leu/-

His/-Ade 平板培养基上阳性对照组合 pAD-Gal4-T/pBD-Gal4-53 正常生长，阴性对照和空白均不能正常生长，实验验证组合 pAD-Gal4-HbAPC10 和 pBD-Gal4-HbSRPP1 正常生长，说明 Gal4 激活上游 GUS 并激活下游报道因子 Lac Z 表达，从而证明 HbSRPP1 与 HbAPC10 互作。

六、BiFC 技术验证蛋白互作

35S-SPYNE（R）173 载体图谱如图 10-3 所示。35S-SPYCE（M）载体图谱如图 10-4 所示。菌株选用 GV3101。侵染液配方参照表 10-4 配制 1L 侵染液。加入 1 mol/L 乙酰丁香酮 100μL，pH 值调至 6.8。

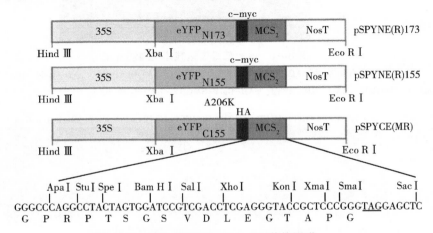

图 10-3　35S-SPYNE（R）173 载体图谱

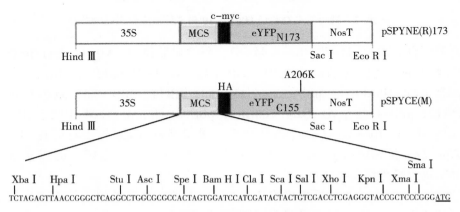

图 10-4　35S-SPYCE（M）载体图谱

表 10-4 侵染液配方

组分	含量
葡萄糖	5.00 g
MES	9.76 g
$Na_3PO_4 \cdot 2H_2O$	0.80 g

侵染烟草步骤如下。

(1)挑取鉴定后的农杆菌单菌落用 LB+利福平（50 mg/L）+kana（100 mg/L），28℃振荡培养 24~36 h，菌液 OD_{600} 为 1.0 左右。

(2)按 1:50 接菌于 10 mL LB+利福平（50 mg/L）+kana（100 mg/L）的 50 mL 三角瓶中，28℃振荡培养 3~5 h 菌液 OD_{600} 为 0.5 左右。

(3)3 200×g 离心 10 min 收集菌体，弃上清，侵染液清洗一次，侵染液重悬至菌液 OD_{600} 为 0.1~0.2，静置 2 h。

(4)各组合或对照组的农杆菌的菌液按 1:1 比例混合至 10 mL 离心管中［例如 35S-SPYCE（M）-X 加 2 mL，35S-SPYNE（R）173-Y 加 2 mL］。

(5)注射前一天要对烟草浇足水，注射前烟草尽量置于弱光条件，挑选生长状态良好的烟草叶片，用 1 mL 注射器的针头扎一个洞，去掉针头，吸取混合菌液从烟草背面注射到叶片中。

(6)注射过的烟草暗培养 12 h，取出之后正常光照条件培养 3 d，即可剪取叶片进行后续实验。48 h 开始观察。

七、萤火素酶实验验证蛋白互作

p1300-35S-nLUC 载体图谱如图 10-5 所示。p1300-35S-cLUC 载体图谱如图 10-6 所示。

菌株选用 GV3101。参照表 10-5 配制 1 L 侵染液。

表 10-5 1L 侵染液配方

组分	含量
葡萄糖	5.00 g
MES	9.76 g
$Na_3PO_4 \cdot 2H_2O$	0.80 g

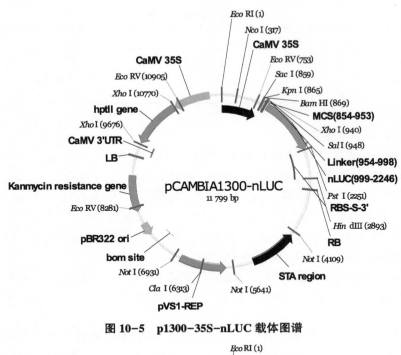

图 10-5　p1300-35S-nLUC 载体图谱

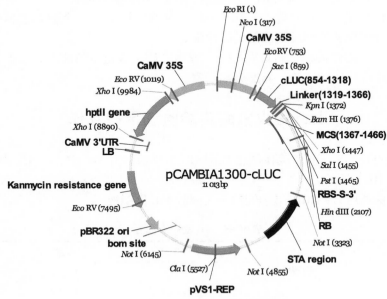

图 10-6　p1300-35S-cLUC 载体图谱

加入 1 mol/L 乙酰丁香酮 100μL，pH 值调制 6.8。

侵染烟草步骤如下。

（1）挑取鉴定后的农杆菌单菌落用 LB+利福平（50 mg/L）+kana（100 mg/L），28℃振荡培养 24~36h，菌液 OD_{600} 为 1.0 左右。

（2）按 1∶50 接菌于 10 mL LB+利福平（50 mg/L）+kana（100 mg/L）的 50 mL 三角瓶中，28℃振荡培养 3~5 h，菌液 OD_{600} 为 0.5 左右。

（3）3 200×g 离心 10 min 收集菌体，弃上清，侵染液清洗一次，侵染液重悬至菌液 OD_{600} 为 0.1~0.2，静置 2 h。

（4）各组合或对照组的农杆菌的菌液按 1∶1 比例混合至 10 mL 离心管中 ［例如 35S-SPYCE（M）-X 加 2 mL，35S-SPYNE（R）173-Y 加 2 mL］。

（5）注射前一天要对烟草浇足水，注射前烟草尽量置于弱光条件，挑选生长状态良好的烟草叶片，用 1 mL 注射器的针头扎一个洞，去掉针头，吸取混合菌液从烟草背面注射到叶片中。

（6）注射过的烟草暗培养 12 h，取出之后正常光照条件培养 3 d，即可剪取叶片进行后续实验。

萤火虫荧光素酶互补成像实验与双分子荧光互补实验（BiFC）原理类似。萤火虫荧光素酶互补成像实验是将荧光基因 LUC 片段分为 N 端 LUC 和 C 端 LUC，将其分别连接到两个蛋白上，若两个蛋白互作，则喷施或者注射荧光素酶底物后会发出冷光，在活体植物发光成像系统中可观察到互作情况。

第十一章 转基因拟南芥技术验证转录因子功能

王立丰　陆燕茜

（中国热带农业科学院橡胶研究所）

通过全面鉴定橡胶树中 HbMYBs 家族成员的结构与功能，筛选出橡胶树抗性相关的 MYB 转录因子 HbMYB44，克隆并通过转基因拟南芥技术鉴定 HbMYB44 在逆境胁迫中的功能，为阐明巴西橡胶树 HbMYB44 在调控橡胶树抗逆作用中的分子机制提供坚实的生物学证据。

一、遗传转化拟南芥验证基因功能

（一）拟南芥的种植

将草石灰和蛭石（3∶1）混合灭冷却后用大培养皿及小盆钵分装，均匀撒上拟南芥 *Col-0* 种子，封上封口膜，将培养皿放入 4℃ 春化 3 d，然后放在培养箱中，培养条件：光照 100~200 μmol/（m² · s），湿度 70%，26℃下光照培养 16 h，23℃，湿度 70% 下黑暗培养 8 h。5~7 d 后拟南芥，将发芽的苗转移至小盆中，每盆 1~2 棵苗。

（二）过表达载体/融合表达蛋白载体构建

根据 HbMYB44 开放阅读框（ORF），用在线引物设计软件 Oligo3.1（http：//sg. idtdna. com/calc/analyzer）设计带酶切位点的引物（*HbMYB44 - HindIII-F*：5′-CCCAAGCTTATGGCTGTTACT-3′，*HbMYB44-BamHI-R*：5′-CGGGATCCCTCAATCTTACT-3′），利用设计的引物，以测序正确的质粒为模板，克隆去终止密码子、带酶切位点的 *HbMYB44-locate*。扩增的体系、程序和 PCR 产物检测和回收产物连接到 pMD18T 载体并转化 DH5a，37℃ 过夜培养。PCR 检测阳性菌落并测序，选择测序正确的菌液提取和保存质粒，命名为 *HbMYB44-locate-H/B-T*。

　　同时，对 *HbMYB44-locate-H/B-T*、亚细胞定位载体 pGREEN-OE6HA 质粒进行双酶切（表 11-1），37℃，2 h。双酶切后进行胶回收，将回收产物进行连接，回收、连接、转化 DH5a、菌落 PCR 鉴定，鉴定引物为 35S：5′-GTAATACGACTCACTATAGGGCGA-3′ 和 *HbMYB44-BamH* Ⅰ-*R2*：5′-CGGGATCCCTCAATCTTACT-3′，并挑取阳性克隆送测序。选取 100% 正确序列的菌液进行质粒提取，命名为 pGREEN-HbMYB44-GFP，-20℃ 保存，并 -80℃ 保存甘油菌（30% 甘油：菌液 = 1：1）。

表 11-1　双酶切体系

组分	含量
质粒	2 μg
HindⅢ	2 μL
BamHI	2 μL
dd H$_2$O	—
总计	20 μL

（三）转化农杆菌侵染拟南芥

1. 农杆菌感受态制备采用冻融法

（1）取 -80℃ 保存的农杆菌菌株 GV3101：psoup，划线培养于 YEP（pH 值为 7.4）固体培养基（50 μg/mL Rif/Tetra/Genta）上，28℃ 培养 3 d。

（2）挑取单菌落接种于 1 mL 含 50 μg/mL Rif/Tetra/Genta 的 YEP 液体培养基中，28℃，180 r/min 过夜培养。

（3）按 1：25 比例将菌液接种到加有 50 μg/mL Rif/Tetra/Genta 的 50 mL YEP 液体培养基中，28℃，150 r/min 培养至 OD$_{600}$ = 0.6 左右，分装为 50 mL 离心管。

（4）冰浴 30 min 后，4℃，2 000 r/min，离心 7 min，弃上清液。

（5）加入 20 mL 预冷的 20 mmol/L CaCl$_2$ 轻轻悬浮。

（6）离心，弃上清，菌体用 1mL 20 mmol/L 预冷的 CaCl$_2$ 重悬，加等体积的预冷甘油（30%）混匀，以 50 μL 每管分装，经液氮速冻 1 min 后，于 -80℃ 冰箱保存备用。

2. 重组质粒转化农杆菌 GV3101：psoup

（1）从 -80℃ 中取出 GV3101 菌株感受态放在冰上融化，加入 1~2 μg 表达载体质粒，轻轻吸打混匀，冰浴 30 min。

（2）液氮中速冻 1 min，37℃水浴 5 min，加入 900 μL 无抗液体 LB 培养基，28℃，200 r/min，振荡培养 4 h。

（3）28℃，10 000 r/min，离心 1 min 以浓缩菌液，去上清液后用 100 μL 无抗 LB 培养基回溶菌体，将回溶的菌体全部涂于固体 LB 培养基平板上（100 mL 的 LB 培养基中加入 50 μL 的 Rif 和 100 μL 的 Kana 抗生素），28℃，36~48 h，倒置培养。

（4）挑取单菌落进行菌落 PCR 鉴定，取阳性克隆接种于 10 mL 含 50 μg/mL Kan/Rif/Tetra/Genta 的 LB 液体培养基，28℃，180 r/min，培养 2 d，命名为 HbMYB44-GFP-GV3101，将阳性菌于-80℃保存。

3. 农杆菌转化拟南芥叶片

菌液 PCR 检测阳性克隆体系配比如表 11-2 所示。

表 11-2　菌液 PCR 检测阳性克隆体系

组分	体积
菌液	2 μL
2×Taq Mix	8 μL
SPYCE（M）-35s-F（10 μmol/L）	1 μL
HbMYB44-440-R（10 μmol/L）	1 μL
dd H₂O	8 μL
总计	20 μL

（1）侵染液配制（100 mL）：6 μL 6-BA（1 mg/mL），0.132 g MS，3 g 蔗糖，0.03 g MES（1.4 mmol/L），12 μL L-77，用 dd H₂O 定容至 100 mL，用 KOH 调节 pH 值至 5.7~5.8。

（2）在超净工作台中挑阳性单克隆于 5 mL LB（100 mL LB 培养基中加入 50 μL Rif 和 100 μL Kana 抗生素）培养基内，28℃，250 r/min，摇床振荡培养过夜。

（3）按 1∶50 接种到上述 LB 培养基中（扩大培养），28℃，250 r/min，摇菌至 OD$_{600}$=0.8。

（4）28℃，5 000 r/min 离心 6 min，收集菌体，倒掉上清，用浸染液重悬至 OD$_{600}$=0.5 左右，盖上盖子静置 2 h。

（5）将拟南芥做好标记，盛花期前（拟南芥花苞稍微露点白），用浸染液浸泡花序 50 s 左右，暗培养 24 h 后，转移至湿度 70%，光照强度 100~200 μmol/(m²·s) 条件下培养（26℃，16 h 光照；23℃，8 h 黑暗），每隔

4 d 重复侵染，重复 3~4 次。植株成熟采集种子，37℃烘箱内干燥处理 1 周，-4℃保存（-20℃长期保存），所收种子为转基因拟南芥 *HbMYB44/Col-0*-T$_0$代。

4. 筛选出转基因拟南芥 *HbMYB44/Col-0*-T$_3$代

配置含 10 μg/mL basta 的固体 MS 培养基。将拟南芥 *Col-0*、*HbMYB44/Col-0*-T$_0$代种子从 4℃冰箱中取出，进行种子的消毒。

（1）2 mL 离心管中分别加入约 200 粒种子。

（2）加入 1 mL 3.7% 过滤除菌后的 NaClO 溶液，30 s 后弃废液。

（3）重复步骤（2）。

（4）加入 1 mL 75% 酒精（过滤除菌）浸泡 2 min，弃废液。

（5）重复步骤（4）。

（6）加入 1 mL 95% 酒精（过滤除菌）洗一次。

（7）将种子分别倒在灭菌烘干后的滤纸上，滤纸干后，将种子尽量均匀抖落在培养基上，在 4℃冰箱中春化 4 d。

（8）将平板密封放入培养箱中培养［光照强度 100~200 μmol/（m^2·s），26℃，16 h 光照，23℃，8 h 黑暗］。

（9）20 d 左右，待拟南芥 *Col-0* 植株全都白化死掉，而 *HbMYB44/Col-0* 植株正常生长，将其转移至土壤放在培养箱中培养［光照 100~200 μmol/（m^2·s），26℃，70%湿度，16 h 光照；23℃，8 h 黑暗］。

（10）5 周后待苗长大，粗提拟南芥叶片 DNA 进行 PCR 阳性植株检测，收集阳性植株种子烘干，4℃备用。

重复以上步骤 2 次即可得到 T$_3$代种子，烘干保存至 4℃备用。

5. 粗提拟南芥叶片 DNA 进行 PCR 阳性植株检测

（1）SDS 提取液配制。基因荧光定量使用的引物的配制见表 11-3。用浓 HCl 调 pH 值至 8.0，高压蒸汽灭菌 121℃，20 min。

表 11-3 基因荧光定量使用的引物

终浓度	药品	100 mL 用量
200 mmol/L	Tris	2.42 g
250 mmol/L	NaCl	1.46 g
25 mmol/L	EDTA	0.93 g
0.5%（w/v）	SDS	0.50 g

（2）取 1~2 片转基因拟南芥嫩叶至 1.5 mL 离心管中，加入 400 μL 的

SDS 提取液研碎，剧烈摇动，室温可放置 1 h 左右后，65℃水浴 3~5 min。

（3）25℃，12 000 r/min，离心 2 min，取上清液 300 μL 至 1.5 mL 离心管中。

（4）加入等体积的异丙醇（4℃预冷），轻轻混匀后室温放置 2 min。

（5）25℃，12 000 r/min，离心 5 min，弃上清，加入适量 70%乙醇洗一下，去掉废液，室温下开盖 15 min，使残余异丙醇、乙醇挥发，加入 100 μL 的 dd H₂O 溶解沉淀即可得到拟南芥 DNA 粗提液。

（6）取 1 μL 粗提液用超微量核酸蛋白分析仪测定吸光值及浓度，−20℃保存。

基因荧光定量使用引物如表 11-4 所示。

表 11-4　基因荧光定量使用的引物

基因名称	序列 5'-3'	备注
Y18S-F	GCTCGAAGACGATCAGATACC	内参
Y18S-R	TTCAGCCTTGCGACCATAC	
HbMYB44-QF	GGGTTCACTGCAGAGTTTAT	荧光定量
HbMYB44-QR	ACTGCCTGAAAACACATACC	

参照 Premix Taq 说明书，配制 25 μL 的 PCR 反应体系，以 Y18S 进行检测，以 2 μL 的 cDNA 模板进行 PCR 检测反转录效果，PCR 反应程序为：94℃，50 s；94℃，40 s，55℃，30 s，72℃，65 s，30 个循环；72℃，5 min；16℃保存。PCR 完成后，电泳检测 PCR 产物。

6. *HbMYB44* 转基因拟南芥 T₃ 代的发芽率

配制 MS 培养基（蔗糖 30 g/L，琼脂粉 5 g/L，MS 4.43 g/L）、50 mmol/L 的 NaCl MS 培养基（蔗糖 30 g/L，琼脂粉 5 g/L，MS 4.43 g/L，NaCl 2.92 g/L）、100 mmol/L 的 NaCl MS 培养基（蔗糖 30 g/L，琼脂粉 5 g/L，MS 4.43 g/L，NaCl 5.84 g/L），倒在方形带格子线的培养皿上。

将 *HbMYB44* 转基因拟南芥 T₃ 代、拟南芥野生型 *Col-0* 种子洗净消毒后，按照方形培养皿的格子线点在同一培养皿中（做好标记，每个培养皿各点 78 粒种子，以培养皿中线为区分线），3 次重复。在 4℃冰箱放置 4 d 春化后转移至培养箱［光照强度 100~200 μmol/（m²·s），26℃，70%湿度，16 h 光照；23℃，8 h 黑暗］中，5~7 d 待种子发芽将培养皿中取出，观察计算种子在 MS 培养基以及含 NaCl 的 MS 培养基上的发芽率。

7. 观察 *HbMYB44* 转基因拟南芥 T₃ 代种子的根长

配制 MS 培养基、50 mmol/L 的 NaCl MS 培养基、100 mmol/L 的 NaCl MS 培养基、100 mmol/L 的 PEG MS 培养基、150 mmol/L 的 PEG MS 培养基。将 *HbMYB44* 转基因拟南芥 T₃ 代、拟南芥野生型 Col-0 种子洗净消毒后，均匀撒在 MS 培养基中，在 4℃冰箱放置 4 d 春化后转移至培养箱，5~7 d 后，挑选长势一致的苗，将苗转移至上述 MS、NaCl MS、PEG MS 培养基中，每个培养基中的 *HbMYB44* 转基因拟南芥 T3 代、拟南芥野生型 Col-0 苗各一半，以培养皿中线为区分线，每种 4 株，3 次重复。培养箱培养 10 d [光照强度 100~200 μmol/(m² · s)，26℃，70%湿度，16 h 光照；23℃，8 h 黑暗]，每天观察记录根长，当转基因苗与野生型苗有明显差异时进行拍照和测量统计根长。

8. *HbMYB44* 转基因拟南芥 T₃ 代的白粉菌处理

在盆钵中分别种上 *HbMYB44* 转基因拟南芥 T₃ 代种子，选取正常生长 5 周长势均匀一致的植株进行白粉菌的接种处理，接种前在拟南芥叶片表面喷施超纯水，使叶片表面潮湿，并使土壤水分充足，再使用涂抹法（方中达，1998）将橡胶树白粉菌分生孢子接种到拟南芥的嫩叶上，0 h、1 h、3 h、6 h、12 h 采集叶片，每个时间段取 3 株，液氮保存磨样，提取 RNA 反转录用 Hb18SrRNA 为内参，HbMYB44-QF/R 为引物做荧光定量分析白粉菌处理下，转基因苗的中 *HbMYB44* 基因的表达模式。

二、*HbMYB44* 转基因拟南芥的功能验证

（一）*HbMYB44* 转基因拟南芥 T₃ 代植株的获得

获得 *HbMYB44* 转基因拟南芥 T₃ 代植株（图 11-1）。

（二）*HbMYB44* 转基因拟南芥 T₃ 代种子的发芽率

HbMYB44 转基因拟南芥 T₃ 代种子的发芽率试验结果如图 11-2 所示，根据图 11-2 中结果计算取平均值得到在 MS 平板中，*HbMYB44* 转基因拟南芥 T₃ 代种子的发芽率为 83.9%，拟南芥野生型 Col-0 种子的发芽率为 85.9%。在 50 mmol/L NaCl MS 培养基中，两种种子的生长均受到盐胁迫的影响，发芽较缓慢，*HbMYB44* 转基因拟南芥 T₃ 代种子的发芽率为 67.3%，

拟南芥野生型 *Col-0* 种子的发芽率为 78.9%。

MS（10 μg/mL Basta）

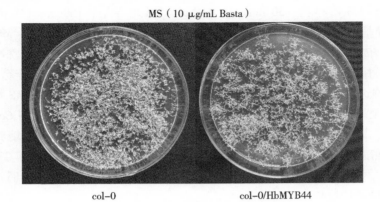

col–0   col–0/HbMYB44

图 11-1　T₃ 代转基因植株的筛选

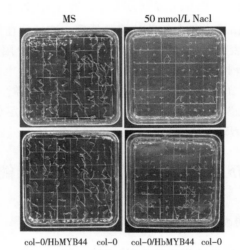

col-0/HbMYB44   col-0   col-0/HbMYB44   col-0

图 11-2　T₃ 代转基因植株的发芽率

（三）处理对 *HbMYB44* 转基因拟南芥 T₃ 代植株根长的影响

不同浓度 NaCl 处理对 *HbMYB44* 转基因拟南芥 T₃ 代植株根长的影响结果如图 11-3 所示，在 MS 培养基中，HbMYB44 转基因拟南芥 T₃ 代、拟南芥野生型 *Col-0* 根长的差异不明显。在 50 mmol/L 和 100 mmol/L NaCl MS 培养基中，拟南芥野生型 *Col-0* 根长长于 *HbMYB44* 转基因拟南芥 T₃ 代的根长，且苗的发育较健壮，但相比于 MS 培养基中的苗，其生长受到了抑制，浓度越高，苗的生长状况越差。在 100 mmol/L 和 150 mmol/L PEG MS 培养基中，*HbMYB44* 转基因拟南芥 T_3 代苗的根长长于拟南芥野生型 *Col-0* 根长，相比于 MS 培养基，苗的生长均受到了抑制，但浓度从 100 mmol/L 提高至 150 mmol/L 时，苗的生长状况差异不明显。PEG 浓度提高至 200 mmol/L 时，和 MS 培养基、100 mmol/L PEG MS 培养基、150 mmol/L PEG MS 培养基相比，苗的生长状况较差，但差异不显著（图 11-4）。

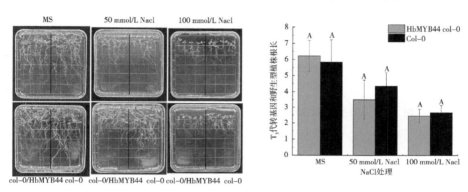

图 11-3　NaCl 处理对 T_3 代转基因植株根长的影响

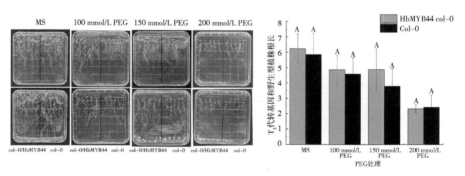

图 11-4　PEG 处理对 T_3 代转基因植株根长的影响

（四）*HbMYB44* 转基因拟南芥 T_3 代在白粉菌处理下的表达模式

对 *HbMYB44* 转基因拟南芥 T_3 代、拟南芥野生型植株进行白粉菌的接种处理，结果如图 11-5 所示。

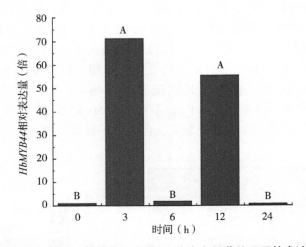

图 11-5 *HbMYB44* 转基因拟南芥 T₃ 代在白粉菌处理下的表达模式

第十二章　转录因子亚细胞定位分析

王立丰　陆燕茜
（中国热带农业科学院橡胶研究所）

　　MYB 蛋白存在共同特性，都含有高度保守的 DNA 结合结构域，由 1~3 个不完全重复序列（R）组成，每个重复序列长度约为 52 个氨基酸残基，MYB 蛋白与 3 个规则间隔的色氨酸残基形成螺旋—转角—螺旋（Helix-Turn-Helix，HTH）折叠。本章以橡胶树抗性相关的 MYB 转录因子 HbMYB44 为例，介绍了采用 GFP 结合 DAPI 染色进行亚细胞定位的步骤。

一、融合表达载体构建

　　融合表达载体构建原理如图 12-1 所示。

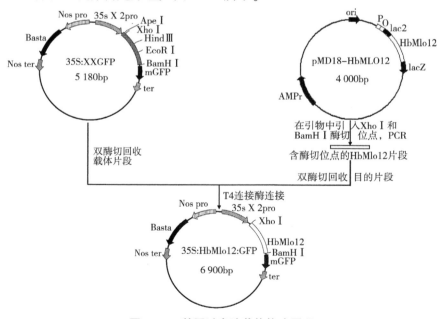

图 12-1　基因过表达载体构建原理

二、*HbMYB44* 亚细胞定位

(一) 融合表达蛋白载体构建

根据 *HbMYB44* 开放阅读框 (ORF), 用在线引物设计软件 Oligo3.1 (http://sg.idtdna.com/calc/analyzer) 设计带酶切位点的引物 (*HbMYB44-HindIII-F*: 5′-CCCAAGCTTATGGCTGTTACT-3′, *HbMYB44-BamHI-R*: 5′-CGGGATCCCTCAATCTTACT-3′), 利用设计的引物, 以测序正确的质粒为模板, 克隆去终止密码子、带酶切位点的 *HbMYB44-locate*。经扩增、PCR 产物检测和回收, 产物连接到 pMD18T 载体并转化 DH5a, 37℃过夜培养。PCR 检测阳性菌落并测序, 选择测序正确的菌液提取和保存质粒, 命名为 *HbMYB44-locate-H/B-T*。

同时对 *HbMYB44-locate-H/B-T*、亚细胞定位载体 pGREEN-OE6HA 质粒进行双酶切, 37℃, 2 h。双酶切后进行胶回收, 将回收产物进行连接、回收、连接、转化 DH5a、菌落 PCR 鉴定, 鉴定引物为 35S: 5′-GTAATACGACTCACTATAGGGCGA-3′ 和 *HbMYB44-BamH*Ⅰ-R2: 5′-CGGGATCC-CTCAATCTTACT-3′, 并挑取阳性克隆送测序。选取 100% 正确序列的菌液进行质粒提取, 命名为 pGREEN-HbMYB44-GFP, -20℃保存, 并于-80℃保存甘油菌 (30%甘油: 菌液=1:1)。

双酶切体系如表 12-1 所示。

表 12-1 双酶切体系

成分	含量
质粒	2 μg
HindIII	2 μL
BamHI	2 μL
dd H_2O	—
总计	20 μL

(二) 农杆菌介导转化本生烟瞬时表达

农杆菌感受态制备采取冻融法。

(1) 取-80℃保存的农杆菌菌株 GV3101: psoup, 划线培养于 YEP (pH

值为 7.4）固体培养基（50 μg/mL Rif/Tetra/Genta）上，28℃培养 3 d。

（2）挑取单菌落接种于 1 mL 含 50 μg/mL Rif/Tetra/Genta 的 YEP 液体培养基中，28℃，180 r/min 过夜培养。

（3）按 1∶25 比例将菌液接种到加有 50 μg/mL Rif/Tetra/Genta 的 50 mL YEP 液体培养基中，28℃，150 r/min 培养至 $OD_{600}=0.6$ 左右，分装为 50 mL 离心管。

（4）冰浴 30 min 后，4℃，2 000 r/min，离心 7 min，弃上清液。

（5）加入 20 mL 20 mmol/L 预冷的 $CaCl_2$ 轻轻悬浮。

（6）离心，弃上清，菌体用 1mL 20 mmol/L 预冷的 $CaCl_2$ 重悬，加等体积的预冷甘油（30%）混匀，按每管 50 μL 分装，经液氮速冻 1 min 后，于 −80℃冰箱保存备用。

（三）重组质粒转化农杆菌 GV3101：psoup

（1）从 −80℃中取出 GV3101 菌株感受态放在冰上融化，加入 1~2 μg 表达载体质粒，轻轻吸打混匀，冰浴 30 min。

（2）液氮中速冻 1 min，37℃水浴 5 min，加入 900 μL 无抗液体 LB 培养基，28℃，200 r/min，振荡培养 4 h。

（3）28℃，10 000 r/min，离心 1 min 以浓缩菌液，去上清液后用 100 μL 无抗 LB 培养基回溶菌体，将回溶的菌体全部涂于固体 LB 培养基平板上（100 mL 的 LB 培养基中加入 50 μL 的 Rif 和 100 μL 的 Kana 抗生素），28℃，36~48 h，倒置培养。

（4）挑取单菌落进行菌落 PCR 鉴定，取阳性克隆接种于 10 mL 含 50 μg/mL Kan/Rif/Tetra/Genta 的 LB 液体培养基，28℃，180 r/min，培养 2 d，命名为 HbMYB44-GFP-GV3101，将阳性菌于 −80℃保存。

（四）农杆菌转化本生烟叶片

（1）将 5 mL 过夜培养的农杆菌转接到 250 mL 含 50 μg/mL Kan/Rif/Tetra/Genta YEP 液体培养基，28℃，180 r/min，培养至 $OD_{600}=0.8$。

（2）离心 3 000 r/min，10 min，用重悬液（1/2 MS，100 μmol/L 乙酰丁香酮，0.012% L-77，pH 值调至 5.7）重悬菌体，静止 2 min，重复两次。

（3）3 000 r/min，离心 5 min，用重悬液重悬菌体至 $OD_{600}=0.6$。

（4）注射 3 周的本生烟植株；暗培养 1 d。

（5）DAPI 染色（激发波长 350~488 nm，488 nm 激发光最强）。贮存

液用无菌水配制成浓度 1 mg/mL 的贮存液，配好后用锡纸包起来，避光，可在-20℃下长期保存。染色方法是先配制工作液 5~10 mL，终浓度为 0.5~1 μg/mL 均可；染色时取烟草叶片，剪成 0.4 cm×0.4 cm 左右，放入染色液中浸泡 10 min。

（6）正常光照培养 2 d 后，通过激光共聚交荧光显微镜检测 GFP 信号。

（7）记录实验结果，保存图片。

（五）*HbMYB44* 的亚细胞定位分析

构建荧光融合蛋白的重组表达载体 pGREEN-HbMYB44-GFP，转入农杆菌，转化本生烟，在激光共聚焦显微镜（FV1000）下观察（图 12-2）。从图 12-2 中可看出 HbMYB44 蛋白定位于细胞核。

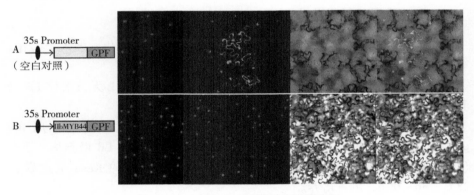

图 12-2 *HbMYB44* 的亚细胞定位分析

第十三章　橡胶树树皮线粒体提取及相关生理参数测定

杨　洪

（中国热带农业科学院橡胶研究所）

作为细胞中最重要的分子机器之一，线粒体是细胞通过有氧呼吸进行物质和能量代谢的重要场所。天然橡胶是在橡胶树树皮特化细胞—乳管中以蔗糖为原料进行生物合成，线粒体为其提供物质和能量来源。橡胶树乳管橡胶烃合成的三大基本结构单元（乙酰辅酶 A、ATP、NADPH）均来源于线粒体，乳管线粒体结构与功能发生异常必将对橡胶合成产生重要影响。活性氧（Reactive Oxygen Species，ROS）在细胞中的作用具有两面性：低浓度时能够作为信号分子促进细胞生命活性，高浓度时引起氧化损伤促进细胞凋亡，甚至导致细胞坏死。正常生理条件下细胞内 ROS 的生成与清除处于动态平衡状态，当这一平衡被打破使得 ROS 浓度超过生理限度时就会损伤生物大分子。研究表明，产排胶障碍橡胶树乳管细胞线粒体出现髓鞘状结构，线粒体大小、形态也发生改变，线粒体外膜消失。强割、强乙烯利刺激会引起 ROS 产生与清除失衡，乳管细胞 ROS 含量急剧升高，线粒体释放凋亡因子，最终引起胶乳原位凝固、乳管细胞衰老甚至死亡，橡胶树乳管产胶减少或者停排。因此，推测 ROS 作为信号分子通过调控乳管线粒体功能活性参与橡胶生物合成，影响橡胶产量，但具体机制还需进一步的深入研究。本章详细介绍了橡胶树树皮线粒体的提取及纯化、线粒体活性相关生理参数测定、电镜样品制备及超微结构观察的方法。

一、橡胶树线粒体提取及纯化

（一）材料及方法

本研究所有样品均采自定植于中国热带农业科学院试验场红洋队的橡胶树品系热研 73397，根据连续 6 刀跟踪调查确定死皮程度。

本研究将所选橡胶树分为健康、轻度死皮和重度死皮，分类标准如下：排胶正常且胶乳流速均匀的树为健康树，轻度死皮为割线死皮长度小于割线总长度 1/4 的死皮树，重度死皮树割线死皮长度介于割线总长度的 3/4 至全线死皮树。其中，轻度死皮树和重度死皮树又根据排胶状况分为完全不流胶部分和尚可流胶部分。

（二）溶液配制

试剂及缓冲液：Percoll（索莱宝）、HEPES、蔗糖、PVPP、DTE、Tris、BSA、HEPES-Tris（pH 值 7.2）、HEPES-Tris（pH 值 7.5）。

仪器：IKA 研磨仪、玻璃匀浆器、细胞筛、离心机

研磨缓冲液：20 mmol/L HEPES-Tris（pH 值 7.5），0.3 mol/L sucrose，5 mmol/L EDTA，1 mmol/L DTE，0.3%（w/v）BSA，0.6%（w/v）PVPP。

提取缓冲液：20 mmol/L HEPES-Tris（pH 值 7.5），0.3 mol/L sucrose，5 mmol/L EDTA，1 mmol/L DTE，0.3%（w/v）BSA。

洗涤缓冲液：20 mmol/L HEPES-Tris（pH 值 7.2），0.3 mol/L sucrose，0.1%（w/v）BSA。

溶解缓冲液：20 mmol/L HEPES-Tris（pH 值 7.5），0.3 mol/L sucrose，0.1%（w/v）BSA。

密度梯度溶液配比如表 13-1 所示。

表 13-1　密度梯度溶液配比

溶液	Percoll（mL）	水（mL）	溶解缓冲液（mL）
Percoll 18%（v/v）	7.2	12.8	20.0
Percoll 23%（v/v）	9.2	10.8	20.0
Percoll 40%（v/v）	16.0	4.0	20.0

（三）提取步骤

（1）取 20 g 树皮样品，加入 80 mL 研磨缓冲液［20 mmol/L HEPES-Tris（pH 值 7.5），0.3 mol/L sucrose，5 mmol/L Na-EDTA，1 mmol/L DTE，0.3%（w/v）BSA 和 0.6%（w/v）PVPP］，4℃研磨。

（2）研磨后的溶液用 50 目细胞筛过滤，过滤液用玻璃匀浆器 4℃匀浆，匀浆液用 100 目细胞筛过滤，收集滤液。

（3）收集的滤液4℃、2 500×g 离心5 min，收集上清。

（4）上清经4℃、27 000×g 离心5 min，收集沉淀。

（5）沉淀用50 mL 提取缓冲液 [20 mmol/L HEPES-Tris（pH 7.5），0.3 mol/L sucrose，5 mmol/L EDTA，1 mmol/L DTE，0.3%（w/v）BSA] 重悬，然后重复步骤（3）和步骤（4），获得的沉淀即为粗线粒体。

（四）线粒体纯化步骤

（1）不连续 Percoll 密度梯度离心介质制备：向50 mL 离心管底部依次加入40%、23%、18% Percoll 缓冲液，加入量依次为15 mL、6 mL、3 mL。

（2）用10 mL 溶解缓冲液 [20 mmol/L HEPES-Tris（pH 值7.5），0.3 mol/L sucrose，0.1%（w/v）BSA] 将粗线粒体充分溶解，溶解好的粗线粒体均匀铺在离心介质上（注意不要扰动离心介质），4℃，18 000×g 离心50 min。

（3）收集23%~40%界面条带，用100 mL 洗涤缓冲液 [20 mmol/L HEPES-Tris（pH 值7.2），0.3 mol/L sucrose，0.1%（w/v）BSA] 充分混匀洗涤；4℃，27 000×g 离心5 min，收集沉淀。

（4）重复上述步骤3依次，所得沉淀用5 mL 溶解缓冲液 [20 mmol/L HEPES-Tris（pH 值7.5），0.3 mol/L sucrose，0.1%（w/v）BSA] 溶解，并加入乙二醇，使终浓度为7.5%（v/v）。

（5）−80℃保存。

二、线粒体活性相关生理参数测定

（一）线粒体 ROS 含量测定（表13-2）

（1）准备两支干净2 mL 离心管，分别加入100.0 μL 重悬浮后的线粒体溶液（样品组）和100.0 μL 线粒体溶解缓冲液（对照组），用900 μL 10 mmol/L HEPES-Tris 缓冲液（pH 值7.2）稀释。

（2）向稀释后的溶液中加入10.0 μL 的2.0 mmol/L 2',7'-二氯荧光素乙二酸盐（DCF-DA）溶液，用移液枪吸打混匀后25℃黑暗中孵育30 min。

（3）使用荧光分光光度计（最大激发波长485 nm，最大发射波长530 nm，狭缝5 nm）检测其荧光强度。线粒体中 ROS 的含量以单位浓度蛋白荧光强度表示（a.u/mg 蛋白）。

表 13-2　线粒体 ROS 含量测定

处理	线粒体	线粒体溶解缓冲液	10 mmol/L HEPES-Tris（pH 值 7.2）	2 mmol/L DCF-DA
样品组	100 μL		900 μL	10 μL
对照组		100 μL	900 μL	10 μL
		25℃黑暗中孵育 30 min		
		荧光分光光度计测定荧光强度		

（二）线粒体中过氧化氢酶（CAT）活力的检测

线粒体 CAT 活性测定原理是因为加入钼酸铵后，CAT 分解 H_2O_2 的反应会迅速中止，而钼酸铵会和未反应的 H_2O_2 发生反应，生成一种有淡黄色的络合物，络合物的生成量可以在最大吸收波长 405 nm 处测量，从而得到 CAT 的活性。线粒体 CAT 活力以每毫克线粒体蛋白每秒分解 1 μmol 的 H_2O_2 的量表示为 1 个活力单位。本实验中 CAT 的活性测量使用南京建成生物工程研究所过氧化氢酶（CAT）测试盒。

（1）将试剂盒中试剂一和试剂二在 37℃ 水浴锅中预温。

（2）准备两支 5 mL 离心管，分别按表 13-3 配制反应溶液。

表 13-3　反应溶液配制

组分	样品管	对照管
线粒体（μL）	100	—
试剂一（mL）	1.0	1.0
试剂二（mL）	0.1	0.1
	37℃准确反应 60 s	
试剂三（mL）	1.0	1.0
试剂四（mL）	0.1	0.1

（3）混匀后，37℃ 准确反应 1 min，然后立即加入显色剂试剂三终止反应。

（4）向离心管中加入 0.1 mL 试剂四，对照组中加入 100 μL 线粒体样品，充分混匀。

（5）取 200 μL 反应后样品在波长 405 nm 下，测定各管样品的吸光度。

（6）按下式计算，结果如图 13-1 所示。

线粒体 CAT 活力（U/mg 蛋白）=（$A_{对照}-A_{测定}$）×235.65×$\dfrac{1}{60×取样量}$÷

线粒体蛋白浓度（mg 蛋白/mL）

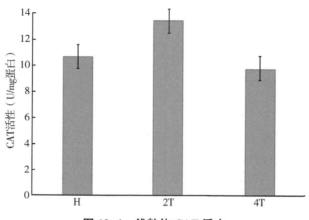

图 13-1　线粒体 CAT 活力

（三）线粒体的超氧化物歧化酶（SOD）活性检测

线粒体黄嘌呤氧化酶反应系统会产生超氧阴离子自由基（·O^{2-}），它经过氧化羟胺然后形成亚硝酸盐，亚硝基盐在显色剂的作用下呈现特殊的颜色，而当测量样品中的 SOD 含量时，会对产生的超氧阴离子自由基（·O^{2-}）有一种抑制作用，使其形成的亚硝酸盐量减少，在可见光分光光度计的测量吸光度值低于对照的吸光度，可以计算出测量的线粒体样品中 SOD 活性。利用建成生物工程研究所的总超氧化物歧化酶（WST-SOD）试剂盒来测定桃果实线粒体中 SOD 活性。

（1）制备反应工作液。①底物应用液：底物储备液与缓冲液按体积比 1∶200 冰上混匀，现配现用；②酶工作液：酶储备液与酶稀释液按体积比 1∶10 冰上混匀，现配现用。

（2）将纯化后的线粒体用溶解缓缓冲液（10.0 mmol/L，pH 值 7.2）重悬浮，测定蛋白浓度。

（3）准备 1.5 mL 干净离心管，按照表 13-4 分别向各离心管中加入对应试剂。

表 13-4 酶活性测定试剂

组分	对照孔	对照空白孔	测定孔	测定空白孔
线粒体样品（μL）	—	—	100	100
蒸馏水（μL）	100	100	—	—
酶工作液（μL）	20	—	20	—
酶稀释液（μL）	—	20	—	20
底物应用液（μL）	200	200	200	200
混匀后，37℃孵育 20 min，450 nm 处测定吸光度值				

（4）将混合后的液体放漩涡振荡器上充分混匀，放置于 37℃ 水浴锅中孵育 20 min。

（5）向各离心管取 200 μL 进行吸光度值测定，测定波长 450 nm。

（6）计算，结果如图 13-2 所示。SOD 活力单位（U）以反应体系中 SOD 抑制率达 50% 时所对应的酶量，线粒体中 SOD 活性用 U/mg 蛋白表示，计算公式如下：

$$SOD\ 抑制率(\%) = \frac{(A_{对照} - A_{对照空白}) - (A_{测定} - A_{测定空白})}{(A_{对照} - A_{对照空白})} \times 100\%$$

SOD 活力（U/mg 蛋白）= SOD 抑制率÷50%×稀释倍数÷线粒体蛋白浓度

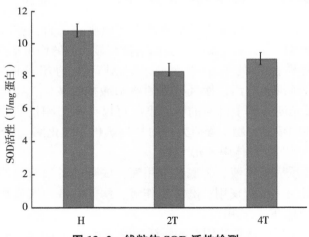

图 13-2 线粒体 SOD 活性检测

（四）线粒体 POD 活性检测

线粒体 POD 是一种性质稳定的氧化还原酶，以 H_2O_2 和烷基过氧化物作为底物，在线粒体中进行氧化还原反应，利用 POD 可以催化过氧化氢反应，来测定 420 nm 处吸光度的变化来得到线粒体中 POD 活性。线粒体中 POD 活性检测使用南京建成生物工程研究所的过氧化物酶（POD）试剂盒。

（1）将纯化的线粒体放入 2.0 mL 的 Tris-HCl 缓冲液（100.0 mmol/L，pH 值 7.2）重悬浮。①试剂二应用液：先每瓶试剂二粉剂中加入 10 mL 去离子水，4℃ 避光保存。②试剂三应用液：用去离子水稀释约 15 倍，使其 A240 保持在 0.4 左右，现配现用。

（2）根据测试试剂盒说明书，配制样品混合溶液（表 13-5）。将 4.8 mL 的试剂一、0.6 mL 的试剂二应用液、0.4 mL 的试剂三应用液和 0.2 mL 的重悬浮线粒体分别加入新的试管中混合。空白管使用 0.2 mL 的 Tris-HCl 缓冲液（100.0 mmol/L，pH 值 7.2）代替重悬浮的线粒体溶液配制。

表 13-5　线粒体 POD 活性检测试剂

组分	测定管	对照管
试剂一（mL）	2.4	2.4
试剂二应用液（mL）	0.3	0.3
试剂三应用液（mL）	0.2	—
去离子水（mL）	—	0.2
线粒体样品（μL）	100.0	100.0
37℃ 准确反应 30 min		
试剂四（mL）	1.0	1.0

（3）将混合溶液混合均匀后，放入 37℃ 恒温水浴锅中准确孵育 30 min。

（4）向加热后的样品混合溶液加入 1.0 mL 试剂四。混合均匀，25℃ 下 3 500×g 离心 10 min。取上清液在波长 420 nm 测定样品溶液的吸光度。

（5）计算，结果如图 3-13 所示。线粒体 POD 活性用活力单位表示，37℃ 条件下，每毫克线粒体蛋白每分钟催化 1μg 底物的酶量定义为 1 酶活力单位。

$$POD\ 活力(U/mg\ 蛋白) = \frac{A_{测定} - A_{对照}}{12 \times 比色光径^*} \times \frac{反应液总体积（mL）}{取样量（mL）} \div 反应时间（min） \div 线粒体蛋白浓度\left(\frac{mg\ 蛋白}{mL}\right) \times 1\,000$$

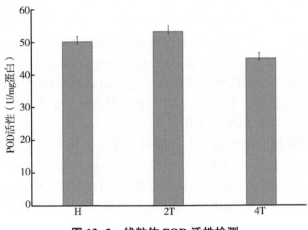

图 13-3　线粒体 POD 活性检测

（五）线粒体膜电势的测定

分离的线粒体用缓冲液（250 mmol/L 蔗糖，2 mmol/L Hepes，0.5 mmol/L KH_2PO_4，4.2 mmol/L 琥珀酸钠，pH 值 7.4）悬浮，调整悬浮液蛋白浓度为 0.3 mg/mL（采用考马斯亮蓝法测定样品蛋白质含量）。加入 1 μg/mL 罗丹明 123（Rh123）在 25℃下孵育 30 min，然后用悬浮缓冲液洗 3 次。在荧光分光光度计上检测荧光强度，激发波长为 505 nm，发射波长为 534 nm。每个样品测定 3 次，每次间隔 5 min，样品荧光强度取 3 次的平均值（单位为 Relative Fluorescence Units，RFUs）。

线粒体膜电势测定方法如下。

（1）将纯化后的线粒体用缓冲液（250 mmol/L 蔗糖、2 mmol/L HEPES、0.5 mmol/L KH_2PO_4、4.2 mmol/L 琥珀酸钠，pH 值 7.2）进行重悬浮，使悬浮液线粒体蛋白浓度为 0.3 mg/mL。

（2）向样品中加入 2 μL 罗丹明 123（Rh123，1 μg/mL）混匀后 25℃水浴锅中孵育 30 min。

（3）用荧光分光光度计测定荧光强度，最大激发波长 505 nm，最大发射波长 534 nm），检测 5 min 内样品溶液荧光强度。线粒体膜电势用 Rh-123 荧光淬灭的速率与线粒体的蛋白浓度之比来表征，表示为 $[(\Delta F/Fi)/(s \cdot mg蛋白)]$。

（六）线粒体耗氧量的测定

线粒体耗氧量的测定用 Hansatech 液相氧电极测定室温下线粒体耗氧量。

（1）用 2.0 mL Tris-HCl 缓冲液（10 mmol/L，pH 值 7.2）重悬浮纯化后的线粒体。

（2）安装氧电极系统，用双蒸水冲洗反应杯 5～6 次，加入 1.0 mL Tris-HCl 缓冲液进行校准。

（3）将样品放入水浴锅中，25℃下，温浴 5 min，使样品温度跟测定温度一样。

（4）取 0.1 mL 温浴后线粒体溶液，加入 0.9 mL Tris-HCl 缓冲液（10.0 mmol/L，pH 值 7.2），放于氧电极的反应杯中，测定线粒体的耗氧速率。线粒体的耗氧量表示为 nmol/（min 蛋白）。

（七）线粒体膜通透性的测定

通过测定纯化的线粒体加入 Ca^{2+} 前后在 540 nm 处吸光度值的变化来反映线粒体通透性。

（1）用 3.0 mL Tris-HCl 缓冲液（10.0 mmol/L，pH 值 7.2）重悬浮纯化后的线粒体。

（2）测量重悬浮后线粒体中蛋白浓度。

（3）向新试管中加入 1.5 mL 线粒体溶液，并且加入线粒体膜通透性缓冲液［125.0 mmol/L 蔗糖，65.0 mmol/L KCl，5.0 mmol/L 琥珀酸钠，5.0 μmol/L 鱼藤酮，10.0 mmol/L Tris-HCl（pH 值 7.4）］，使混合后线粒体的蛋白浓度变成 500.0 mg/L。

（4）颠倒混匀，37℃下水浴加热 120 s。

（5）向样品中加入 $CaCl_2$ 溶液至终浓度为 50.0 μmol/L，诱导线粒体膜通透。

（6）测定波长 540 nm 下，样品 4 min 内吸光度的变化值。

三、橡胶树树皮电镜样品制备与超微结构观察

（一）实验器材及试剂

实验器材如表 13-6 所示。主要实验试剂如表 13-7 所示。

表 13-6　实验器材

名称	厂家	型号
超薄切片机	Leica	Leica UC7
钻石切片刀	Daitome	μLtra 45°
透射电子显微镜	HITACHI	HT7700

表 13-7　实验试剂

试剂	厂家	货号
电镜固定液	Servicebio	G1102
无水乙醇	国药集团化学试剂有限公司	
丙酮	国药集团化学试剂有限公司	
812 包埋剂	SPI	90529-77-4

（二）透射电镜制片步骤

取材固定：将确定部位割胶耗皮用报纸接住后迅速投入电镜固定液固定，并用真空泵抽气直至沉底，室温放置 2 h 进行前固定。前固定后对样品进行修整，修整过程尽量减小牵拉、挫伤与挤压等机械损伤，大小一般不超过 1 mm×1 mm×1 mm，后转入 4℃冰箱。0.1 mol/L 磷酸缓冲液 PBS（pH 值7.4）漂洗 3 次，每次 15 min。

后固定：1% 的锇酸·0.1 mol/L 磷酸缓冲液 PBS（pH 值 7.4）室温（20℃）固定 5 h。0.1 mol/L 磷酸缓冲液 PBS（pH 值 7.4）漂洗 3 次，每次15 min。

脱水：依次加入 30%-50%-70%-80%-90%-95%-100%-100%酒精上行脱水，每次 1 h。

无水乙醇：丙酮=3∶1，0.5 h；无水乙醇：丙酮=1∶1，0.5 h；无水乙醇：丙酮=1∶3，0.5h；丙酮，1 h。

渗透：丙酮：812 包埋剂=3∶1，2~4 h；丙酮：812 包埋剂=1∶1，渗透过夜；丙酮：812 包埋剂=1∶3，2~4 h；纯 812 包埋剂，5~8 h；将纯812 包埋剂倒入包埋板，将样品插入包埋板后 37℃烤箱过夜。

包埋：60℃烤箱聚合 48 h。

切片：超薄切片机切片 60~80 nm 超薄切片。

染色：铀铅双染色（2%醋酸铀饱和酒精溶液，枸橼酸铅，各染色 15 min），切片室温干燥过夜。

观察：透射电子显微镜下观察，采集图像分析（图 13-4 和图 13-5）。

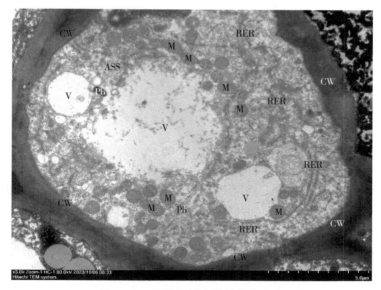

图 13-4　橡胶树树皮超微结构观察

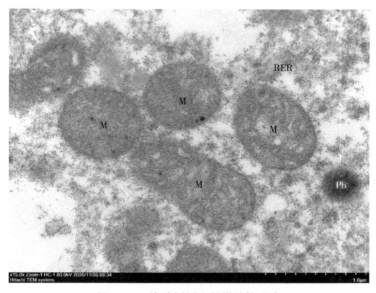

图 13-5　橡胶树树皮超微结构观察

第十四章　橡胶树树皮及胶乳中亚细胞组分蛋白质的提取及 LC–MS 分析

代龙军

（中国热带农业科学院橡胶研究所）

　　橡胶树的最有经济价值的产物—胶乳—产自其树皮中的乳管。以树皮整体作为研究对象进行相关研究对于理解橡胶树产胶的物质与能量调度非常重要。本章介绍了橡胶树树皮蛋白的提取方法及 LC MS 实验及数据处理方法，希望能促进胶乳再生相关研究。

　　巴西橡胶树几乎是世界上唯一的天然橡胶来源。橡胶树的胶乳产自乳管，后者是存在于韧皮部的多细胞融合的网状结构。胶乳在乳管中产生，其他细胞对乳管起支撑作用，例如，薄壁细胞向乳管运送蔗糖和水分。将树皮作为整体进行研究，对揭示天然橡胶合成的物质与能量供应及调控规律有重要意义。

　　成年橡胶树树皮蛋白通常难于提取，因为成年树皮已经产生大量石细胞，蛋白质含量相对较低，同时有较多的次生代谢物干扰蛋白质提取。对橡胶树树皮的提取方法进行了探索，提高了提取树皮蛋白质的得率。本章用较多的篇幅讲述如何准备蛋白质数据库（用于蛋白质鉴定）、如何自行基于 BlastP 注释未知功能蛋白质、如何计算 TMT 标记效率，主要使用了 Perl 和 VBA 两种编程语言。验证蛋白质的免疫学技术也做了简单介绍。

一、蛋白提取方法

（一）树皮蛋白质的提取

　　树皮蛋白较难提取，因其含有大量色素及其他次生代谢物，尤其是割胶切割的树皮，主要为粗皮，含大量石细胞，蛋白质含量较低。采用酚法提取，以尽量去除色素等杂质。不宜直接使用氯仿—甲醇法沉淀蛋白质，因树皮中包含较多杂质，这些杂质可被 SDS 提取液溶出，在氯仿—甲醇沉淀时沉淀，无法与蛋白分离。本方法改编自 Wu 等（2014）所描述的蛋白质提取方法。

割胶时，取正常割胶所割下的树皮小块，去除其上的残胶后用液氮速冻，带回实验室。将冻硬的树皮小块放入液氮研磨仪（IKA A11）磨成粉末（此粉末较粗），放入-80℃冰箱保存备用。

（1）称取 400 mg 冻存的树皮粉末到 2 mL 离心管（螺口，带橡胶密封圈），加入锆珠（6 颗），加入-20℃预冷的丙酮至 1.7 mL 刻度，使用珠磨仪（上海净信 JX-2015）研磨 3 min 将树皮粉末研磨成更细的粉末。

（2）将离心管在-80℃冰箱放置 1 h 以沉淀可能溶出的蛋白，4℃、14 000 r/min 离心 10 min，用移液器小心移去上层已呈黄色的丙酮（去除部分色素）。

（3）补充预冷的丙酮至 1.7 mL 刻度，重复珠磨、-80℃放置、离心、移除上清步骤，对树皮粉末再次清洗。

（4）向离心管中加入-20℃预冷的提取液，使用珠磨仪研磨 3 min。4℃、14 000 r/min 离心 10 min，将上清转移至干净的 15 mL 离心管。

（5）向上清加 0.2 mol/L Tris（pH 值 8.8）至总体积为 5 mL，再加入 1.5 g 蔗糖，然后加入等体积 Tris 饱和酚（pH 值 7.5），摇床上以最大转速混合 5 min。

（6）10 000×g 离心 10 min，取上层酚相（约 3.5 mL）至新离心管，再加入等体积 0.2 mol/L Tris（pH 值 8.8），摇床上以最大转速混合 5 min。

（7）离心机上最大转速 10 000×g 离心 10 min，移除上层水相及两相界面处杂质，保留酚相。

（8）向酚相（约 2 mL）加入 10 mL 的 0.1 mol/L 乙酸铵（溶于甲醇）溶液，-20℃放置过夜。最大转速 10 000×g 离心 10 min 收集蛋白沉淀。

（9）用 8 mol/L 尿素溶解蛋白，离心后弃除不溶解部分。8 mol/L 尿素溶解蛋白可直接用于后续实验，若蛋白样品仍然含有较多杂质，可进行氯仿—甲醇蛋白沉淀操作，以去除杂质，此法也可用于浓缩蛋白质。步骤如下：①将蛋白沉淀用 300 μL 8 mol/L 尿素溶解，加入 300 μL 甲醇，涡旋混合 1 min，再加入 100 μL 氯仿，涡旋混合 1 min。② 4℃、14 000 r/min 离心 10 min，混合物分为两相，蛋白呈薄膜状位于两相界面处，用移液器小心移去上层甲醇/水混合物（为了不扰动蛋白薄膜，不必完全移除，可保留约 1 mm 高度）。③加入 300 μL 甲醇，涡旋混合 1 min。④ 4℃、14 000 r/min 离心 10 min 收集蛋白沉淀。⑤用约 30 μL 8 mol/L 尿素溶解蛋白沉淀，放入-80℃冰箱保存备用。

（二）胶乳及其亚细胞组分蛋白质的提取

胶乳或胶乳亚细胞组分蛋白质提取，通常可以分为3步：使用提取液从膜结构中溶出蛋白，高速离心分离提取液与固体结构（橡胶烃及膜结构残余），将提取液中的蛋白质沉淀。

1. 全胶乳蛋白质提取

（1）在胶园割胶后将胶乳滴入冰浴中的离心管。取 10 mL 新鲜胶乳与等体积的蛋白质提取液混合。提取液含 100 mmol/L Tris-HCl、100 mmol/L KCl、50 mmol/L EDTA·Na$_2$-2H$_2$O、2%SDS、2%β-巯基乙醇、1 mmol/L 苯基甲磺酰氟（PMSF），pH 值 7.5。

（2）将装有胶乳—提取液混合物的离心管放入冰浴在摇床上摇动（100 r/min）30 min，以溶出蛋白质。

（3）4℃、40 000×g 离心 1 hr。收集水相（用烧红的手术刀片切开离心管下部，用注射器取出）。

（4）4℃、210 000×g 离心（使用水平转子）45 min 以除去残余的颗粒状物质（漂浮在离心管上部，用注射器吸除即可）。

（5）收集澄清的水相，加入 4 倍体积的-20℃预冷的 10%（v/v）TCA 三氯乙酸丙酮溶液中（含 10 mmol/L 二硫苏糖醇），并在-20℃下放置过夜，沉淀蛋白质。

（6）4℃、30 000×g 离心 15 min，收集蛋白沉淀，溶解于 8 mol/L 尿素。4℃下以 30 000×g 离心 15min 后，收集上清液并保存在-80℃备用。

2. 橡胶粒子蛋白提取

胶乳经过高速离心后分为3层，取出橡胶粒子层（最上层）进行3轮洗涤。洗涤过的橡胶粒子分散于洗涤液（10 mmol/L Tris，250 mmol/L 蔗糖，pH 值 7.5）中，可在-80℃保存至少 1 年，解冻时橡胶粒子不凝固。2 000×g 下离心 45 min，浮于液面的为大橡胶粒子层。继续离心，可以得到浮于液面的小橡胶粒子层。以下是总橡胶粒子的蛋白质提取方法。

（1）取 35 mL 新鲜胶乳，4℃、16 000 r/min 离心 1 h，挖取上层橡胶粒子层。

（2）转移橡胶粒子层至盛有 5 倍体积洗涤缓冲液的烧杯（置于冰浴上），搅拌分散成均匀悬液，离心收集橡胶粒子层；共洗涤（离心—转移—分散循环）3 次。

（3）离心收集分散在洗涤液中的橡胶粒子层，转移至装有 10 mL 蛋白提取液［100 mmol/LTris-HCl，100 mmol/L KCl，50 mmol/L EDTA·Na$_2$-2H$_2$O，2%SDS，2%β-巯基乙醇，1 mmol/L 苯基甲磺酰氟（PMSF）pH 值 7.5］的离心管，将离心管置于冰浴上，摇床上以 100 r/min 转速摇动 30 min。

（4）后续步骤同"全胶乳蛋白提取"的（3）至（6）步。

3. 乳清蛋白提取

（1）取 35 mL 新鲜胶乳，4℃、16 000 r/min 转速离心 1 h，收集水相（用烧红的手术刀片切开离心管下部，用注射器取出，取出过程会扰动已有分层，使乳清浑浊）。然后使用超高速离心机4℃、35 000 r/min 离心 40 min 进一步使乳清澄清。

（2）后续步骤同"全胶乳蛋白提取"的（4）至（6）步。

（3）黄色体蛋白质的提取，可取黄色体层，参照"橡胶粒子蛋白提取"进行。

二、蛋白质的胰蛋白酶水解

（一）胶内酶解

本方法适宜于水解从单向及双向电泳下切下的胶块包含的蛋白质。本方法使用的主要试剂包括：①200 mmol/L NH$_4$HCO$_3$ 新鲜储液；②酶液，2 μL 酶储液（1 μg/μL）+98 μL 覆盖液；③覆盖液组成：25 mmol/L NH$_4$HCO$_3$+10%乙腈+水；④萃取液：5%甲酸+50%乙腈+水。具体步骤如下。

（1）切胶，将凝胶切约为 1 mm×1 mm 小块。

（2）脱色，每管加入 0.5 mL 0.1 mol/L NH$_4$HCO$_3$/50%乙腈，脱色摇床上脱至无色。

（3）加入100%乙腈（200 μL），摇床 10 min，使胶块干燥，然后移去液体。

（4）可选步骤——还原烷基化。①加入还原液（含 10 mmol/L DTT，25 mmol/L NH$_4$HCO$_3$），室温下放置 30 min；加入 200 μL 100%乙腈，摇床上振荡 10 min，使胶块脱去水分，然后移除液体部分，离心浓缩仪45℃旋干 10 min。②加入烷基化试剂［含 55 mmol/L IAA（碘乙酰胺）、25 mmol/L NH$_4$HCO$_3$］，室温下避光放置，反应 30 min；加入 200 μL 纯乙腈，摇床上振荡 10 min，使胶块干燥，然后移去液体。

（5）使用离心浓缩仪 45℃下真空干燥 10 min，去除残余液体。

（6）加入酶液，室温下吸胀 1 h。

（7）移去多余酶液，加覆盖液 20~30 μL。

（8）使用 Parafilm 封闭离心管口，37℃酶解 12~14 h（使用有热盖的孵育设备，如 PCR 仪更好）。

（9）转移酶解液至干净的离心管。

（10）萃取胶块内残余酶解液（加约为胶块 2 倍体积的萃取液），使用超声清洗机超声 10 min 帮助萃取，转移萃取液；再用 5%甲酸/95 乙腈萃取一次。

（11）合并（9）（10）两步的酶解液。

（12）使用离心浓缩仪 45℃下旋干。

（二）FASP 蛋白水解法

（1）溶液按以下方法配制。①UA：8 mol/L Urea 加入 0.1 mol/L Tris/HCl，pH 值 8.5；②IAA 溶液：50 mmol/L IAA 加入 UA；③50 mmol/L NH_4HCO_3；④Trypsin（储液：0.5 μg/μL）。

（2）取 100~200 μg 溶解于 8 mol/L 尿素的蛋白（约 50~100 μL），用 300 μL UA 缓冲液稀释。

（3）12 000×g 离心，超滤浓缩约 40 min（滤膜 MWCO=10K）。

（4）加 DTT 溶液 100 μL，震荡 1 min，反应 30 min。

（5）加 IAA 溶液 100 μL，避光震荡 1 min，暗处反应 30 min。

（6）12 000×g 离心超滤 20 min。

（7）再加入 400 μL UA 缓冲液，12 000×g 离心超滤（重复此过程 2~3 次）；

（8）用 400 μL 50 mmol/L NH_4HCO_3 稀释，12 000×g 离心超滤（重复此过程 2~3 次）。

（9）用 100 μL 50 mmol/L NH_4HCO_3 重悬，水浴超声重悬后加入胰蛋白酶（约 1∶100，w/w），37℃酶解 4 hr。

（10）再加入胰蛋白酶（约 1∶100，w/w），37℃酶解过夜。

（11）4℃、12 000×g 离心 10 min，收集流出液。

（12）用 50 μL 50 mmol/L $NaHCO_3$ 洗两次，收集合并流出液。

（13）加 10%TFA 至终浓度 0.4%终止反应。

（三）脱 盐

使用 Thermo Fisher 公司生产的 C18 离心脱盐柱或 Wasters 公司生产的重力脱盐柱（Sep-Pak C18 cartridges）（这两种脱盐柱适用于溶液内酶解及 FASP 方法酶解产物脱盐），也可使用自制的离心脱盐柱（适宜于脱内酶解样品）（Rappsilber et al.，2007）。不同脱盐柱使用方法基本相同（本方法改编自 Thermo fisher 离心脱盐柱说明书），步骤如下（离心步骤均为室温下 3 000×g 离心 2 min）。

（1）柱清洗：启用新柱先向脱盐柱加入 200 μL 纯乙腈然后离心。

（2）柱平衡：加 200 μL A 液离心，弃流出液，如此 3 次。A 液为 0.1% TFA%。

（3）上样：将已经酸化（使用 10% TFA 酸化至终浓度 0.25%，pH 值<2）的酶解样品上样，离心，弃流出液。

（4）洗涤：加 200 μL A 液离心，弃流出液，如此 3 次。

（5）洗脱：加 200 μL B 液离心，收集流出液，如此两次。B 液为 50% 乙腈/50%H_2O/0.1% TFA。

（6）浓缩：将步骤（5）流出液合并，真空离心浓缩仪中抽干（45℃）。将多肽干粉保存于-20℃备用。

（四）使用高 pH 反相 HPLC 法对多肽样品进行预分级

使用 HPLC 对多肽样品进行预分级（LC-MS 检测前的分级），可减少样品的复杂程度，以减少 LC-MS 分析时不同多肽的共洗脱现象，提高区分度，检出更多肽段，从而实现更准确的蛋白质鉴定；将一次 LC-MS 检测转化为 11 次 LC-MS 检测，增加了总上样量，可检测更多的肽段，鉴定更多蛋白质。本方法改编自 Thermo fisher 公司技术资料。

（1）配制 100×氨水储液（2 mol/L，pH 值 10.5，用甲酸调节）：13.4 mL 浓氨水+86.6 mL H_2O。

（2）A 液（2%乙腈）：10 mL 氨水储液+970 mL H_2O+ 20 mL 乙腈。

（3）B 液（98%乙腈）：10 mL 氨水储液+10 mL H_2O+ 980 mL 乙腈。

（4）液相色谱分离条件如下：色谱柱 Xbridge BEH C18 2.5 μm，2.1 mm× 150 mm XP，流速 0.2 mL/min，柱温50℃，检测波长 214 nm，band width 12 nm。

（5）梯度：0~4 min，5%B；4~6 min，5%B—8%B；6~40 min，8% B—24%B；40~58 min，24%B—34%B；58~60 min，34%B—80%B；60~

64 min，80%B；64~65 min，80%B—5%B；65~80 min，5%B。

（6）收集0~4 min 组分为00 号，64~68 min 为0 号。4~64 min 每2 min 为一管，分别为1~30 号。1~30 号按个位相同原则合并，例如，将1 号、11 号、21 号合并为1 号，10 号、20 号、30 号合并为10 号。将00 号和0 号合并为0 号。这样共合并为11 个组分。合并之后使用离心浓缩仪50℃抽干，−80℃保存备用。

三、用于质谱数据检索的蛋白质数据库的准备及其他数据处理

（一）直接从 NCBI 非冗余蛋白质数据库下载蛋白质序列

1. 直接利用检索页面的保存功能下载蛋白质序列

进入 NCBI 主页，在 Taxonomy 项下查找"*Hevea brasiliensis*"，找到物种项下 *Hevea brasiliensis*（Rubber tree），点击进入后在"Entrez records"中点开"Protein"对应的"Direct Link"。或直接复制链接 https：//www. ncbi. nlm. nih. gov/protein/？ term＝txid3981［Organism：noexp］粘贴至网络浏览器地址栏到达查询结果页面。依次点选 Send to–file–fasta–create file 保存全部查询结果。

（1）使用 Perl 程序检查下载蛋白质序列的完整性。使用上述保存功能下载蛋白质序列，因 NCBI 网站自身的技术问题会遗漏一些序列，所以需检查是否所有的序列都已成功下载。

建立哈希，分别匹配已经下载序列 ID（即 Acession Number）和欲下载 ID 列表（一个 ID 一行，可从检索页面导出 Accession List），将 ID 作为 Key，将在两个文件中出现的次数之和作为 Value。依据出现的次数，判断相应 ID 的序列是否已成功下载（若某 ID 仅在目标列表中存在，则其 Value 为1；若在目标列表和已下载列表中都存在，则 Value 为2），将成功下载的序列，需再次下载序列，以及下载的额外序列（目标列表之外的序列）的 ID 分别保存在不同的文件中。代码如下。

```
#! perl
use strict;
use warnings;
open FH, "<", "downloaded_ seqs. fasta"or die $!;
```

```perl
open FF, "<", "id_list_to_download. txt"or die  $!;
open OUT, ">", "downloaded_ids. txt"or die  $!;
while( <FH>) {
    chomp;
    if( m/^>/) {
        my @ aa=split/\s+/,  $_;
        if(  $ aa[0] =~ m/\|/) {
            my @ bb=split/\|/,  $ aa[0];
            print OUT " $ bb[1] \n";
        }
        else{
            my @ bb=split/>/,  $ aa[0];
            print OUT " $ bb[1] \n";
        }
    }
}

close FH;
close OUT;
open FG, "<", "downloaded_ids. txt"or die  $!;

my %hash;
while( <FF>) {
    chomp;
    $ hash{ $_}++; 'count key numbers
}
while( <FG>) {
    chomp;
    $ hash{ $_}++;
}
close FF;
close FG;
open A, "<", "id_list_to_download. txt"or die  $!;
```

```
open B, "<", "downloaded_ids. txt"or die $!;
open Z, ">", "id_need_to_download. txt"or die $!;
open Y, ">", "downloaded_morethan_list. txt"or die $!;
while( <A>) {
    chomp;
    if( $ hash{ $ _} = = 1) {  'key number is not 2
        print Z " $ _\n";
    }
}
while( <B>) {
    chomp;
    if( $ hash{ $ _} = = 1) {
        print Y " $ _\n";
    }
}
```

（2）使用 VBA 程序批量下载蛋白质序列。下载少量序列（小于
1 000 条）可使用本方法，一次下载过多的序列可能会致使 NCBI 对相同 IP
网段电脑的禁用。新建一个 Excel 工作簿，在第一列贴入欲下载序列的 ID
然后运行下列 VBA 程序。本 VBA 方法用英文逗号连接 Accession Number，
使用 URLDownloadToFile 指令下载。经测试，单次运行最多可下载 120 条序
列，因此将欲下载的 Accession Numbers 分成每 120 个一组。代码以如下。

```
Private Declare PtrSafe Function URLDownloadToFile Lib " urlmon"
Alias "URLDownloadToFileA"( ByVal pCaller As Long, ByVal szURL As
String, ByVal szFileName As String, ByVal dwReserved As Long, ByVal
lpfnCB As Long) As Long


Sub download( )
    savePath = ThisWorkbook. Path & " \ "
    nn = Int( Cells( Rows. Count, 1) . End( xlUp) . Row/120)
    For i = 1 To nn + 1
        tgt = ""
        For Each c In Range( Cells(( i−1) * 120 + 1, 1) , Cells( i *
120, 1) )    '此循环将 accession number 写成一个字串, 120 个为上限
```

```
            If tgt  =  "" Then
                  tgt  =  c. Value
            Else
                  tgt  =  tgt  &  ", "  &  c. Value
            End If
      Next
            uu  =   " http: // eutils. ncbi. nlm. nih. gov/entrez/eutils/efetch.
fcgi? db = protein&rettype = fasta&retmode = text&id = "  &  tgt
URLDownloadToFile 0, uu, savePath  &  cstr( i ) &  ". fasta", 0, 0 ′下载序
列指令
      Next
End Sub
```

2. 使用 Perl 脚本对 Fasta 文件注释部分的关键词进行筛选

下面的例子是 NCBI 将一个基因组测序的数据转化为蛋白质序列放入橡胶树蛋白质数据库, 但是这些序列并无实质的功能描述, 仅有一些字母和数字组成的编号, 编号中包含 "GH714" 字样, 因此需将带 "GH714" 字样的蛋白质序列去除。代码如下。

```
#! usr/bin/perl
      use strict;
      use warnings;
      my %id2seq =( ) ;
      my  $  id =';
      open F, "input. fasta", or die  $ ! ;
      while( <F>) {
            chomp;
            if(  $ _   = ~/^>( . +) /) {
                  $ id =  $ 1;
            } else{
                  $ id2seq{  $ id} . =  $ _ ;
            }
      }
open Z, ">", "wo_  GH714. fasta"or die  $ ! ;
open Y, ">", "GH714. fasta"or die  $ ! ;
```

```
for( keys %id2seq) {
    chomp;
    if( $ _    = ~ "GH714") {
        print Y " \ > $ _ \ n";
        print Y " $ id2seq{ $ _ } \ n";
    }
    else{
        print Z " \ > $ _ \ n";
        print Z " $ id2seq{ $ _ } \ n";
    }
}
close F;
close Z;
close Y;
```

3. 在 Unix 操作系统上使用 E-direct 命令按物种分类下载蛋白质序列

NCBI 提供了按物种分类下载核酸或蛋白质序列的选择，但需在 Unix 系统上运行代码。Unbuntu 系统是操作简易的图形界面的 Unix 操作系统。进入如 Unbuntu 系统的命令行输入窗口，输入下列指令安装程序。

```
cd ~
/bin/bash
perl-MNet: : FTP-e \
   ' $ ftp = new Net: : FTP ( "ftp. ncbi. nlm. nih. gov", Passive = >
1);
    $ ftp->login; $ ftp->binary;
    $ ftp->get( "/entrez/entrezdirect/edirect. tar. gz") ; '
gunzip-c edirect. tar. gz  |   tar xf-
rm edirect. tar. gz
builtin exit
export PATH = $ { PATH}: $ HOME/edirect >&/dev/null || setenv
PATH " $ {PATH}: $ HOME/edirect"
. /edirect/setup. sh
```

然后执行下列命令下载序列：esearch-db "protein" -query "txid3981[Organism]" | efetch-format fasta > output. fasta。双引号内的参数" protein" 代

表下载蛋白序列，"txid3981［Organism］"代表下载的物种为 *Hevea brasiliensis*。若需下载其他物种的核酸序列，更改以上两个参数即可。

（二）将转录组核酸序列转化为蛋白质序列并注释

有时需把转录组核酸序列转化为蛋白质序列并为蛋白质序列添加注释。本章介绍了一个简单的本地化 Blast 方法，并介绍简化 Blast 结果以实现蛋白功能注释的方法。

1. 将转录组核酸序列转化为蛋白质序列

使用 TBtools 软件，依次点选"Sequence Toolkit""ORF Prediction""Complete ORF predict（Batch mode）"工具（图 14-1），从核酸序列中找出 ORF 序列，再点选"Sequence Toolkit""ORF Prediction""Batch Translate CDs to Protein"打开工具，将 ORF 翻译为蛋白质序列。

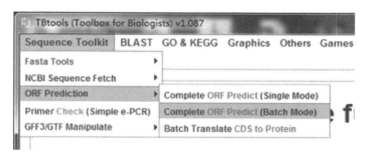

图 14-1　使用 TBtools 将转录组核酸序列转化为蛋白质序列

2. 利用 Swissprot 蛋白质数据库注释蛋白质序列

首先将翻译得到的蛋白质序列，使用 TBtools 软件（Chen et al.，2020）中的"BLAST""BLAST GUI Wrapper""Several Sequences to a Big file"打开工具（图 14-2），使用默认参数，对 Swissprot Viewed Proteins 做 BlastP 检索，检索结果以 .xml 格式保存，然后将产生的 .xml 格式文件，使用"BLAST""BLASTXML to table"工具转化为 blastTab（-outfmt6）格式。Blast 检索耗时较多，建议使用运行速度较快的电脑，如内存大于 6Gb。

使用下列 VBA 代码，仅保留每一个查询（query）得到的多个匹配（hits）中得分最高的一个。

```
Sub highestscore( )
    ScreenUpdating = False
        Worksheets. Add ( After: = Worksheets ( Worksheets. Count )).
```

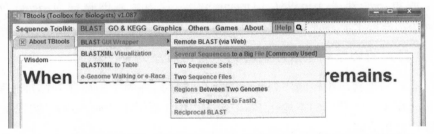

图 14-2 利用 Swissprot 蛋白质数据库注释蛋白质序列的 BlastP 步骤

```
Name = "results"
    Worksheets(1). Activate
    Rows(1). Copy Sheets("results"). Cells(1, 1)
    Columns("P: Q"). NumberFormatLocal = "@ "
    Ln = 2


'读取每个 query 的 hits 所在起止行号到数组
Dim arr( )
Dim brr( )
flag = 1
ReDim Preserve arr(flag)
arr(0) = 2
For i = 2 To [a1]. End(4). Row + 1
    If Cells(i, 1) <> Cells(i + 1, 1) Then
        ReDim Preserve arr(flag)
        arr(flag) = i + 1
        ReDim Preserve brr(flag)
        brr(flag-1) = i
        flag = flag + 1
    End If
Next


'每个 query 的 hits 块状交替上色
clr = 34
For qr = 0 To UBound(arr( )) -1
```

```
        Range( Cells( arr( qr ), 1 ), Cells( brr( qr ), 16 ) ) .Interior.Color-
Index = clr
        If clr = 34 Then
            clr = 2
        Else
            clr = 34
        End If
    Next

    '所有 query 大循环
    For qr = 0 To UBound( arr( ) ) -1
        i = arr( qr )
        Rows( i ) . Copy Sheets( "results" ) . Cells( Ln, 1 )
        Ln = Ln + 1
    Next


End Sub
```

得分最高的 Hit 的功能描述可能为无实质含义，如"uncharacterized protein"等，此时需对所有 hit 功能描述中的词汇频率进行分析，从中归纳出代表性的功能描述。使用以下 VBA 代码，分析批量 BLAST 检索得到的 Hits 中的功能描述，仅保留一个查询（Query）得到的多个匹配（hits）中累积词汇频率最高的一个。本代码中，如果某词汇不是"无义词汇"（如"isoform""unknown""uncharacterized"等与功能无关的词汇），它在本 Query 中共出现 a 次，另一个词汇也不是"无义词汇"，它在本 Query 中共出现 b 次……所有的非"无义词汇"共出现"a+b+…"次，该和值就是累积词汇频率。使用该代码，可从检索结果中发现有用的功能信息。但该代码有一个缺陷，尽管已经忽略了一些无义词汇，较长功能描述的（单词数较多的）Hit 可能获得较高的累积词语频率，而成为代表性的功能描述。以下代码考虑了 Swissprot 和 NCBI 下载的 Fasta 文件的序列 Header 部分的不同格式，可兼容处理。

```
Sub annotation( )
    ScreenUpdating = False
    '生成辅助列及去除辅助列单元格的多余信息
```

```
Columns( 14 ) . Copy Columns( 16 )
For i = 2 To [ a1 ] . End( 4 ) .Row
    Cells( i, 16 ) = Trim( Cells( i, 16 ) )
    With CreateObject( "Vbscript. Regexp" )
        . Global = True
        . Pattern = "( \ s \ [ ( . * ) \ ] $ ) | ( OS \ =. * $ )"
        Cells( i, 16 ) = . Replace( Cells( i, 16 ) , "" )
    End With
    With CreateObject( "Vbscript. Regexp")
        . Global = True
        . Pattern = " \ , "
        Cells( i, 16 ) = . Replace( Cells( i, 16 ) , "".)
    End With
    With CreateObject( "Vbscript. Regexp")
        . Global = True
        . Pattern = "-like"
        Cells( i, 16 ) = . Replace( Cells( i, 16 ) , "".)
    End With
    With CreateObject( "Vbscript. Regexp")
        . Global = True
        . Pattern = "PREDICTED: "
        Cells( i, 16 ) = . Replace( Cells( i, 16 ) , "".)
    End With
Next


    Worksheets. Add ( After: = Worksheets ( Worksheets. Count ) )
. Name = "results"
    Worksheets( 1 ) . Activate
    Rows( 1 ) . Copy Sheets( "results") . Cells( 1, 1 )
    Columns( "P: Q") . NumberFormatLocal = "@ "
    Ln = 2


'读取每个 query 的 hits 所在起止行号到数组
```

```
Dim arr( )
Dim brr( )
flag = 1
ReDim Preserve arr( flag )
arr( 0 ) = 2
For i = 2 To [ a1 ]. End( 4 ). Row + 1
    If Cells( i, 1 ) <> Cells( i + 1, 1 ) Then
        ReDim Preserve arr( flag )
        arr( flag ) = i + 1
        ReDim Preserve brr( flag )
        brr( flag−1 ) = i
        flag = flag + 1
    End If
Next

'每个 query 的 hits 块状交替上色
clr = 34
For qr = 0 To UBound( arr( ) ) −1
    Range( Cells( arr( qr), 1 ), Cells( brr( qr), 16 ) ). Interior. Color-
Index = clr
    If clr = 34 Then
        clr = 2
    Else
        clr = 34
    End If
Next

'所有 query 大循环
For qr = 0 To UBound( arr( ) ) −1
    '清除上轮辅助列

    Set mydic = CreateObject( "scripting. dictionary")
    mydic. CompareMode = vbTextCompare
```

'拆分注释为单词, 并存入字典, 并计数。记住先在连接号前后添加空格, 以便把连接的单词拆为两个

```
k = 1
For ss = arr( qr) To brr( qr)
    mystr = Cells( ss, "P")
    crr = Split( mystr, " ")
    For Each b In crr
        temp = b
        If Not mydic. exists( temp) Then
            mydic. Add temp, 1
        Else
            mydic( temp) = mydic( temp) + 1
        End If
    Next b
Next
```

'去除字典中的无意义条目

```
ddd = Array( "isoform", "unknown", "uncharacterized", "un-
named", "protein", "hypothetical", "PREDICTED", "putative", "proba-
ble", "like", "-", "LOW", "QUALITY", "protein: ", "family", "type", "
partial", " ", "TPA_ asm: ", ", _ ", "product", ": ", "type", "")
```

```
For Each d In ddd
    If mydic. exists( d) Then mydic. Remove( d)
Next
```

'去除字典中的编号类条目

```
With CreateObject( "vbscript. regexp")
    . Global = True
    . Pattern = "(^[ a-zA-Z]{1} $) | (^[0-9]{1, 2} $) |
(^(( ?![ 0-9] + $)( ?![ a-zA-Z \ - \ , \ : _ ] + $)[ 0-9A-Za-z_ ]
{2, 24} | ) $)"
    For Each b In mydic. Keys( )
```

```
            If . test( b ) Then
                    mydic. Remove( b )
            End If
        Next
    End With
```

'计算 P 列注释的有意义单词总频数, 保存于 Q 列
```
For i = arr( qr) To brr( qr)
    M = 0
    mystr = Cells( i, "P")
    drr = Split( mystr, " ")
    For Each b In drr
        M = M + mydic( b)
    Next b
    Cells( i, "Q") = M
Next
```

'复制频率最高且得分靠前的结果到新工作表
```
For i = arr( qr) To brr( qr)
        If Cells( i, "Q") = Application. WorksheetFunction. Max
( Range( Cells( arr( qr) , "Q") , Cells( brr( qr) , "Q") ) ) Then
            Rows( i ) . Copy Sheets( "results") . Cells( Ln, 1 )
            Ln = Ln + 1
            Exit For
        End If
    Next
```

```
    Set mydic = Nothing
Next qr
```

'在新表清除辅助列
```
'Sheets( "results") . Activate
'Columns( "P: Q") . Select
```

```
'Selection. ClearContents
End Sub
```

（三）在 Excel 表格中进行 Accession Number 替换

当使用尚未获得正式 NCBI 编号的蛋白质序列作为目标数据库进行质谱检测及数据分析，可在有关序列在 NCBI 公开发布后使用如下代码，将保存于 Excel 表格中的数据中测序公司命名的原始 Unigene 编号替换为 NCBI 的正式编号。NCBI 的 TSA 序列正式发布后，会向提交者反馈原始编号和正式发布编号对应表（文本格式，两列，以制表符分隔）。以下代码将编号对应表读入字典，然后使用字典对 Accession Number 直接进行替换。

```
Sub sbst()
    Set d = CreateObject("scripting. dictionary")
    Dim TextLine
    Open "F: \  accs. txt" For Input As #1    '编号对应表名称为
"accs. txt"
    Do While Not EOF(1)
        Line Input #1, TextLine
        arr = Split(TextLine, vbTab)
        d(Trim(arr(0))) = Trim(arr(1))'原编号作为字典的 item,
新编号作为字典的 value
    Loop
    Close #1
    a = ActiveSheet. UsedRange. Rows. Count
    b = ActiveSheet. UsedRange. Columns. Count
    For i = 1 To b
        If InStr(1, Cells(1, i), "acc", 1) > 0 Then m = i '在表头寻
找 accession number 列的位置
    Next

    For j = 2 To a
        If d. exists(Cells(j, m). Value) Then Cells(j, m) = d. Item
(Cells(j, m). Value)
    Next
```

```
        Set d = Nothing
End Sub
```

（四）从 Excel 表格中按关键词提取相关的行

Excel 的查找功能中有"查找全部"，但不能把查询的内容导出。以下代码解决了这个问题，从源工作表中查询，将查询的结果保存在新建的工作表。按程序提示，依次输入结果工作表名称（最多 31 个英文字符，多于 31 个将截取前 31 个字符），欲查询的关键词（使用多个关键词时，关键词之间用英文逗号分隔）。以下代码中，被查询的关键词在原始数据的第三列。

```
Sub searchmultiplegenes( )
        shname = InputBox( "请输入 worksheet 名称", "worksheet 名称")
        mystr = InputBox( "请输入要查找的关键词", "输入关键词")
        arr = Split( mystr, ", ")
        shnname = Left( shname, 31 )
        Sheets. Add( After: =Sheets( Sheets. Count ) ) . Name = shname
        Sheets( 1 ) . Rows( 1 ) . Copy Sheets( Sheets. Count ) .Cells( 1, 1 )
        k = 2
        Application. ScreenUpdating = False
        For Each b In arr
            i = 2
            Do Until Cells( i, 3 ) = ""
                If InStr( 1, Cells( i, 3 ), b, 1 ) > 0 Then
                    Rows( i ) . Copy Sheets( Sheets. Count ) . Cells( k, 1 )
                    k = k + 1
                End If
                i = i + 1
            Loop
        Next b
        Sheets( shname ) . Activate
End Sub
```

（五）统计 TMT 标记效率

对胰蛋白酶水解得到的多肽进行 TMT（Tandem Mass Tag）标记，在进行正式质谱上机分析前，需用短时长洗脱梯度检测 TMT 标记效率，标记率（已标记位点/总可标记位点）为 95% 以上方可进行正式分析。使用 Proteome Discoverer 软件搜库之后，导出 PSM（Peptide Spectrum Match）页面的数据为 Excel 表格。复制其中的修饰（Modifications）列（不含表头）到新的 Excel 工作表，使用以下 VBA 代码计算 TMT 标记效率。以下代码统计的是 TMT2 标记的效率，若需统计 TMT6plex 或 TMT10plex，替换代码中的关键字即可。

```
Sub effcalc( )
    For i = 1 To Cells( Rows. Count, 1 ). End( xlUp ). Row
        arr = Split( Cells( i, 1 ), ". ")
        For j = 1 To Len( arr( 1 ))
            If Mid( arr( 1 ), j, 1 ) = "K" Or Mid( arr( 1 ), j, 1 ) = "k"
Then knm = knm + 1
        Next
        If InStr( Cells( i, 2 ), "( TMT2plex) ") > 0 Then
            brr = Split( Cells( i, 2 ), "( TMT2plex ) ")
            TMT = TMT + UBound( brr )
        End If
        If InStr( 1, Cells( i, 1 ), "k", 1 ) > 0 And InStr( Cells( i, 2 ), "N-
Term( Prot) ( Acetyl) ") = 0 Then non = non + 1
    If InStr( Cells( i, 2 ), "N-Term( Prot) ( Acetyl) ") > 0 Then acy = acy + 1
        Next
        Cells( 1, 3 ) = "K num" '赖氨酸残基的个数
        Cells( 2, 3 ) = "TMT num" 'TMT 标记的个数
        Cells( 3, 3 ) = "acy num" '乙酰化标记的个数
        Cells( 4, 3 ) = "pep num"'全部多肽的个数
        Cells( 5, 3 ) = "non TMT" '无标记多肽的个数
        Cells( 6, 3 ) = "ratio" 'TMT 标记的多肽占全部多肽的个数
        Cells( 1, 4 ) = knm
        Cells( 2, 4 ) = TMT
        Cells( 3, 4 ) = acy
        Cells( 4, 4 ) = Cells( Rows. Count, 1 ). End( xlUp ). Row
        Cells( 5, 4 ) = non
```

Cells(6, 4) = TMT/(knm + Cells(Rows. Count, 1) . End(xlUp) .
Row—non)
End Sub

四、蛋白质的免疫学验证

（一）橡胶树蛋白的免疫印迹（western blot）

胶乳中存在橡胶延伸因子（REF）、小橡胶粒子蛋白（SRPP）等高丰度蛋白，对这些蛋白进行免疫印迹，需要对蛋白质样品进行适当稀释再上样。以 SDS 上样量 25 μg/泳道（适合考马斯亮蓝染色的用量）为参照，将蛋白用上样缓冲液按体积稀释 10 倍、20 倍、50 倍、100 倍、200 倍、400 倍再上样，同时固定一抗及二抗的稀释比例及用量。

使用预染的分子量标准，而不使用依靠化学发光检测的分子量标准；考染的蛋白胶与转印膜使用相同的分子量标准，便于实验结果解读。GE 公司生产的 ImageQuant Las4000 拍摄一次可生成两张照片显示：白光模式下分子量标准，化学发光模式下抗原—抗体反应条带，使用软件将两张照片叠加，分别调整颜色与对比度，使之协调。某些国产设备可能需在不移动转印膜的情况下分两次拍摄。

（二）橡胶粒子蛋白的免疫胶体金标记实验

橡胶粒子是天然橡胶合成的载体和储存场所，验证一些蛋白质是否定位于橡胶粒子非常重要。免疫胶体金标记是直接验证某蛋白质是否定位于橡胶粒子的方法（Dai et al., 2017）。

（1）依据"橡胶粒子蛋白提取"方法中的洗涤步骤洗涤橡胶粒子。最终洗涤过的橡胶粒子分散于体积相当于胶乳原始体积的洗涤液中。

（2）锇酸固定橡胶粒子。取 1 体积（250 μL）的洗涤过的橡胶粒子悬液、2 体积（500 μL）的 2%四氧化锇和 1 体积（250 μL）的 200 mmol/L 二甲胂酸钠缓冲液加入 2 mL 离心管，加四氧化锇时应在密闭操作箱中进行，防止对眼睛和呼吸道等造成损伤。

（3）将混合物以 10 r/min 的转速在垂直旋转器上室温下混合 1 h。

（4）然后将混合物在 13 500 r/min（17 000×g）下离心 10 min，收集橡胶粒子，弃液体部分，加水至最终体积为 1 mL。

（5）将橡胶粒子悬液用水稀释 32 倍，取 5 μL 滴在 Formvar 膜包被的镍网上，风干。

（6）用 PBS（5 μL/Grid/Wash）洗涤网格 3 次，洗涤方式如下：取 5 μL PBS 滴在镍网中央，用镊子夹住镍网边缘，倾斜之，让镍网一侧靠住滤纸，使液体流干。用 PBS 缓冲液稀释的 10%胎牛血清室温下封闭 30 min。

（7）在镍网中央滴加一抗（TBS-T 稀释，10 μg/mL）37℃下孵育 90 min，用 PBS-T 洗涤 3 次（PBS 加 0.1%吐温 20），用 PBS 洗涤 3 次。

（8）在镍网中央滴加金标二抗（胶体金颗粒直径为 10 nm，使用 TBS-T 按 1∶20 比例稀释），37℃下孵育 2 h，用 TBS-T 洗涤 3 次，用 TBS（137 mmol/L NaCl 和 20 mmol/L NaCl，pH 值 7.6），用水冲洗 3 次。

（9）晾干后可在透射电镜下观察。

（10）对照样品处理方法同前，但一抗孵育步骤仅用 TBS-T 不加抗体。

第十五章　橡胶树胶乳代谢组分析

杨　洪

（中国热带农业科学院橡胶研究所）

代谢组是生物体或细胞内参与新陈代谢和正常生长发育的所有小分子代谢物的集合。随着生命科学的快速发展，代谢组学和基因组学、转录组学、蛋白质组学共同组成系统生物学的四大重要分支。本章以橡胶树胶乳 c-乳清代谢组为例，详细介绍了橡胶树胶乳代谢组研究的方法和分析流程。

一、橡胶树材料处理

以中国热带农业科学院试验场红洋队热研 73397 橡胶树品种为材料，将 1% 乙烯利（处理组，ET）和水（对照组，CK）分别均匀刷在割面上。每样品取 3 个生物学重复，每重复选 5 株橡胶树。

二、胶乳 c 乳清样品制备

为高效制备橡胶树 c-乳清样品，比较了超高速离心和酸凝法样品的制备。

超高速离心法：胶乳样品经 16 000 r/min 离心取中间乳清部分，再以 22 000 r/min、4℃ 离心 60 min（离心结束若已澄清，可不用继续离心，反之则继续离心）。超高速离心后，橡胶粒子层应已经完全凝固，移液器转移乳清至新管即可。

酸化法：向胶乳中加入乙酸或 TCA 至适宜浓度（表 15-1），离心管置于冰浴中，80 r/min 摇动 30 min，使固体成分完全凝固，然后经 4℃，5 000 r/min 离心 10 min，上清即为 c-乳清部分。如图 15-1 所示，1% 乙酸酸化制备的 c-乳清最为清澈，橡胶烃等去除较为干净。

表 15-1　酸法制备 c-乳清样品酸浓度

样品编号	乙酸/TCA 浓度（%）	酸类型
1	0	
2	0.083	
3	0.167	
4	0.300	乙酸
5	0.667	
6	1.000	
7	0.250	
8	0.083	TCA
9	1.070	
10	2.140	

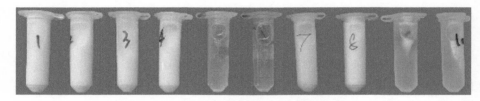

图 15-1　酸凝处理后 c-乳清

注：从左至右依次为 1~10 号样品。

三、数据分析

本部分内容以 1% 乙酸制备的连续 3 刀次巴西橡胶树胶乳 c-乳清样本为例，详细介绍橡胶树代谢组分析流程。1% 乙烯处理（编号为 ET1、ET2、ET3）和对照（编号为 CK1、CK2、CK3）共计 18 例样本进行基于 GLC-MS 的代谢组学分析。

（一）数据分析流程

基于气相色谱—液相色谱—质谱联用技术的代谢组学数据分析主要由基础数据分析、高级数据分析和可选择数据分析 3 个部分组成（图 15-2）。基础数据分析是通过对代谢组的定性定量结果进行单变量统计分析和多元变量统计分析（Multivariate Analysis，MVA），从而筛选具有显著差异的代谢物。

基础数据分析的内容包括数据预处理、单变量统计分析包括学生 t 检验（Student's t-test）等、多元变量统计分析包括主成分分析（Principal Component Analysis，PCA）、正交偏最小二乘法—判别分析（Orthogonal Projections

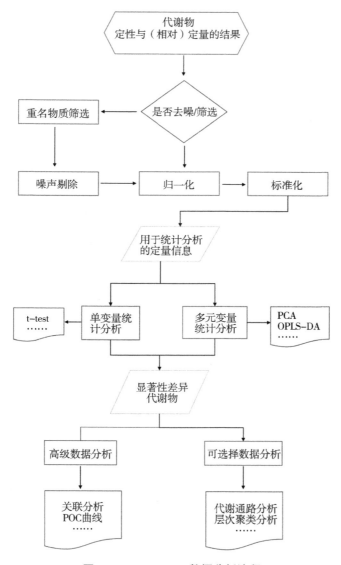

图15-2 GLC-MS 数据分析流程

to Latent Structures-Discriminant Analysis，OPLS-DA）等、差异化合物筛选和鉴定。可选择数据分析是在基础数据分析的基础上，对显著差异的代谢物进行的一系列生物信息学分析。可选择数据分析的内容包括差异代谢物的层次聚类分析、差异代谢物的雷达图分析、差异代谢物的相关性分析、差异代谢物的和弦分析、差异代谢物的 KEGG（Kyoto Encyclopedia of Genes and Genomes）注释、差异代谢物的代谢通路分析（Pathway Analysis）、差异代谢物的调控网络分析（Network Analysis）。对于有特殊需求的数据还需进行高级数据分析，常见的有多组学关联分析等。

（二）代谢物原始数据预处理

本示例样本原始数据包含 3 个质控（Quality Control，QC）样本和 18 个实验样本，从中共提取到 1 580 个 Peak。为了更好地分析数据，需要对原始数据进行一系列的预处理。数据预处理过程主要包括以下步骤（Dunn et al.，2011）。

（1）降噪：基于相对标准偏差（Relative Standard Deviation，RSD，即变异系数 Coefficient of Variation，CV）对单个 Peak 偏离值进行过滤。

（2）数据过滤：对单个 Peak 进行过滤，去除单组空值多于 50% 或所有组中空值多于 50% 的峰面积数据。

（3）数据模拟：利用中位值填补数值模拟法对原始数据中的缺失值进行模拟（Missing Value Recoding）。

（4）数据输出：将原始数据表和处理后的峰面积数据表输出到相应文件夹，输出文件格式为 .csv 和 .xls 两种。

本示例数据经过预处理后 1 331 个 Peak 被保留，将所有代谢物在本地数据库进行物质信息搜索整理（常见数据库的编号索引，分类信息等）获得代谢物数据库映射表（如表 15-2）。表 15-2 中各列分别为代谢物映射不同数据库的索引，后续分析以 KEGG Compound ID 数据库信息进行索引，也可以根据自己对其他数据库信息的需要，查找对应的数据库索引。

（三）代谢组数据多元分析策略

经过预处理的代谢组数据一般采用多元数据分析策略，通常包括主成分分析（Principal Component Analysis，PCA）、偏最小二乘判别分析（Partial Least Squares Discrimination，PLS-DA）和正交偏最小二乘判别分析（Orthogonal Projections to Latent Structures-Discriminant Analysis，OPLS-DA）等。

表 15-2　代谢物数据库映射表（前 7 行）

IID	Compound Name	KEGG Compound ID	CAS	HMDB	Super Class	Class	Sub Class
1	(-) - epigallocatechin 3- (4-methyl-gallate)	NA	NA	HMDB0040293	Phenylpropanoids and polyketides	Flavonoids	Flavans
2	2-methylpyridine	C14447	109-06-8	HMDB0061888	Organoheterocyclic compounds	Pyridines and derivatives	Methylpyridines
3	7 - hydroxymethyl - 12 - methylbenz [a] anthracene sμLfate	NA	NA	HMDB0060420	Benzenoids	Phenanthrenes and derivatives	NA
4	9-hydroxy-4-methoxypsoralen 9-glucoside	NA	115356-06-4	HMDB0039047	Phenylpropanoids and polyketides	Coumarins and derivatives	Coumarin glycosides
5	glycerol	C00116	56-81-5	HMDB00131	Organooxygen compounds	Carbohydrates and carbohydrate conjugates	Sugar alcohols
6	l-alanine	C00041	56-41-7	HMDB0000161	Organic acids and derivatives	Carboxylic acids and derivatives	Amino acids, peptides, and analogues
7	10e, 12z-octadecadienoic acid	NA	2420-56-6	HMDB0005048	Lipids and lipid-like molecμLes	Fatty Acyls	Lineolic acids and derivatives

注：Compound Name—二级质谱定性匹配得到分析得到的物质名称；CAS—该物质对应的 CAS 号；HMDB—该物质在 HMDB 数据库中的索引；Super Class—该物质在 HMDB 数据库中的一级分类；Sub Class—该物质在 HMDB 数据库中的二级分类；KEGG Compound ID—该物质在 KEGG Compound 数据库中的索引；Super Class—该物质在 HMDB 数据库中的四级分类。

1. 主成分分析（PCA）

主成分分析是一种数据统计与分析的方法。代谢组学 PCA 通过正交变换将数据中可能相关变量转换为线性不相关变量提取数据中的主要成分（Jolliffe 2002）。PCA 可以揭示数据的内部结构，从而更好地解释数据变量。代谢组数据可以被认为是一个多元数据集，能够在一个高维数据空间坐标系中被显现出来，那么 PCA 就能够提供一幅比较低维度的图像（二维或三维），展示在包含信息最多的点上对原对象的"投影"，有效地利用少量的主成分使得数据的维度降低。

使用 SIMCA 软件（V16.0.2，Sartorius Stedim Data Analytics AB，Umea，Sweden），对数据进行对数（LOG）转换加 UV 格式化处理，然后进行自动建模分析（Susanne et al.，2008）。PCA 模型的相关参数如表 15-3 所示。

表 15-3　PCA 模型参数

Model	Type	A	N	R^2X（cum）	Title
Model 01	PCA	3	21	0.591	TOTAL with QC
Model 02	PCA	3	18	0.610	TOTAL
Model 03	PCA	3	6	0.795	CK1-ET2
Model 04	PCA	3	6	0.791	CK3-ET2
Model 05	PCA	3	6	0.805	CK1-CK2
Model 06	PCA	3	6	0.812	CK3-ET3
Model 07	PCA	3	6	0.807	CK1-ET1
Model 08	PCA	3	6	0.792	CK2-ET2
Model 09	PCA	3	6	0.821	ET2-ET3
Model 10	PCA	3	6	0.804	CK1-ET3
Model 11	PCA	3	6	0.814	CK2-ET3
Model 12	PCA	3	6	0.826	CK2-ET1
Model 13	PCA	3	6	0.860	ET1-ET2
Model 14	PCA	3	6	0.839	ET1-ET3
Model 15	PCA	3	6	0.845	CK1-CK3
Model 16	PCA	3	6	0.840	CK3-ET1
Model 17	PCA	3	6	0.769	CK2-CK3
Model 18	PCA	3	18	0.610	ET1+ET2+ET3-CK1+CK2+CK3

注：Model—SIMCA 软件建模的模型编号，该编号会对应到结果文件；Type—SIMCA 的模型类型，PCA-X 表示对样本建立 PCA 模型；A—模型的主成分个数；N—模型的观测个数（此处即为样本数）；R^2X（cum）—代表模型对 X 变量的解释性；Title—该模型对应的数据对象。

全部样本（包括 QC 样本）的 PCA 得分散点图（图 15-3）显示样本基本处于 95% 置信区间（Hotelling's T-squared Ellipse）内。

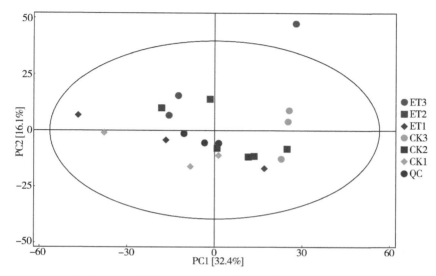

图 15-3　全部样本（包括 QC 样本）的 PCA 得分散点图

注：横坐标 PC［1］和纵坐标 PC［2］分别表示排名第一和第二的主成分的得分，每个散点代表一个样本，散点的颜色和形状表示不同的分组。

CK1 组与 ET2 组样本间的 PCA 得分散点图（图 15-4）的结果可以看出，样本全部处于 95% 置信区间（Hotelling's T-squared Ellipse）内。

2. 正交偏最小二乘法—判别分析（OPLS-DA）

正交偏最小二乘法—判别分析是一种多因变量对多自变量的回归建模方法，可以避免由于相关变量的影响导致差异变量分散到更多的主成分上，可以对数据进行更好的可视化和后续分析。采用 OPLS-DA 的统计方法对数据结果进行分析，能够过滤掉代谢物中与分类变量不相关的正交变量并对非正交变量和正交变量分别分析，最终获取可靠的代谢物的组间差异与实验组的相关程度信息（Trygg & Wold，2002）。

使用 SIMCA 软件（V16.0.2，Sartorius Stedim Data Analytics AB，Umea，Sweden）对数据进行对数（LOG）转换加 UV 格式化处理，处理流程如下（各组对比 OPLS-DA 模型的模型累积解释率如表 15-4 所示）。

（1）对第一主成分进行 OPLS-DA 建模分析，模型的质量用 7 折交叉验证（7-fold Cross Validation）进行检验。

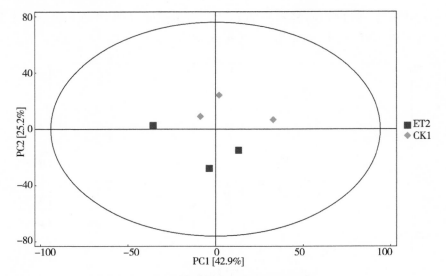

图 15-4　PCA 模型得分散点图（CK1 与 ET2）

表 15-4　OPLS-DA 模型参数

Model	Type	A	N	R^2X (cum)	R^2Y (cum)	Q^2 (cum)	Title
Model 19	OPLS-DA	1+1+0	6	0.646	0.970	0.728	CK1—ET2
Model 20	OPLS-DA	1+1+0	6	0.598	0.977	0.708	CK3—ET2
Model 21	OPLS-DA	1+1+0	6	0.600	0.985	0.702	CK1—CK2
Model 22	OPLS-DA	1+1+0	6	0.624	0.988	0.91	CK3—ET3
Model 23	OPLS-DA	1+1+0	6	0.351	0.993	0.363	CK1—ET1
Model 24	OPLS-DA	1+1+0	6	0.583	0.977	0.711	CK2—ET2
Model 25	OPLS-DA	1+1+0	6	0.433	0.994	0.725	ET2—ET3
Model 26	OPLS-DA	1+1+0	6	0.638	0.990	0.757	CK1—ET3
Model 27	OPLS-DA	1+1+0	6	0.630	0.992	0.886	CK2—ET3
Model 28	OPLS-DA	1+1+0	6	0.663	0.977	0.791	CK2—ET1
Model 29	OPLS-DA	1+1+0	6	0.725	0.978	0.814	ET1—ET2
Model 30	OPLS-DA	1+1+0	6	0.635	0.963	0.659	ET1—ET3
Model 31	OPLS-DA	1+1+0	6	0.640	0.990	0.812	CK1—CK3
Model 32	OPLS-DA	1+1+0	6	0.695	0.987	0.856	CK3—ET1
Model 33	OPLS-DA	1+1+0	6	0.544	0.994	0.788	CK2—CK3
Model 34	OPLS-DA	1+1+0	18	0.447	0.793	0.361	ET1+ET2+ET3—CK1+CK2+CK3

注：Model—SIMCA 软件建模的模型编号，该编号会对应到结果文件；Type—SIMCA 的模型类型，OPLS-DA 表示建立 OPLS-DA 模型；A—模型的主成分个数；N—模型的观测个数（此处即为样本数）；R^2X（cum）—代表模型对 X 变量的解释性；R^2Y（cum）：代表模型对 Y 变量的解释性；Q^2（cum）：模型的可预测性；Title：该模型对应的数据对象。

（2）用交叉验证后得到的 R^2Y（模型对分类变量 Y 的可解释性）和 Q^2（模型的可预测性）对模型有效性进行评判。

（3）通过置换检验（Permutation Test），随机多次改变分类变量 Y 的排列顺序得到不同的随机 Q^2 值，对模型有效性做进一步的检验。

样本 OPLS-DA 分析结果输出为 OPLS-DA 得分散点图和 OPLS-DA 置换检验两部分，相关说明如下（以 CK1 组与 ET2 组为例）。

<u>OPLS-DA 得分散点图</u>

图 15-5 所示为 CK1 组与 ET2 组的 OPLS-DA 模型得分散点图。横坐标 t［1］P 表示第一主成分的预测主成分得分，展示样本组间差异；纵坐标 t［1］O 表示正交主成分得分，展示样本组内差异。每个散点代表一个样本，散点形状和颜色表示不同的实验分组。结果表明，两组样本区分非常显著，样本全部处于 95％ 置信区间（Hotelling's T-squared Ellipse）内。

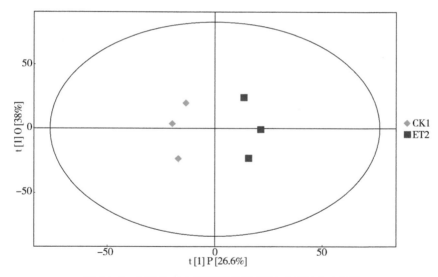

图 15-5　OPLS-DA 模型得分散点图（CK1 与 ET2）

<u>OPLS-DA 置换检验</u>

置换检验通过随机改变分类变量 Y 的排列顺序，多次（次数 $n=$ 200）建立对应的 OPLS-DA 模型以获取随机模型的 R^2 和 Q^2 值，在避免检验模型的过拟合以及评估模型的统计显著性上有重要作用。图 15-6 所示为

CK1 组与 ET2 组 OPLS-DA 模型的置换检验结果。图 15-6 中横坐标表示置换检验的置换保留度（与原模型 Y 变量顺序一致的比例，置换保留度等于 1 处的点即为原模型的 R^2Y 和 Q^2 值），纵坐标表示 R^2Y 或 Q^2 的取值，绿色圆点表示置换检验得到的 R^2Y 值，蓝色方点表示置换检验得到的 Q^2 值，两条虚线分别表示 R^2Y 和 Q^2 的回归线。原模型 R^2Y 非常接近 1，说明建立的模型符合样本数据的真实情况；原模型 Q^2 比较接近 1，说明如果有新样本加入模型，会得到比较近似的分布情况，总的来说原模型可以比较好地解释两组样本之间的差异。Q^2 的回归线与纵轴的截距小于零；同时随着置换保留度逐渐降低，置换的 Y 变量比例增大，随机模型的 Q^2 逐渐下降。说明原模型具有良好的稳健性，不存在过拟合现象。

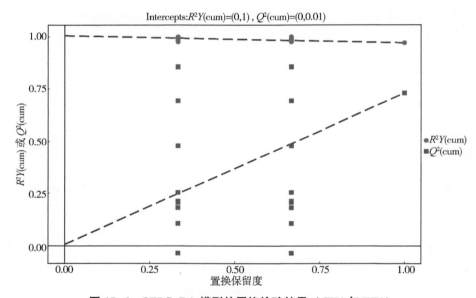

图 15-6　OPLS-DA 模型的置换检验结果（CK1 与 ET2）

四、差异代谢物的筛选

基于 GLC 的代谢组数据的固有特性要求我们使用多元变量统计分析方法对数据进行分析。相比与传统的单变量统计分析方法（Univariate Analysis，UVA）如 Student's t - test、方差分析（Analysis of Variance，

ANOVA）等更加注重代谢物水平的独立变化，多元变量统计分析更加注重代谢物之间的关系以及它们在生物过程中的促进/拮抗关系。同时考量两类统计分析方法的结果，有助于从不同角度观察数据得出结论，也有助于避免只使用一类统计分析方法带来的假阳性错误或模型过拟合（Saccenti et al., 2014）。以 Student's t-test 的 P 值（P-value）小于 0.05 且 OPLS-DA 模型第一主成分的变量投影重要度（Variable Importance in the Projection，VIP）大于 1 为卡值标准对差异代谢物进行筛选，获得差异代谢物筛选的结果数据（表 15-5）。差异代谢物的卡值标准具有多种选择，比如 Fold Change 小于 0.5 或大于 2，同时 P-value 小于 0.05。

表 15-5 差异代谢物筛选表（前 7 行，digits=2）

ID	Compound Name	Score	RT	MZ	Platform	MEAN_ CK1
31	undecanoic acid	1.00	47	185	NEG	0.3
36	quinic acid	1.00	347	191	NEG	94
63	isopalmitic acid	1.00	46	255	NEG	4.2
65	l-lysine	1.00	532	145	NEG	2.2
67	l-glutamic acid	1.00	410	146	NEG	159
89	2-hydroxystearic acid	0.99	51	299	NEG	0.097
127	oxoadipic acid	0.99	302	159	NEG	2.3

注：ID—该物质在本次定性分析中的唯一数据编号；Compound Name—质谱定性匹配分析得到的物质名称；Score—数据库匹配得分；Platform—物质检测平台。

为更加直观地对筛选到的差异代谢物结果进行可视化，通常将筛选差异代谢物的结果转化为火山图（Volcano Plot）形式（图 15-7）。

火山图中每个点代表一个代谢物，横坐标代表该组对比各物质的倍数变化（取以 2 为底的对数），纵坐标表示 t-student 检验的 P-value（取以 10 为底对数的负数），散点大小代表 OPLS-DA 模型的 VIP 值，散点越大 VIP 值越大。散点颜色代表最终的筛选结果，显著上调、显著下调或非显著差异的代谢物分别以红色、蓝色和灰色表示。

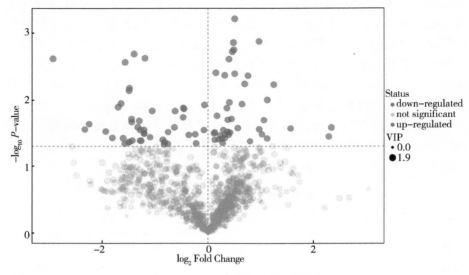

图 15-7　火山图（CK1 与 ET2）

五、差异代谢物分析

（一）层次聚类分析

通过以上分析得到的差异代谢物，在生物学上往往具有结果和功能相似性/互补性，或者受同一代谢通路的正调控/负调控。表现为对在不同实验组间具有相似或相反的表达特征的差异代谢物进行层次聚类分析，有助于将具有相同特征的代谢物归为一类，并发现代谢物在实验组间的变化特征。

对每一组对比，我们对差异代谢物的定量值计算欧式距离矩阵（Euclidean Distance Matrix），以完全连锁方法对差异代谢物进行聚类，并以热力图进行展示（Kolde，2015）。CK1 组与 ET2 组差异代谢物的层次聚类如图 15-8 所示。

图 15-8 中横坐标代表不同实验分组，纵坐标代表该组对比的差异代谢物，不同位置的色块代表对应位置代谢物的相对表达量，红色表示该物质含量高表达，蓝色表示该物质含量低表达。

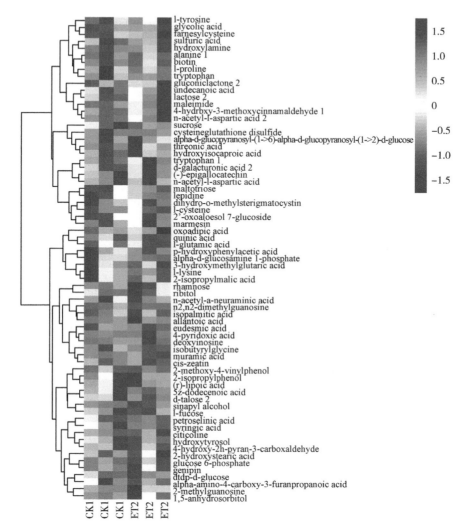

图 15-8 差异代谢物的层次聚类分析热力图（CK1 与 ET2）

（二）差异代谢物的雷达图分析

雷达图（Radar Chart）亦称综合财务比率分析图法，又可称为戴布拉图、蜘蛛网图、蜘蛛图。对每一组对比，我们对差异代谢物的定量值计算对应的比值，并取 2 为底的对数转换，每一条网格线表示一个差异倍数，阴影由每个物质的差异倍数连线组成，并以雷达图进行相应的含量趋势变化展示（Lee et al., 2016）。CK1 组与 ET2 组差异代谢物的雷达图如图 15-9 所示。

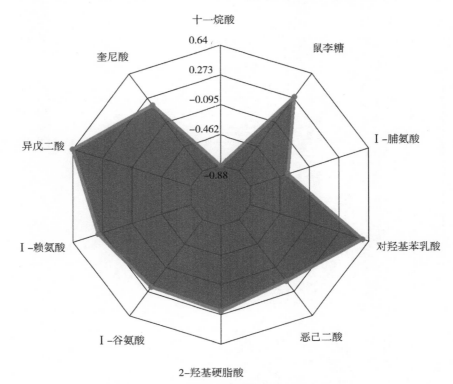

图 15-9　差异代谢物的雷达图（CK1 与 ET2）

（三）差异代谢物的相关性分析

相关性分析是指对两个及两个以上具备相关性的变量元素进行分析，从而衡量两个变量因素的相关密切程度，两个变量之间的相关程度通过相关系数 r 来表示。相关系数 r 的值为 $-1\sim1$，可以是此范围内的任何值。正相关时，r 值为 $0\sim1$；负相关时，r 值为 $-1\sim0$。r 的绝对值越接近 1，两变量的关联程度越强，r 的绝对值越接近 0，两变量的关联程度越弱。

对每一组对比，我们对差异代谢物的定量值进行相关系数计算，计算方法采用 Pearson 方法，并以热力图形式进行展示。CK1 组与 ET2 组差异代谢物的相关性分析热力图如图 15-10 所示。图 15-10 中横纵坐标代表该组对比的差异代谢物，不同位置的色块代表对应位置代谢物间的相关系数大小，颜色越深代表相关性越强，非显著性相关用叉号进行标注。

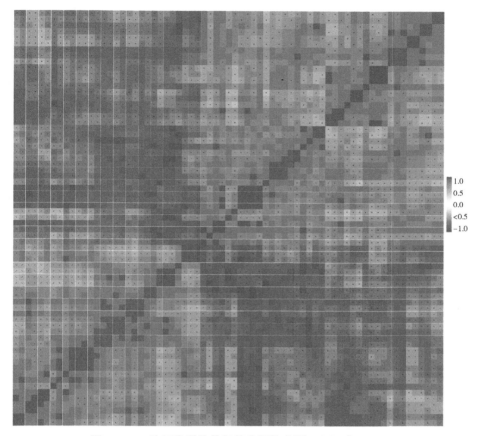

图 15-10　差异代谢物的相关分析热力图（CK1 与 ET2）

（四）差异代谢物的和弦分析

和弦分析一般用于表示数据间的关系。外围不同颜色圆环表示数据节点。内部不同颜色连接带，表示数据关系流向、数量级和位置信息，连接带颜色还可以表示第三维度信息。

对每一组对比，通过对差异代谢物进行物质分类来源归属，以斯皮尔曼方法对差异代谢物进行相关计算，最终以和弦图进行可视化展示（Reinke et al., 2018）。图 15-11 为 CK1 组与 ET2 组差异代谢物的和弦图。图中点大小代表 LOG_FOLDCHANGE 值大小，点越大，其对应的 LOG Foldchange 值也就越大；点代表该组对比的差异代谢物来源分类，连线代表对应位置代谢物的相关系数值大小。

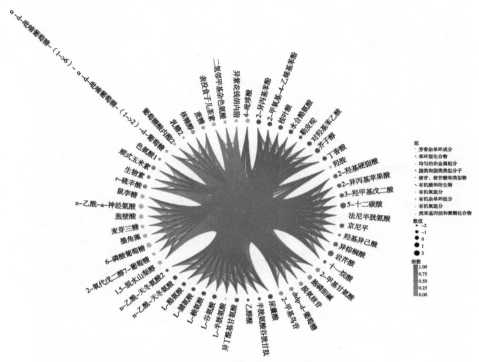

图 15-11　差异代谢物的和弦图（CK1 与 ET2）

（五）差异代谢物的 KEGG 注释

生物体中的复杂代谢反应及其调控由不同基因和蛋白质参与并形成复杂的通路和网络，它们的相互影响和相互调控最终导致代谢组发生系统性的改变。对这些代谢和调控通路的分析可以更全面，更系统地了解实验条件改变导致的生物学过程的改变，性状或疾病的发生机理和药物作用机制等生物学问题。京都基因与基因组百科全书（Kyoto Encyclopedia of Genes and Genomes，KEGG）Pathway 数据库（http：//www. kegg. jp/kegg/pathway. htmL）以基因和基因组的功能信息为基础，以代谢反应为线索，串联可能的代谢途径及对应的调控蛋白，以图解的方式展示细胞生理生化过程

（Kanehisa & Goto，2000；Minoru et al.，2016）。这些过程包括能量代谢、物质运输、信号传递、细胞周期调控等，以及同系保守的子通路等信息，是代谢网络研究最常用的通路数据库。笔者整理出对应物种 *Hevea brasiliensis*（Rubber Tree）差异代谢物映射的所有通路，如表 15-6 所示。

表 15-6　KEGG 通路注释信息表（前 3 行）

Pathway	Description	# Compounds（dem）	Compounds（dem）			# Compounds（all）
hbr01100	Metabolic pathways-Hevea brasiliensis（rubber tree）	31	C00296；C00047；C00302；C00642；C00148；C00507；C00082；C01401；C00092；C00089；C00160；C02325；C00307；C00847；C00499；C00243；C05512；C00097；C00474；C02504；C00371；C00198；C00120；C01019；C00842；C01042；C00333；C06156；C00059；C00192；C02666			275
hbr01110	Biosynthesis of secondary metabolites-Hevea brasiliensis（rubber tree）	11	C00047；C00148；C00082；C12136；C00160；C02325；C00097；C02504；C00371；C00198；C02666			84
hbr02010	ABC transporters-Hevea brasiliensis（rubber tree）	9	C00047；C00148；C00089；C01835；C00243；C05512；C00120；C00333；C00059			47

注：Pathway：代谢物富集到代谢通路的 KEGG PATHWAY 数据库 ID；Description：该代谢通路的名称；# Compounds（dem）：该通路中差异代谢物的个数；Compounds（dem）：该通路中差异代谢物的 KEGG COMPOUND ID；# Compounds（all）：该通路内检测到的所有代谢物的数量；Compounds（all）：该通路内检测到的所有代谢物的 KEGG COMPOUND ID。

获得上述结果后，将差异代谢物在 KEGG 通路图上进行标记。图 15-12 为以 CK1 组 vs ET2 组的 Metabolic pathways KEGG 通路图。

（六）差异代谢物的代谢通路分析

KEGG 注释分析仅找到所有差异代谢物参与的通路，但要想知道这些通路是否与实验条件密切相关，需对差异代谢物进行进一步的代谢通路分析。通过对差异代谢物所在通路的综合分析（包括富集分析和拓扑分析），可以对通路进行进一步的筛选，找到与代谢物差异相关性最高的关键通路（Xia

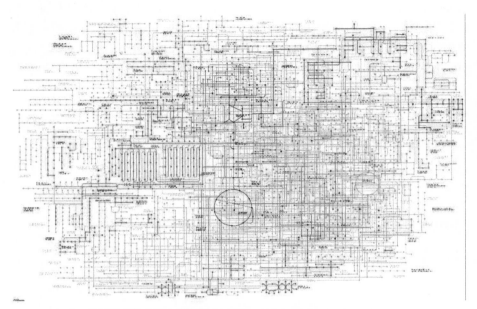

图 15-12　差异代谢物的 KEGG 通路图（CK1 与 ET2）

et al., 2015）。

通过差异代谢物对 KEGG、PubChem 等权威代谢物数据库进行映射，获得代谢物映射表（表 15-7）。

表 15-7　代谢物映射表示例（前 3 行）

Query	Match	HMDB	PubChem	KEGG	Comment
C17715	Undecanoic acid	HMDB0000947	8180	C17715	1
C00296	NA	NA	NA	NA	0
C00047	L-Lysine	HMDB0000182	5962	C00047	1

注：Query—用于代谢物映射的条目，可能为代谢物名称，代谢物的 HMDB ID 或代谢物的 KEGG Compound ID；Match—在数据库中匹配到 Query 的代谢物名称；HMDB—在数据库中匹配到 Query 的 HMDB ID；PubChem—在数据库中匹配到 Query 的 PubChem ID；KEGG—在数据库中匹配到 Query 的 KEGG Compound ID；Comment—匹配情况说明，0 表示无匹配，1 表示精确匹配，2 表示模糊匹配。

在取得差异代谢物的匹配信息后，对对应物种 *Arabidopsis thaliana* （Thale Cress）的通路数据库进行搜索和代谢通路分析。代谢通路分析的示例见表 15-8 和图 15-13。

表 15-8 代谢通路分析表示例（前 3 行）

Pathway	Total	Hits	Raw p	−ln（p）	Holm adjust	FDR	Impact	Hits Cpd
SμLfur metabolism	12	2	0.042052	3.1688	1	1	0.13333	SμLfate cpd：C00059；L-Cysteine cpd：C00097
Polyketide sugar unit Biosynthesis	3	1	0.081591	2.506	1	1	0	dTDP-D-glucose cpd：C00842
Aminoacyl-tRNA biosynthesis	67	4	0.11269	2.1831	1	1	0	L-Cysteine cpd：C00097；L-Lysine cpd：C00047；L-Tyrosine cpd：C00082；L-Proline cpd：C00148

注：Pathway—代谢通路名称；Total—该通路中所有代谢物的个数；Hits—差异代谢物命中该通路的个数；Raw p—富集分析得到的 P 值；−ln（p）—P 值取负自然对数；Holm adjust—经 Holm-Bonferroni 方法进行多重假设检验校正后的 P 值；FDR—经错误发现率（False Discovery Rate，FDR）方法进行多重假设检验校正后的 P 值；Impact—拓扑分析得到的影响因子。Hits Cpd—命中该条通路的差异代谢的名称及其 KEGG ID；Total Cpd—该条通路包含的全部代谢物质的名称及其 KEGG ID。

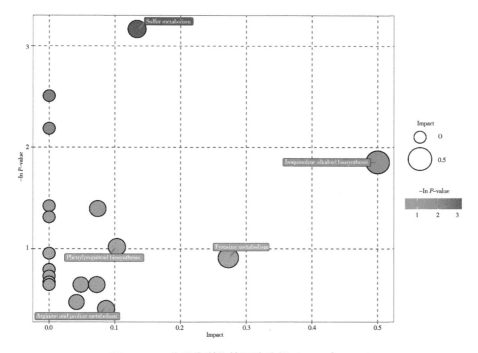

图 15-13 差异代谢物的通路分析（CK1 与 ET2）

　　代谢通路分析的结果以气泡图进行展示。气泡图中每一个气泡代表一个代谢通路，气泡所在横坐标和气泡大小表示该通路在拓扑分析中的影响因子大小，大小越大影响因子越大；气泡所在纵坐标和气泡颜色表示富集分析的 P 值（取负自然对数，即 $-\ln(P)$），颜色越深 P 值越小，富集程度越显著。

　　代谢通路分析的结果以矩形树图（Treemap Plot）展示（图15-14）。

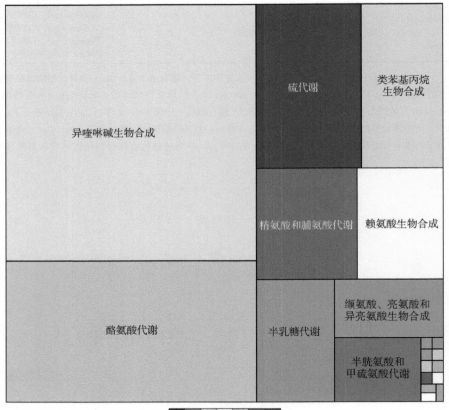

图15-14　差异代谢物的通路分析（CK1 与 ET2）

　　代谢通路分析的结果以矩形树图进行展示。矩形树图中每一个方块代表一个代谢通路，方块大小表示该通路在拓扑分析中的影响因子大小，大小越大影响因子越大；方块颜色表示富集分析的 P 值（取负自然对数，即

$-\ln P$），颜色越深 P 值越小，富集程度越显著。

（七）差异代谢物的调控网络分析

在生物化学领域，代谢通路是指细胞中代谢物质在酶的作用下转化为新的代谢物质过程中所发生的一系列生物化学反应。而代谢网络则是指由代谢反应以及调节这些反应的调控机制所组成的描述细胞内代谢和生理过程的网络。

在取得每组对比差异代谢物的匹配信息后，我们对对应物种 *Hevea brasiliensis*（Rubber Tree）的 KEGG 数据库进行通路搜索和调控互作网络分析（Picart-Armada et al., 2018）。

调控分析的结果以网络图（Network Plot）展示（图 15-15）。

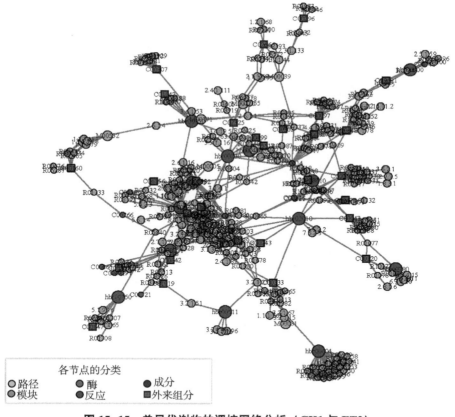

图 15-15　差异代谢物的调控网络分析（CK1 与 ET2）

参考文献

安志武，付岩，2017. 基于质谱的蛋白质修饰定位算法［J］. 生命的化学，37（1）：104-112.

蔡甫格，王立丰，史敏晶，等，2011. 一种测定巴西橡胶树胶乳中过氧化氢含量及其在胶乳各组分中分布的方法研究［J］. 热带作物学报，32（5）：891-894.

蔡磊，校现周，蔡世英，1999. 乙烯利与橡胶树排胶及死皮关系［J］. 云南热作科技，22（4）：20-23.

曹建华，蒋菊生，杨怀，等，2008. 不同割制对橡胶树胶乳矿质养分流失的影响［J］. 生态学报，28（6）：2563-2570.

陈春柳，闫洁，邓治，等，2010. 橡胶树死皮橡胶粒子膜蛋白差异分析与初步鉴定［J］. 中国农学通报，26（5）：304-308.

陈峰，李洁，张贵友，等，2001. 酵母单杂交的原理与应用实例［J］. 生物工程进展，21（4）：57-62.

陈华峰，樊松乐，王立丰，2021. 巴西橡胶树赤霉素信号转导途径HbRGA1 结构和功能分析［J］. 植物研究，41（4）：531-539.

陈君兴，周垦荣，蔡儒学，等，2012. 浅谈橡胶树不同割制的割面规划［J］. 热带农业科学，32（4）：17-21.

陈俊，王宗阳，2002. 植物 MYB 类转录因子研究进展［J］. 植物生理与分子生物学学报，28（2）：81-88.

陈清，汤浩茹，董晓莉，等，2009. 植物 Myb 转录因子的研究进展［J］. 基因组学与应用生物学，28（2）：365-372.

程占超，陈亚娟，张杰伟，等，2013. 木质部特异表达杨树 PtoMYB148转录因子克隆与分析［J］. 生物技术通报（11）：69-74.

邓军，曹建华，林位夫，等，2008. 橡胶树死皮研究进展［J］. 中国农学通报，27（6）：456-461.

邓治，王翔，李德军，2012. 巴西橡胶树中谷胱甘肽及其合成代谢途径关键酶活性的研究[J]. 热带农业科学，32（12）：50-54.

杜玉梅，左正宏，2008. 基因功能研究方法的新进展[J]. 生命科学，20（4）：589-592.

樊锦涛，蒋琛茜，邢继红，等，2014. 拟南芥 R2R3-MYB 家族第 22 亚族的结构与功能[J]. 遗传，36（10）：985-994.

范思伟，杨少琼，1984. 橡胶树死皮的病因和有关死皮的假说[J]. 热带作物研究（4）：43-48.

范思伟，杨少琼，1986. 乙烯利在橡胶树中的刺激增产机理及其副作用[J]. 热带作物研究（1）：12-19.

高和琼，庄南生，王英，等，2012. 巴西橡胶树 HbMyb1 基因的原位 PCR 物理定位[J]. 热带亚热带植物学报，20（4）：365-368.

高璇，刘进平，于莉，等，2019. 橡胶草 APX 基因家族的全基因组鉴定及表达分析[J]. 西北植物学报，39（11）：1935-1942.

郝秉中，吴继林，2007. 橡胶树死皮研究进展：树干韧皮部坏死病[J]. 热带农业科学，27（2）：47-51.

胡义钰，冯成天，刘辉，等，2019. 海藻酸钠/壳聚糖基橡胶树死皮康复营养剂微胶囊的制备工艺优化[J]. 热带作物学报，40（7）：1379-1386.

黄贵修，吴坤鑫，陈守才，2002. 利用 mRNA 差别显示技术分离橡胶树死皮病相关 cDNA[J]. 热带作物学报，23（3）：36-42.

黄娟，安锋，庄海燕，等，2011. 橡胶树水通道蛋白基因 HbPIP1；2 和 HbPIP2；2 的克隆及序列分析[J]. 西北林学院学报，26（6）：56-61，113.

黄亚成，秦云霞，2012. 植物中活性氧的研究进展[J]. 中国农学通报，28（36）：219-226.

黄亚成，秦云霞，刘林娅，等，2013. 橡胶树 HbRAN1 基因的克隆与表达分析[J]. 热带作物学报，34（7）：1257-1263.

蒋桂芝，苏海鹏，2014. 橡胶树死皮病病因的思考和实践[J]. 热带农业科技，37（1）：1-5.

孔广红，郭建春，刘姣，等，2019. 耐寒和非耐寒橡胶树幼苗叶片抗氧化及抗坏血酸-谷胱甘肽循环对低温胁迫的反应差异[J]. 西南农业学报，32（1）：87-92.

雷娟，魏刚，朱玉贤，2005. 拟南芥 TCP 家族转录因子 At2g31070 的转录激活活性鉴定与表达谱分析[J]. 分子植物育种，3（1）：31-35.

李博勋，时涛，林春花，等，2014. 橡胶树抗病相关基因 *HbNPR1* 的克隆及其表达分析[J]. 热带作物学报，35（6）：1076-1083.

李德军，覃碧，邓治，2012. 利用巴西橡胶树寡核苷酸芯片筛选死皮相关基因[J]. 植物生理学报，48（9）：901-908.

刘红亮，郑丽明，刘青青，等，2013. 非模式生物转录组研究[J]. 遗传，35（8）：955-970.

刘强，张贵友，陈受宜，2000. 植物转录因子的结构与调控作用[J]. 科学通报，45（14）：1465-1474.

刘永明，张玲，周建瑜，等，2015. 植物细胞核雄性不育相关 bHLH 转录因子研究进展[J]. 遗传，37（12）：1194-1203.

柳金伟，焦娇，张洪滨，等，2012. 转 AtMYB44 基因小麦的获得和检测[J]. 鲁东大学学报（自然科学版），28（2）：150-154.

陆行正，何向东，1982. 橡胶树的营养诊断指导施肥[J]. 热带作物学报，3（1）：27-39.

罗红丽，闫志烨，2011. 巴西橡胶树抗坏血酸过氧化酶基因 *HbAPX* 的克隆及其对水杨酸的应答[J]. 热带生物学报，2（3）：197-203.

马瑞丰，王立丰，彭世清，等，2010. 巴西橡胶树乳管细胞 *HbSKP1* 基因克隆及原核表达[J]. 热带作物学报，31（8）：1233-1238.

马勇，张红霞，图雅，等，2017. 植物果实发育成熟相关转录因子的研究进展[J]. 基因组学与应用生物学，36（11）：4836-4846.

彭世清，傅湘辉，吴坤鑫，等，2003. 巴西橡胶树死皮病相关基因 *HbMyb1* 的结构分析及表达[J]. 植物生理与分子生物学学报，29（2）：147-152.

戚继艳，周斌辉，曹冰，等，2013. *HbNIN2* 基因在巴西橡胶树嫩皮和中脉中的 RNA 原位杂交分析[J]. 热带作物学报，34（10）：1914-1918.

漆艳香，张欣，蒲金基，等，2010. 巴西橡胶树棒孢霉落叶病菌 Slt2 类 MAPK 同源基因 CMP1 的克隆与序列分析[J]. 热带作物学报，31（11）：1951-1958.

覃碧，刘向红，邓治，等，2012. 利用 oligo 芯片技术鉴定橡胶树死皮相关基因[J]. 热带作物学报，33（2）：296-301.

田维敏，2014. 橡胶树树皮结构与发育[J]. 北京：科学出版社.

王艳红，肖莹，郑舒扬，等，2015. 白粉菌诱导的小麦品种 Brock 的差异表达基因解析[J]. 天津师范大学学报（自然科学版），35（2）：71-76.

王艺航，康桂娟，黎瑜，等，2018. 巴西橡胶树橡胶生物合成关键基因 *REF*，*SRPP*，*HRT1* 和 *HRT2* 的表达分析[J]. 基因组学与应用生物学，37（9）：3933-3943.

韦永选，邓治，刘长仁，等，2016. 采用酵母双杂交系统筛选橡胶树 HbTCTP1 互作蛋白[J]. 基因组学与应用生物学，35（12）：3538-3544.

吴继林，谭海燕，田维敏，等，1997. 外施脱落酸和赤霉素对海南岛落叶树木韧皮部的作用[J]. 热带作物学报，18（2）：1-9.

徐冬冬，刘德培，吕湘，等，2001. 固相 DNase I 足迹法研究 DNA-蛋白质相互作用[J]. 生物化学与生物物理进展，28（4）：587-590.

许闻献，魏小弟，校现周，等，1995. 刺激割胶制度对橡胶树死皮病发生的生理效应[J]. 热带作物学报，16（2）：9-14.

闫洁，陈守才，2008. 橡胶树死皮病黄色体差异表达蛋白的初步分析[J]. 北方园艺（7）：58-62.

闫洁，陈守才，夏志辉，2008. 橡胶树死皮病胶乳 C-乳清差异表达蛋白质的筛选与鉴定[J]. 中国生物工程杂志，28（6）：28-36.

杨光涌，郑菲，王英，等，2018. 巴西橡胶树 NAC 基因家族 5 个成员的荧光原位杂交物理定位[J]. 分子植物育种，16（2）：512-517.

杨署光，杨秀光，史敏晶，等，2021. 橡胶树橡胶生物合成调控相关基因表达丰度比较[J]. 广西植物，41（4）：640-653.

杨秀霞，王殿铭，吕晓东，2019. 国内外合成橡胶市场现状及发展前景探析[J]. 当代石油石化，27（5）：13-20.

于俊红，黄绵佳，田维敏，2007. 巴西橡胶树橡胶生物合成调控的研究进展[J]. 安徽农学通报，13（12）：38-40，153.

喻时举，林位夫，2008. 橡胶树死皮发生机理研究现状及展望[J]. 安徽农业科学，36（17）：7299-7300，7487.

袁坤，王真辉，周雪梅，等，2014a. iTRAQ 结合 2D LC-MS/MS 技术鉴定健康和死皮橡胶树胶乳差异表达蛋白[J]. 江西农业大学学报，36（3）：650-655.

袁坤，周雪梅，李建辉，等，2011. 死皮防治剂对死皮橡胶树胶乳生理的影响[J]. 湖北农业科学，50（17）：3570-3572.

袁坤，周雪梅，王真辉，等，2014b. 橡胶树胶乳橡胶粒子死皮相关蛋白的鉴定及分析[J]. 南京林业大学学报（自然科学版），38（1）：36-40.

张福城，陈守才，2006. 巴西橡胶树天然橡胶生物合成中关键酶及相关基因研究进展[J]. 热带农业科学，26（1）：42-46，74.

张计育，渠慎春，郭忠仁，等，2011. 植物 bZIP 转录因子的生物学功能[J]. 西北植物学报，31（5）：1066-1075.

张云霞，陈守才，邓治，2006. 橡胶树死皮病研究进展[J]. 热带农业科学，26（5）：56-61.

钟贵买，伍林涛，王健美，等，2012. 转录因子 AtWRKY28 亚细胞定位及在非生物胁迫下的表达分析[J]. 中国农业科技导报，14（5）：57-63.

周斌辉，秦云霞，周率，等，2013. 巴西橡胶树 HbSUT3 和 HbSUT5 mRNA 在嫩茎和中脉中的原位杂交分析[J]. 热带亚热带植物学报，21（3）：247-252.

周敏，胡义钰，李芹，等，2019. 死皮康复营养剂对橡胶树死皮的应用效果[J]. 热带农业科学，39（2）：56-60.

庄海燕，安锋，何哲，等，2010a. 巴西橡胶树水通道蛋白基因 cDNA 的克隆及序列分析[J]. 西北植物学报，30（5）：861-868.

庄海燕，安锋，张硕新，等，2010b. 乙烯利刺激橡胶树增产机制研究进展[J]. 林业科学，46（4）：120-125.

邹保红，2013. 染色质修饰基因 HUB1 和 CHR5 及转录因子 MYB44 在拟南芥防卫反应中的功能研究[D]. 南京：南京农业大学.

ABE H, URAO T, ITO T, et al., 2003. Arabidopsis AtMYC2（bHLH）and AtMYB2（MYB）function as transcriptional activators in abscisic acid signaling[J]. *Plant Cell*, 15（1）：63-78.

AHMAD P, RASOOL S, GUL A, et al., 2016. Jasmonates：Multifunctional roles in stress tolerance[J]. *Front Plant Sci*, 7：813.

AMALOU Z, BANGRATZ J, CHRESTIN H, 1992a. Ethrel（ethylene releaser）-induced increases in the adenylate pool and transtonoplast deltapH within hevea latex cells[J]. *Plant Physiol*, 98（4）：1270-1276.

AMALOU Z, GIBRAT R, BRUGIDOU C, et al., 1992b. Evidence for an amiloride-inhibited Mg/2H antiporter in lutoid (vacuolar) vesicles from latex of *Hevea brasiliensis*[J]. *Plant Physiol*, 100 (1): 255-260.

AMALOU Z, GIBRAT R, TROUSLOT P, et al., 1994. Solubilization and reconstitution of the $Mg^{2+}/2H^+$ antiporter of the lutoid tonoplast from *Hevea brasiliensis* Latex[J]. *Plant Physiol*, 106 (1): 79-85.

AMBAWAT S, SHARMA P, YADAV NR, et al., 2013. MYB transcription factor genes as regulators for plant responses: an overview[J]. *Physiol Mol Biol Plants*, 19 (3): 307-321.

APPIANO M, CATALANO D, SANTILLAN MARTINEZ M, et al., 2015a. Monocot and dicot MLO powdery mildew susceptibility factors are functionally conserved in spite of the evolution of class-specific molecular features [J]. *BMC Plant Biol*, 15: 257.

APPIANO M, PAVAN S, CATALANO D, et al., 2015b. Identification of candidate MLO powdery mildew susceptibility genes in cultivated Solanaceae and functional characterization of tobacco NtMLO1[J]. *Transgenic Res*, 24 (5): 847-858.

ARCHER B, AYREY G, COCKBAIN E, et al., 1961. Incorporation of [I-14C]-isopentenyl pyrophosphate into polyisoprene[J]. *Nature*, 189: 663-664.

ARCHER BL, 1960. The proteins of *Hevea brasiliensis* latex. 4. isolation and characterization of crystalline hevein[J]. *Biochem J*, 75: 236-240.

ARCHER BL, AUDLEY BG, COCKBAIN EG, et al., 1963. The biosynthesis of rubber. Incorporation of mevalonate and isopentenyl pyrophosphate into rubber by *Hevea brasiliensis*-latex fractions[J]. *Biochemical Journal*, 89 (3): 565-574.

ARCHER BL, COCKBAIN EG, 1955. The proteins of *Hevea brasiliensis* latex. 2. Isolation of the alpha-globulin of fresh latex serum[J]. *Biochem J*, 61 (3): 508-512.

ARCHER BL, SEKHAR BC, 1955. The proteins of *Hevea brasiliensis* latex. I. protein constituents of fresh latex serum[J]. *Biochem J*, 61 (3): 503-508.

ASAWATRERATANAKUL K, ZHANG YW, WITITSUWANNAKUL D, et

al., 2003. Molecular cloning, expression and characterization of cDNA encoding cis-prenyltransferases from Hevea brasiliensis. A key factor participating in natural rubber biosynthesis[J]. *Eur J Biochem*, 270 (23): 4671-4680.

AWATA LAO, BEYENE Y, GOWDA M, et al., 2019. Genetic analysis of QTL for resistance to maize lethal necrosis in multiple mapping populations [J]. *Genes (Basel)*, 11 (1).

AYALA K, EYAL G, BROOKS DG, et al., 2010. Mitochondria-derived reactive oxygen species mediate blue light-induced death of retinal pigment epithelial cells[J]. *Photochemistry & Photobiology*, 79 (5): 470-475.

AYUTTHAYA SIN, DO FC, 2014. Rubber trees affected by necrotic tapping panel dryness exhibit poor transpiration regulation under atmospheric drought[J]. *Advanced Materials Research*, 844: 3-6.

BALOGLU MC, ELDEM V, HAJYZADEH M, et al., 2014. Genome-wide analysis of the bZIP transcription factors in cucumber[J]. *PLoS One*, 9 (4): e96014.

BALTES NJ, VOYTAS DF, 2015. Enabling plant synthetic biology through genome engineering[J]. *Trends Biotechnol*, 33 (2): 120-131.

BANDURSKI RS, TEAS HJ, 1957. Rubber biosynthesis in latex of *Hevea brasiliensis*[J]. *Plant Physiol*, 32 (6): 643-648.

BAXTER A, MITTLER R, SUZUKI N, 2014. ROS as key players in plant stress signalling[J]. *J Exp Bot*, 65 (5): 1229-1240.

BENEDICT CR, ROSENFIELD CL, GOSS R, et al., 2012. The enzymatic incorporation of isopentenyl pyrophosphate into polyisoprene in rubber particles from parthenium argentatum gray[J]. *Industrial Crops and Products*, 35 (1): 172-177.

BERTHELOT K, LECOMTE S, ESTEVEZ Y, et al., 2014a. Homologous *Hevea brasiliensis* REF (Hevb1) and SRPP (Hevb3) present different auto-assembling[J]. *Biochim Biophys Acta*, 1844 (2): 473-485.

BERTHELOT K, LECOMTE S, ESTEVEZ Y, et al., 2014b. *Hevea brasiliensis* REF (Hevb 1) and SRPP (Hev b 3): An overview on rubber particle proteins[J]. *Biochimie*, 106: 1-9.

BLOKHINA O, VIROLAINEN E, FAGERSTEDT KV, 2003. Antioxidants, oxidative damage and oxygen deprivation stress: A review[J]. *Ann Bot*, 91: 179-194.

BROWN D, FEENEY M, AHMADI M, et al., 2017. Subcellular localization and interactions among rubber particle proteins from *Hevea brasiliensis*[J]. *J Exp Bot*, 68 (18): 5045-5055.

BROWN K, HAVEL CM, WATSON JA, 1983. Isoprene synthesis in isolated embryonic Drosophila cells. II. Regulation of 3-hydroxy-3-methyl-glutaryl coenzyme a reductase activity[J]. *J Biol Chem*, 258 (13): 8512-8518.

CAI FG, WANG LF, SHI M-J, et al., 2011. An improved technique for determination of hydrogen peroxide in latex and its three fractions in rubber tree (*Hevea brasiliensis* Muell. Arg.) [J]. *Chinese Journal of Tropical Crops*, 32 (5): 891-894.

CAI H, TIAN S, DONG H, 2012. Large scale *in silico* identification of *MYB* family genes from wheat expressed sequence tags[J]. *Mol Biotechnol*, 52 (2): 184-192.

CARLA DS, TATIANA C, ERIVALDO SJ, et al., 2011. Construction and analysis of a leaf cDNA library from cold stressed rubber tree clones[J]. *BMC Proceedings*, 5 (Suppl 7): 24.

CEDRONI ML, CRONN RC, ADAMS KL, et al., 2003. Evolution and expression of MYB genes in diploid and polyploid cotton[J]. *Plant Mol Biol*, 51 (3): 313-325.

CHANG-DENG H, K. KERPPOLA T, 2003. Simultaneous visualization of multiple protein interactions in living cells using multicolor fluorescence complementation analysis[J]. *Nature Biotechnology*, 21 (5): 539.

CHANTUMA P, LACOINTE A, KASEMSAP P, et al., 2009. Carbohydrate storage in wood and bark of rubber trees submitted to different level of C demand induced by latex tapping[J]. *Tree Physiol*, 29 (8): 1021-1031.

CHANWUN T, MUHAMAD N, CHIRAPONGSATONKUL N, et al., 2013. Hevea brasiliensis cell suspension peroxidase: Purification, characterization and application for dye decolorization[J]. *AMB Express*, 3 (1): 14.

CHAO J, YANG S, CHEN Y, et al., 2016. Evaluation of Reference Genes for Quantitative Real-Time PCR Analysis of the Gene Expression in Laticifers on the Basis of Latex Flow in Rubber Tree (*Hevea brasiliensis* Muell. Arg.) [J]. *Front Plant Sci*, 7: 1149.

CHAO J, ZHAO Y, JIN J, et al., 2019. Genome-Wide Identification and Characterization of the JAZ Gene Family in Rubber Tree (*Hevea brasiliensis*) [J]. *Front Genet*, 10: 372.

CHEN C, CHEN H, ZHANG Y, et al., 2020. TBtools: An integrative toolkit developed for interactive analyses of big biological data[J]. *Molecular Plant*, 13 (8): 1194-1202.

CHEN S, PENG S, HUANG G, et al., 2003. Association of decreased expression of a Myb transcription factor with the TPD (tapping panel dryness) syndrome in *Hevea brasiliensis*[J]. *Plant Mol Biol*, 51 (1): 51-58.

CHEN W, PROVART NJ, GLAZEBROOK J, et al., 2002. Expression profile matrix of Arabidopsis transcription factor genes suggests their putative functions in response to environmental stresses[J]. *Plant Cell*, 14 (3): 559-574.

CHEN X, BAO H, GUO J, et al., 2014. Na (+) /H (+) exchanger 1 participates in tobacco disease defence against Phytophthora parasitica var. nicotianae by affecting vacuolar pH and priming the antioxidative system[J]. *J Exp Bot*, 65 (20): 6107-6122.

CHEN YY, WANG LF, DAI LJ, et al., 2012. Characterization of HbEREBP1, a wound-responsive transcription factor gene in laticifers of Hevea brasiliensis Muell. Arg[J]. *Mol Biol Rep*, 39 (4): 3713-3719.

CHEN Z, HARTMANN HA, WU MJ, et al., 2006. Expression analysis of the AtMLO gene family encoding plant-specific seven-transmembrane domain proteins[J]. *Plant Mol Biol*, 60 (4): 583-597.

CHENG H, CHEN X, FANG J, et al., 2018. Comparative transcriptome analysis reveals an early gene expression profile that contributes to cold resistance in *Hevea brasiliensis* (the Para rubber tree) [J]. *Tree Physiol*, 38 (9): 1409-1423.

CHENG H, LIANG Q, CHEN X, et al., 2019. Hydrogen peroxide facilitates

Arabidopsis seedling establishment by interacting with light signalling pathway in the dark[J]. *Plant Cell Environ*, 42 (4): 1302–1317.

CHINI A, BOTER M, SOLANO R, 2009. Plant oxylipins: COI1/JAZs/MYC2 as the core jasmonic acid – signalling module[J]. *FEBS J*, 276 (17): 4682–4692.

CHO JI, RYOO N, EOM JS, et al., 2009. Role of the rice hexokinases OsHXK5 and OsHXK6 as glucose sensors[J]. *Plant Physiol*, 149 (2): 745–759.

CHOU CM, KAO CH, 1992. Methyl jasmonate, calcium, and leaf senescence in rice[J]. *Plant Physiol*, 99 (4): 1693–1694.

CHOW KS, MAT–ISA MN, BAHARI A, et al., 2012. Metabolic routes affecting rubber biosynthesis in *Hevea brasiliensis* latex[J]. *Journal of Experimental Botany*, 63 (5): 1863–1871.

CHOW KS, WAN KL, ISA MN, et al., 2007. Insights into rubber biosynthesis from transcriptome analysis of *Hevea brasiliensis* latex[J]. *J Exp Bot*, 58 (10): 2429–2440.

CHRESTIN H, SOOKMARK U, TROUSLOT P, et al., 2004. Rubber tree (*Hevea brasiliensis*) bark necrosis syndrome III: A physiological disease linked to impaired cyanide metabolism[J]. *Plant Dis*, 88 (9): 1047.

CIFARELLI RA, D'ONOFRIO O, GRILLO R, et al., 2013. Development of a new wheat microarray from a durum wheat totipotent cDNA library used for a powdery mildew resistance study[J]. *Cell Mol Biol Lett*, 18 (2): 231–248.

CIPAK A, JAGANJAC M, TEHLIVETS O, et al., 2008. Adaptation to oxidative stress induced by polyunsaturated fatty acids in yeast[J]. *Biochim Biophys Acta*, 1781 (6–7): 283–287.

COMINELLI E, GALBIATI M, VAVASSEUR A, et al., 2005. A guard – cell–specific MYB transcription factor regulates stomatal movements and plant droughttolerance[J]. *Curr Biol*, 15 (13): 1196–1200.

CORNISH K, 1993. The separate roles of plant cis and trans prenyl transferases in cis–1,4–polyisoprene biosynthesis[J]. *Eur J Biochem*, 218 (1): 267–271.

CORNISH K, 2001. Similarities and differences in rubber biochemistry among plant species[J]. *Phytochemistry*, 57 (7): 1123-1134.

CORNISH K, SCOTT DJ, XIE W, et al., 2018. Unusual subunits are directly involved in binding substrates for natural rubber biosynthesis in multiple plant species[J]. *Phytochemistry*, 156: 55-72.

CORREA LG, RIANO-PACHON DM, SCHRAGO CG, et al., 2008. The role of bZIP transcription factors in green plant evolution: Adaptive features emerging from four founder genes[J]. *PLoS One*, 3 (8): e2944.

COSIO C, DUNAND C, 2009. Specific functions of individual class Ⅲ peroxidase genes[J]. *J Exp Bot*, 60 (2): 391-408.

CRISTEL C, NATACHA BE, LORETTE A, et al., 2002. Regulation of *Arabidopsis thaliana Em* genes: Role of ABI5[J]. *Plant Journal for Cell*, 30 (3): 373-383.

CUI P, LIU H, ISLAM F, et al., 2016. OsPEX11, a peroxisomal biogenesis factor 11, contributes to salt stress tolerance in *Oryza sativa* [J]. *Front Plant Sci*, 7: 1357.

CUNILLERA N, BORONAT A, FERRER A, 2000. Spatial and temporal patterns of GUS expression directed by 5′ regions of the *Arabidopsis thaliana* farnesyl diphosphate synthase genes *FPS*1 and *FPS*2[J]. *Plant Mol Biol*, 44 (6): 747-758.

DAHL JA, COLLAS P, 2008. A rapid micro chromatin immunoprecipitation assay (microChIP) [J]. *Nature Protocols*, 3 (6): 1032-1045.

DAI L, KANG G, LI Y, et al., 2013. In-depth proteome analysis of the rubber particle of *Hevea brasiliensis* (para rubber tree) [J]. *Plant Mol Biol*, 82 (1-2): 155-168.

DAI L, NIE Z, KANG G, et al., 2017. Identification and subcellular localization analysis of two rubber elongation factor isoforms on *Hevea brasiliensis* rubber particles[J]. *Plant Physiol Biochem*, 111: 97-106.

DAS PM, RAMACHANDRAN K, VANWERT J, et al., 2004. Chromatin immunoprecipitation assay[J]. *Biotechniques*, 37 (6): 961-969.

DAUTT-CASTRO M, OCHOA-LEYVA A, CONTRERAS-VERGARA CA, et al., 2018. Mesocarp RNA-Seq analysis of mango (*Mangifera indica* L.) identify quarantine postharvest treatment effects on gene expression [J]. *Scientia Horticulturae*, 227: 146-153.

DE FAŸ E, 1988. Ethylene stimulation of hevea bark dryness and brown bast [J]. *Journal of Natural Rubber Research*, 3 (4): 201-209.

DE FAŸ E, 2011. Histo-and cytopathology of trunk phloem necrosis, a form of rubber tree (*Hevea brasiliensis* Müll. Arg.) tapping panel dryness[J]. *Australian Journal of Botany*, 59 (6): 563-574.

DE LOS REYES BG, MORSY M, GIBBONS J, et al., 2003. A snapshot of the low temperature stress transcriptome of developing rice seedlings (*Oryza sativa* L.) via ESTs from subtracted cDNA library[J]. *Theor Appl Genet*, 107 (6): 1071-1082.

DEVAIAH BN, MADHUVANTHI R, KARTHIKEYAN AS, et al., 2009. Phosphate starvation responses and gibberellic acid biosynthesis are regulated by the *MYB*62 transcription factor in *Arabidopsis*[J]. *Mol Plant*, 2 (1): 43-58.

DRAY E, SIAUD N, DUBOIS E, et al., 2006. Interaction between Arabidopsis Brca2 and its partners Rad51, Dmc1, and Dss1[J]. *Plant Physiol*, 140 (3): 1059-1069.

DUAN C, ARGOUT X, GEBELIN V, et al., 2013. Identification of the *Hevea brasiliensis* AP2/ERF superfamily by RNA sequencing[J]. *BMC Genomics*, 14: 30.

DUAN C, RIO M, LECLERCQ J, et al., 2010. Geneexpression pattern in response to wounding, methyl jasmonate and ethylene in the bark of *Hevea brasiliensis*[J]. *Tree Physiol*, 30 (10): 1349-1359.

DUBOS C, LE GOURRIEREC J, BAUDRY A, et al., 2008. MYBL2 is a new regulator of flavonoid biosynthesis in *Arabidopsis thaliana*[J]. *Plant J*, 55 (6): 940-953.

DUBOS C, STRACKE R, GROTEWOLD E, et al., 2010. MYB transcription factors in *Arabidopsis*[J]. *Trends Plant Sci*, 15 (10): 573-581.

DUNN WB, BROADHURST D, BEGLEY P, et al., 2011. Procedures for large-scale metabolic profiling of serum and plasma using gas chromatography and liquid chromatography coupled to mass spectrometry[J]. *Nat Protoc*, 6 (7): 1060-1083.

DUSOTOIT-COUCAUD A, BRUNEL N, KONGSAWADWORAKUL P, et al., 2009. Sucrose importation into laticifers of *Hevea brasiliensis*, in relation to ethylene stimulation of latex production[J]. *Ann Bot*, 104 (4): 635-647.

DUSOTOIT-COUCAUD A, KONGSAWADWORAKUL P, MAUROUSSET L, et al., 2010a. Ethylene stimulation of latex yield depends on the expression of a sucrose transporter (HbSUT1B) in rubber tree (*Hevea brasiliensis*) [J]. *Tree Physiol*, 30 (12): 1586-1598.

DUSOTOIT-COUCAUD A, PORCHERON B, BRUNEL N, et al., 2010b. Cloning and characterization of a new polyol transporter (HbPLT2) in *Hevea brasiliensis*[J]. *Plant Cell Physiol*, 51 (11): 1878-1888.

ECKARDT NA, 2006. Programmed cell death in plants: A role for mitochondrial-associated hexokinases[J]. *The Plant Cell*, 18: 2097-2099.

EISENSTEIN M, 2012. Oxford Nanopore announcement sets sequencing sector abuzz[J]. *Nat Biotechnol*, 30 (4): 295-296.

EPPING J, VAN DEENEN N, NIEPHAUS E, et al., 2015. A rubber transferase activator is necessary for natural rubber biosynthesis in dandelion[J]. *Nature Plants*, 1 (5): 15048.

FELDMANN KA, WIERZBICKI AM, REITER RS, et al., 1991. T-DNA Insertion Mutagenesis in *Arabidopsis*: A Procedure for Unravelling Plant Development[M]. *Spriger US*.

FIELDS S, SONG O, 1989. A novel genetic system to detect protein-protein interactions[J]. *Nature*, 340 (6230): 245-246.

FREEMAN S, KATAN T, 1997. Identification of colletotrichum species responsiblefor anthracnose and root necrosis of strawberry in Israel[J]. *Phytopathology*, 87 (5): 516-521.

FREY-WYSSLING A, 1932. The dilution reaction and movement of latex during tapping of *Hevea* [J]. *Arch Rubbercull Nederlandsch Indie*, 16 (3): 241-284.

FUJITA Y, NAKASHIMA K, YOSHIDA T, et al., 2009. Three SnRK2 protein kinases are the main positive regulators of abscisic acid signaling in response to water stress in *Arabidopsis*[J]. *Plant Cell Physiol*, 50 (12): 2123-2132.

FUJITA Y, YOSHIDA T, YAMAGUCHI-SHINOZAKI K, 2013. Pivotal role of the AREB/ABF-SnRK2 pathway in ABRE-mediated transcription in response to osmotic stress in plants[J]. *Physiol Plant*, 147（1）：15-27.

GALAS DJ, SCHMITZ A, 1978. DNAse footprinting：A simple method for the detection of protein-DNA binding specificity[J]. *Nucleic Acids Res*, 5（9）：3157-3170.

GALMES J, MEDRANO H, FLEXAS J, 2006. Acclimation of Rubisco specificity factor to drought in tobacco：Discrepancies between in vitro and in vivo estimations[J]. *J Exp Bot*, 57（14）：3659-3667.

GAMPALA SS, FINKELSTEIN RR, SUN SS, et al., 2002. ABI5 interacts withabscisic acid signaling effectors in rice protoplasts[J]. *J Biol Chem*, 277（3）：1689-1694.

GAN S, AMASINO RM, 1997. Making sense of senescence（molecular genetic regulation and manipulation of leaf senescence）[J]. *Plant Physiol*, 113（2）：313-319.

GEBELIN V, ARGOUT X, ENGCHUAN W, et al., 2012. Identification of novel microRNAs in *Hevea brasiliensis* and computational prediction of their targets[J]. *BMC Plant Biol*, 12：18.

GEBELIN V, LECLERCQ J, KUSWANHADI, et al., 2013. The small RNA profile in latex from *Hevea brasiliensis* trees is affected by tapping panel dryness[J]. *Tree Physiol*, 33（10）：1084-1098.

GIDROL X, CHRESTIN H, TAN HL, et al., 1994. Hevein, a lectin-like protein from *Hevea brasiliensis*（rubber tree）is involved in the coagulation of latex[J]. *J Biol Chem*, 269（12）：9278-9283.

GIRAUDAT J, PARCY F, BERTAUCHE N, et al., 1994. Current advances in abscisic acid action and signalling [J]. *Plant Mol Biol*, 26（5）：1557-1577.

GOODSON WH, LOWE L, CARPENTER DO, et al., 2015. Assessing the carcinogenic potential of low-dose exposures to chemical mixtures in the environment：the challenge ahead[J]. *Carcinogenesis*, 36（S）：254-296.

GREENBERG JT, 1996. Programmed cell death：A way of life for plants [J]. *Proc Natl Acad Sci U S A*, 93（22）：12094-12097.

GREENBERG JT, GUO A, KLESSIG DF, et al., 1994. Programmed cell death in plants：A pathogen-triggered response activated coordinately with multiple defense functions[J]. *Cell*, 77 (4): 551-563.

HA CV, LEYVA-GONZALEZ MA, OSAKABE Y, et al., 2014. Positive regulatory role of strigolactone in plant responses to drought and salt stress [J]. *Proc Natl Acad Sci USA*, 111 (2): 851-856.

HABIB MA, YUEN GC, OTHMAN F, et al., 2017. Proteomics analysis of latex from *Hevea brasiliensis* (clone RRIM 600) [J]. *Biochem Cell Biol*, 95 (2): 232-242.

HEINEKAMP T, KUHLMANN M, LENK A, et al., 2002. The tobacco bZIP transcription factor BZI-1 binds to G-box elements in the promoters of phenylpropanoid pathway genes in vitro, but it is not involved in their regulation in vivo[J]. *Mol Genet Genomics*, 267 (1): 16-26.

HEINEKAMP T, STRATHMANN A, KUHLMANN M, et al., 2004. The tobacco bZIP transcription factor BZI-1 binds the GH3 promoter in vivo and modulates auxin-induced transcription[J]. *Plant J*, 38 (2): 298-309.

HELLMAN LM, FRIED MG, 2007. Electrophoretic mobility shift assay (EMSA) for detecting protein-nucleic acid interactions[J]. *Nat Protoc*, 2 (8): 1849-1861.

HERMAN EM, 2008. Endoplasmic reticulum bodies: Solving the insoluble [J]. *Curr Opin Plant Biol*, 11 (6): 672-679.

HEYNDRICKX KS, VAN DE VELDE J, WANG C, et al., 2014. A functional and evolutionary perspective on transcription factor binding in *Arabidopsis thaliana*[J]. *Plant Cell*, 26 (10): 3894-3910.

HIENO A, NAZNIN HA, HYAKUMACHI M, et al., 2016. Possible involvement of MYB44-Mediated stomatal regulation in systemic resistance induced by *Penicillium simplicissimum* GP17-2 in *Arabidopsis*[J]. *Microbes Environ*, 31 (2): 154-159.

HIRAYAMA T, SHINOZAKI K, 2007. Perception and transduction of abscisic acid signals: Keys to the function of the versatile plant hormone ABA[J]. *Trends Plant Sci*, 12 (8): 343-351.

HONG H, XIAO H, YUAN H, et al., 2015. Cloning and characterisation of JAZ gene family in *Hevea brasiliensis*[J]. *Plant Biol* (*Stuttg*), 17 (3): 618-624.

HOSER R, ZURCZAK M, LICHOCKA M, et al., 2013. Nucleocytoplasmic partitioning of tobacco N receptor is modulated by SGT1[J]. *New Phytol*, 200 (1): 158-171.

HU W, HOU X, XIA Z, et al., 2016a. Genome-wide survey and expression analysis of the calcium-dependent protein kinase gene family in cassava[J]. *Mol Genet Genomics*, 291 (1): 241-253.

HU W, WANG L, TIE W, et al., 2016b. Genome-wide analyses of the bZIP family reveal their involvement in the development, ripening and abiotic stress response in banana[J]. *Sci Rep*, 6: 30203.

HURST HC, 1994. Transcription factors. 1: bZIP proteins[J]. *Protein Profile*, 1 (2): 123-168.

IKEDA M, MITSUDA N, ISHIZUKA T, et al., 2021. The CIB1 transcription factor regulates light-and heat-inducible cell elongation via a two-step HLH/bHLH system[J]. *J Exp Bot*, 72 (5): 1795-1808.

IMRAN QM, HUSSAIN A, MUN BG, et al., 2018. Transcriptome wide identification and characterization of NO-responsive WRKY transcription factors in *Arabidopsis thaliana* L[J]. *Environmental and Experimental Botany*, 148: 128-143.

ISARANGKOOL NA AYUTTHAYA S, DO FC, PANNANGPETCH K, et al., 2011. Water loss regulation in mature *Hevea brasiliensis*: Effects of intermittent drought in the rainy season and hydraulic regulation[J]. *Tree Physiol*, 31 (7): 751-762.

IZAWA T, FOSTER R, CHUA NH, 1993. Plant bZIP protein DNA binding specificity[J]. *J Mol Biol*, 230 (4): 1131-1144.

IZAWA T, FOSTER R, NAKAJIMA M, et al., 1994. The rice bZIP transcriptional activator RITA-1 is highly expressed during seed development [J]. *Plant Cell*, 6 (9): 1277-1287.

JACOB JL, D'AUZAC J, PREVOT JC, 1993. The composition of natural latex from *Hevea brasiliensis*[J]. *Clin Rev Allergy*, 11 (3): 325-337.

JAKOBY M, WEISSHAAR B, DROGE-LASER W, et al., 2002. bZIP transcription factors in Arabidopsis[J]. *Trends Plant Sci*, 7 (3): 106-111.

JARADAT MR, FEURTADO JA, HUANG D, et al., 2013. Multiple roles of the transcription factor AtMYBR1/AtMYB44 in ABA signaling, stress responses, and leaf senescence[J]. *BMC Plant Biol*, 13: 192.

JOHNSON WE, LI W, MEYER CA, et al., 2006. Model-based analysis of tiling-arrays for ChIP-chip[J]. *Proc Natl Acad Sci USA*, 103 (33): 12457-12462.

JUNG C, KIM YK, OH NI, et al., 2012. Quadruple 9-mer-based protein binding microarray analysis confirms AACnG as the consensus nucleotide sequence sufficient for the specific binding of AtMYB44[J]. *Mol Cells*, 34 (6): 531-537.

JUNG C, LYOU SH, YEU S, et al., 2007. Microarray-based screening of jasmonate-responsive genes in *Arabidopsis thaliana*[J]. *Plant Cell Rep*, 26 (7): 1053-1063.

JUNG C, SEO JS, HAN SW, et al., 2008. Overexpression of AtMYB44 enhances stomatal closure to confer abiotic stress tolerance in transgenic Arabidopsis[J]. *Plant Physiol*, 146 (2): 623-635.

JUNG C, SHIM JS, SEO JS, et al., 2010. Non-specific phytohormonal induction of AtMYB44 and suppression of jasmonate-responsive gene activation in *Arabidopsis thaliana*[J]. *Mol Cells*, 29 (1): 71-76.

KANEHISA M, GOTO S, 2000. KEGG: kyoto encyclopedia of genes and genomes[J]. *Nucleic Acids Res*, 28 (1): 27-30.

KE S, LIU S, LUAN X, et al., 2019. Mutation in a putative glycosyltransferase-like gene causes programmed cell death and early leaf senescence in rice[J]. *Rice (N Y)*, 12 (1): 7.

KELEMEN Z, SEBASTIAN A, XU W, et al., 2015. Analysis of the DNA-binding activities of the arabidopsis R2R3-MYB transcription factor family by one-hybrid experiments in yeast[J]. *PLoS One*, 10 (10): e0141044.

KIM H, HWANG H, HONG JW, et al., 2012. A rice orthologue of the ABA receptor, OsPYL/RCAR5, is a positive regulator of the ABA signal transduction pathway in seed germination and early seedling growth[J]. *J Exp Bot*, 63 (2): 1013-1024.

KIM JS, KIM YO, RYU HJ, et al., 2003. Isolation of stress-related genes of rubber particles and latex in fig tree (*Ficuscarica*) and their expressions by abiotic stress or plant hormone treatments[J]. *Plant and Cell Physiolo-*

gy, 44 (4): 412-414.

KIM TH, DEKKER J, 2018. ChIP-seq[J]. *Cold Spring Harb Protoc* (5): pdb prot082644.

KIRIK V, KOLLE K, MISERA S, et al., 1998. Two novel MYB homologues with changed expression in late embryogenesis-defective *Arabidopsis mutants* [J]. *Plant Mol Biol*, 37 (5): 819-827.

KOBAYASHI Y, MURATA M, MINAMI H, et al., 2005. Abscisic acid-activated SNRK2 protein kinases function in the gene-regulation pathway of ABA signal transduction by phosphorylating ABA response element-binding factors[J]. *Plant J*, 44 (6): 939-949.

KRANZ HD, DENEKAMP M, GRECO R, et al., 1998. Towards functional characterisation of the members of the R2R3-MYB gene family from *Arabidopsis thaliana*[J]. *Plant J*, 16 (2): 263-276.

KROGH A, LARSSON B, VON HEIJNE G, et al., 2001. Predicting trans-membrane protein topology with a hidden Markov model: application to complete genomes[J]. *J Mol Biol*, 305 (3): 567-580.

KUBISTA M, ANDRADE JM, BENGTSSON M, et al., 2006. The real-time polymerase chain reaction[J]. *Mol Aspects Med*, 27 (2-3): 95-125.

KUMAR S, TAMURA K, JAKOBSEN IB, et al., 2001. MEGA2: molecular evolutionary genetics analysis software [J]. *Bioinformatics*, 17 (12): 1244-1245.

KWON M, KWON EJ, RO DK, 2016. cis-Prenyltransferase and polymer analysis from a natural rubber perspective[J]. *Methods Enzymol*, 576: 121-145.

LAIBACH N, HILLEBRAND A, TWYMAN RM, et al., 2015. Identification of a Taraxacum brevicorniculatum rubber elongation factor protein that is localized on rubber particles and promotes rubber biosynthesis[J]. *Plant J*, 82 (4): 609-620.

LAIBACH N, SCHMIDL S, MÜLLER B, et al., 2018. Small rubber particle proteins from *Taraxacum brevicorniculatum* promote stress tolerance and influence the size and distribution of lipid droplets and artificial poly (cis-1, 4 - isoprene) bodies [J]. *Plant J*, DOI: https://dx.doi.org/10.

1111/tpj. 13829.

Landschulz WH, Johnson PF, McKnight SL, 1988. The leucine zipper: A hypothetical structure common to a new class of DNA binding proteins[J]. *Science*, 240 (4860): 1759-1764.

LARDET L, LECLERCQ J, BENISTAN E, et al., 2011. Variation in GUS activity in vegetatively propagated *Hevea brasiliensis* transgenic plants[J]. *Plant Cell Rep*, 30 (10): 1847-1856.

LECLERCQ J, MARTIN F, SANIER C, et al., 2012. Over-expression of a cytosolic isoform of the HbCuZnSOD gene in *Hevea brasiliensis* changes its response to a water deficit[J]. *Plant Mol Biol*, 80 (3): 255-272.

LEE DK, AHN S, CHO HY, et al., 2016. Metabolic response induced by parasitic plant-fungus interactions hinder amino sugar and nucleotide sugar metabolism in the host[J]. *Sci Rep*, 6: 37434.

LEE MM, SCHIEFELBEIN J, 2002. Cell pattern in the Arabidopsis root epidermis determined by lateral inhibition with feedback[J]. *Plant Cell*, 14 (3): 611-618.

LETUNIC I, COPLEY RR, SCHMIDT S, et al., 2004. SMART 4.0: towards genomic data integration[J]. *Nucleic Acids Res*, 32 (Database issue): D142-144.

LEVY M, RACHMILEVITCH S, ABEL S, 2005. Transient *Agrobacterium*-mediated gene expression in the *Arabidopsis hydroponics* root system for subcellular localization studies[J]. *Plant Molecular Biology Reporter*, 23 (2): 179-184.

LI C, CHANG PP, GHEBREMARIAM KM, et al., 2014a. Overexpression of tomato SpMPK3 gene in *Arabidopsis* enhances the osmotic tolerance[J]. *Biochem Biophys Res Commun*, 443 (2): 357-362.

LI D, DENG Z, CHEN C, et al., 2010. Identification and characterization of genes associated with tapping panel dryness from *Hevea brasiliensis* latex using suppression subtractive hybridization[J]. *BMC Plant Biol*, 10: 140.

LI D, LI Y, ZHANG L, et al., 2014b. *Arabidopsis* ABA receptor RCAR1/PYL9 interacts with an R2R3-type MYB transcription factor, AtMYB44 [J]. *Int J Mol Sci*, 15 (5): 8473-8490.

LI D, WANG X, DENG Z, et al., 2016a. Transcriptome analyses reveal molecular mechanism underlying tapping panel dryness of rubber tree (*Hevea brasiliensis*) [J]. *Sci Rep*, 6: 23540.

LI HL, WEI LR, GUO D, et al., 2016b. HbMADS4, a MADS-box transcription factor from *Hevea brasiliensis*, negatively regulates HbSRPP[J]. *Front Plant Sci*, 7: 1709.

LI X, BI Z, DI R, et al., 2016c. Identification of Powdery Mildew Responsive Genes in *Hevea brasiliensis* through mRNA Differential Display [J]. *Int J Mol Sci*, 17 (2): 181.

LIGHT DR, DENNIS MS, 1989. Purification of a prenyltransferase that elongates cis-polyisoprene rubber from the latex of *Hevea brasiliensis*[J]. *J Biol Chem*, 264 (31): 18589-18597.

LIU H, DENG Z, CHEN J, et al., 2016a. Genome-wide identification and expression analysis of the metacaspase gene family in *Hevea brasiliensis* [J]. *Plant Physiol Biochem*, 105: 90-101.

LIU H, WEI Y, DENG Z, et al., 2019. Involvement of HbMC1-mediated cell death in tapping panel dryness of rubber tree (*Hevea brasiliensis*) [J]. *Tree Physiol*, 39 (3): 391-403.

LIU R, LU B, WANG X, et al., 2010. Thirty-seven transcription factor genes differentially respond to a harpin protein and affect resistance to the green peach aphid in *Arabidopsis*[J]. *J Biosci*, 35 (3): 435-450.

LIU S, XUAN L, XU LA, et al., 2016b. Molecular cloning, expression analysis and subcellular localization of four DELLA genes from hybrid poplar[J]. *Springerplus*, 5 (1): 1129.

LIU Y, SHENG Z, LIU H, et al., 2009. Juvenile hormone counteracts the bHLH-PAS transcription factors MET and GCE to prevent caspase-dependent programmed cell death in Drosophila[J]. *Development*, 136 (12): 2015-2025.

LLOYD J, MEINKE D, 2012. A comprehensive dataset of genes with a loss-of-function mutant phenotype in *Arabidopsis thaliana*[J]. *Plant physiology*, 158 (3): 1115-1129.

LORENZO O, CHICO JM, SANCHEZ-SERRANO JJ, et al., 2004. JAS-MONATE-INSENSITIVE1 encodes a MYC transcription factor essential to discriminate between different jasmonate-regulated defense responses in *Arabidopsis*[J]. *Plant Cell*, 16 (7): 1938-1950.

LU B, SUN W, ZHANG S, et al., 2011. HrpN Ea-induced deterrent effect on phloem feeding of the green peach aphid Myzus persicae requires AtGSL5 and AtMYB44 genes in *Arabidopsis thaliana*[J]. *J Biosci*, 36 (1): 123-137.

LU BB, LI XJ, SUN WW, et al., 2013. AtMYB44 regulates resistance to the green peach aphid and diamondback moth by activating EIN2-affected defences in *Arabidopsis*[J]. *Plant Biol* (*Stuttg*), 15 (5): 841-850.

LU CA, HO TH, HO SL, et al., 2002. Three novel MYB proteins with one DNA binding repeat mediate sugar and hormone regulation of alpha-amylase gene expression[J]. *Plant Cell*, 14 (8): 1963-1980.

MA D, REICHELT M, YOSHIDA K, et al., 2018. Two R2R3-MYB proteins are broad repressors of flavonoid and phenylpropanoid metabolism in poplar[J]. *Plant J*, 96 (5): 949-965.

MANNELLA CA, LEDERER WJ, JAFRI MS, 2013. The connection between inner membrane topology and mitochondrial function[J]. *J Mol Cell Cardiol*, 62: 51-57.

MAO K, JIANG L, BO W, et al., 2014. Cloning of the cryptochrome-encoding *PeCRY*1 gene from Populus euphratica and functional analysis in *Arabidopsis*[J]. *PLoS One*, 9 (12): e115201.

MARIONI JC, MASON CE, MANE SM, et al., 2008. RNA-seq: An assessment of technical reproducibility and comparison with gene expression arrays[J]. *Genome Res*, 18 (9): 1509-1517.

MICHAELI R, PHILOSOPH-HADAS S, RIOV J, et al., 2001. Chilling-induced leaf abscission of Ixora coccinea plants. III. Enhancement by high light via increased oxidative processes [J]. *Physiol Plant*, 113 (3): 338-345.

MILLER JP, LO RS, BEN-HUR A, et al., 2005. Large-scale identification of yeast integral membrane protein interactions[J]. *Proc Natl Acad Sci USA*, 102 (34): 12123-12128.

MINORU K, YOKO S, MASAYUKI K, et al., 2016. KEGG as a reference resource for gene and protein annotation[J]. *Nucleic Acids Research* (D1):

D457-D462.

MONTIEL G, ZAREI A, KORBES AP, et al., 2011. The jasmonate-responsive element from the ORCA3 promoter from *Catharanthus* roseus is active in *Arabidopsis* and is controlled by the transcription factor AtMYC2 [J]. *Plant Cell Physiol*, 52 (3): 578-587.

MONTORO P, WU S, FAVREAU B, et al., 2018. Transcriptome analysis in *Hevea brasiliensis* latex revealed changes in hormone signalling pathways during ethephon stimulation and consequent tapping panel dryness[J]. *Sci Rep*, 8 (1): 8483.

MUKAI R, OHSHIMA T, 2016. Enhanced stabilization of MCL1 by the human T-cell leukemia virus type 1 bZIP factor is modulated by blocking the recruitment of cullin 1 to the SCF complex[J]. *Mol Cell Biol*, 36 (24): 3075-3085.

MUNROE DJ, HARRIS TJ, 2010. Third-generation sequencing fireworks at Marco Island[J]. *Nat Biotechnol*, 28 (5): 426-428.

NAPARSTEK S, GUAN Z, EICHLER J, 2012. A predicted geranylgeranyl reductase reduces the omega-position isoprene of dolichol phosphate in the halophilic archaeon, *Haloferax volcanii*[J]. *Biochim Biophys Acta*, 1821 (6): 923-933.

NGUYEN XC, HOANG MH, KIM HS, et al., 2012. Phosphorylation of the transcriptional regulator MYB44 by mitogen activated protein kinase regulates *Arabidopsis* seed germination[J]. *Biochem Biophys Res Commun*, 423 (4): 703-708.

NIGAM D, KUMAR S, MISHRA DC, et al., 2015. Synergistic regulatory networks mediated by microRNAs and transcription factors under drought, heat and salt stresses in *Oryza Sativa* spp[J]. *Gene*, 555 (2): 127-139.

NIJHAWAN A, JAIN M, TYAGI AK, et al., 2008. Genomic survey and gene expression analysis of the basic leucine zipper transcription factor family in rice[J]. *Plant Physiol*, 146 (2): 333-350.

NIU Y, HU B, LI X, et al., 2018. Comparative digital gene expression analysis of tissue-cultured plantlets of highly resistant and susceptible banana cultivarsin response to *Fusarium oxysporum*[J]. *Int J Mol Sci*, 19

（2）：350.

NUNES-NESI A, ARAUJO WL, OBATA T, et al., 2013. Regulation of the mitochondrial tricarboxylic acid cycle[J]. *Curr Opin Plant Biol*, 16 (3)：335-343.

NURFAZILAH ARS, ABU BMF, VEERA SG, et al., 2019. Single-nucleotide polymorphism markers within MVA and MEP pathways among *Hevea brasiliensis* clones through transcriptomic analysis[J]. *Biotech*, 9 (11).

OGATA K, KANEI-ISHII C, SASAKI M, et al., 1996. The cavity in the hydrophobic core of Myb DNAbinding domain is reserved for DNA recognition and trans-activation[J]. *Nature Structural & Molecular Biology*, 3 (2)：178-187.

OGATA K, MORIKAWA S, NAKAMURA H, et al., 1994. Solution structure of a specific DNAcomplex of the Myb DNA-binding domain with cooperative recognition helices[J]. *Cell*, 79 (4)：639-648.

OH SK, KANG H, SHIN DH, et al., 1999. Isolation, characterization, and functional analysis of a novel cDNA clone encoding a small rubber particle protein from *Hevea brasiliensis*[J]. *J Biol Chem*, 274 (24)：17132-17138.

OMIDVAR V, ABDULLAH SNA, EBRAHIMI M, et al., 2013. Gene expression of the oil palm transcription factor EgAP2-1 during fruit ripening and in response to ethylene and ABA treatments[J]. *Biologia Plantarum*, 57 (4)：646-654.

ONG Q, NGUYEN P, THAO NP, et al., 2016. Bioinformatics approach in plant genomic research[J]. *Curr Genomics*, 17 (4)：368-378.

ORACZ K, KARPINSKI S, 2016. Phytohormones Signaling Pathways and ROS Involvement in Seed Germination[J]. *Front Plant Sci*, 7：864.

OSATO Y, YOKOYAMA R, NISHITANI K, 2006. A principal role for AtXTH18 in *Arabidopsis thaliana* root growth: a functional analysis using RNAi plants[J]. *Journal of Plant Research*, 119 (2)：153.

OYAMA T, SHIMURA Y, OKADA K, 1997. The Arabidopsis HY5 gene encodes a bZIP protein that regulates stimulus-induced development of root and hypocotyl[J]. *Genes Dev*, 11 (22)：2983-2995.

PARINOV S, SUNDARESAN V, 2000. Functional genomics in *Arabidopsis*：

large-scaleinsertional mutagenesis complements the genome sequencing project[J]. *Curr Opin Biotechnol*, 11 (2): 157-161.

PARK J-B, SENDON PM, KWON SH, et al., 2012. Overexpression of stress-related genes, BrERF4 and AtMYB44, in *Arabidopsis thaliana* alters cell expansion but not cell proliferation during leaf growth[J]. *Journal of Plant Biology*, 55 (5): 406-412.

PATEL S, SANTANI D, 2009. Role of NF-kappa B in the pathogenesis of diabetes and its associated complications[J]. *Pharmacol Rep*, 61 (4): 595-603.

PAZ-ARES J, GHOSAL D, WIENAND U, et al., 1987. The regulatory c1 locus of Zea mays encodes a protein with homology to myb proto-oncogene products and with structural similarities to transcriptional activators [J]. *EMBO J*, 6 (12): 3553-3558.

PENG SQ, WU KX, HUANG GX, et al., 2011. HbMyb1, a Myb transcription factor from *Hevea brasiliensis*, suppresses stress induced cell death in transgenic tobacco [J]. *Plant Physiol Biochem*, 49 (12): 1429-1435.

PENG SQ, XU J, LI HL, et al., 2009. Cloning and molecular characterization of HbCOI1 from *Hevea brasiliensis*[J]. *Biosci Biotechnol Biochem*, 73 (3): 665-670.

PERSAK H, PITZSCHKE A, 2014. Dominant repression by *Arabidopsis* transcription factor MYB44 causes oxidative damage and hypersensitivity to abiotic stress[J]. *Int J Mol Sci*, 15 (2): 2517-2537.

PICART-ARMADA S, FERNANDEZ-ALBERT F, VINAIXA M, et al., 2018. FELLA: An R package to enrich metabolomics data [J]. *BMC Bioinformatics*, 19 (1): 538.

PIFFANELLI P, ZHOU F, CASAIS C, et al., 2002. The barley MLO modulator of defense and cell death is responsive to biotic and abiotic stress stimuli[J]. *Plant Physiol*, 129 (3): 1076-1085.

PRASAD K, ABDEL-HAMEED AAE, XING D, et al., 2016. Global gene expression analysis using RNA-seq uncovered a new role for SR1/CAMTA3 transcription factor in salt stress[J]. *Sci Rep*, 6 (1): 27021.

PRESTON J, WHEELER J, HEAZLEWOOD J, et al., 2004. AtMYB32 is required for normal pollen development in Arabidopsis thaliana[J]. *Plant J*, 40 (6): 979-995.

PTASHNE M, 1988. How eukaryotic transcriptional activators work[J]. *Nature*, 335 (6192): 683-689.

PUSTOVOITOVA TN, ZHDANOVA NE, ZHOLKEVICH VN, 2001. Epibrassinolide increases plant drought resistance[J]. *Dokl Biochem Biophys*, 376: 36-38.

PUTRANTO RA, DUAN C, KUSWANHADI, et al., 2015a. Ethylene response factors are controlled by multiple harvesting stresses in *Hevea brasiliensis*[J]. *PLoS One*, 10 (4): e0123618.

PUTRANTO RA, HERLINAWATI E, RIO M, et al., 2015b. Involvement of ethylene in the latex metabolism and tapping panel dryness of *Hevea brasiliensis*[J]. *Int J Mol Sci*, 16 (8): 17885-17908.

QI T, SONG S, REN Q, et al., 2011. The Jasmonate-ZIM-domain proteins interact with the WD-Repeat/bHLH/MYB complexes to regulate Jasmonate-mediated anthocyanin accumulation and trichome initiation in *Arabidopsis thaliana* [J]. *Plant Cell*, 23 (5): 1795-1814.

QIN B, ZHANG Y, WANG M, 2014. Molecular cloning and expression of a novel MYB transcription factor gene in rubber tree[J]. *Mol Biol Rep*, 41 (12): 8169-8176.

QIU N, LU Q, LU C, 2003. Photosynthesis, photosystem II efficiency and the xanthophyll cycle in the salt-adapted halophyte *Atriplex centralasiatica* [J]. *New Phytol*, 159 (2): 479-486.

RABINOWICZ PD, BRAUN EL, WOLFE AD, et al., 1999. Maize R2R3 Myb genes: Sequence analysis reveals amplification in the higher plants [J]. *Genetics*, 153 (1): 427-444.

RAHMAN AY, USHARRAJ AO, MISRA BB, et al., 2013. Draft genome sequence of the rubber tree *Hevea brasiliensis* [J]. *BMC Genomics*, 14 (1): 75.

RAPPSILBER J, MANN M, ISHIHAMA Y, 2007. Protocol for micro-purification, enrichment, pre-fractionation and storage of peptides for proteomics using StageTips[J]. *Nat Protoc*, 2 (8): 1896-1906.

REICHELT R, RUPERTI KMA, KREUZER M, et al., 2018. The transcriptional regulator TFB‑RF1 activates transcription of a putative ABC transporter in *Pyrococcus furiosus*[J]. *Front Microbiol*, 9：838.

REINKE SN, GALINDO‑PRIETO B, SKOTARE T, et al., 2018. OnPLS‑based multi‑block data integration：A multivariate approach to interrogating biological interactions in asthma[J]. *Anal Chem*, 90 (22)：13400‑13408.

REYMOND P, FARMER EE, 1998. Jasmonate and salicylate as global signals for defense gene expression[J]. *Curr Opin Plant Biol*, 1 (5)：404‑411.

RHOADS DM, UMBACH AL, SUBBAIAH CC, et al., 2006.Mitochondrial reactive oxygen species. Contribution to oxidative stress andinterorganellar signaling[J]. *Plant Physiol*, 141 (2)：357‑366.

ROJRUTHAI P, SAKDAPIPANICH JT, TAKAHASHI S, et al., 2010. In vitro synthesis of high molecular weight rubber by Hevea small rubber particles[J]. *J Biosci Bioeng*, 109 (2)：107‑114.

ROMERO I, FUERTES A, BENITO MJ, et al., 1998. More than 80R2R3‑MYB regulatory genes in the genome of *Arabidopsis thaliana*[J]. *Plant J*, 14 (3)：273‑284.

RUDERMAN S, KONGSAWADWORAKUL P, VIBOONJUN U, et al., 2012. Mitochondrial/Cytosolic acetyl CoA and rubber biosynthesis genes expression in *Hevea brasiliensis* latex and rubber yield[J]. *Kasetsart J*, 46 (3)：346‑362.

RUIQIN Z, RICHARDSON EA, ZHENG‑HUA Y, 2007. The MYB46 transcription factor is a direct target of SND1 and regulates secondary wall biosynthesis in *Arabidopsis*[J]. *The Plant Cell*, 19 (9)：2776‑2792.

RUSSELL AW, CRITCHLEY C, ROBINSON SA, et al., 1995.Photosystem II regulation and dynamics of the chloroplast D1 protein in *Arabidopsis* leaves during photosynthesis and photoinhibition [J]. *Plant Physiol*, 107 (3)：943‑952.

SACCENTI E, HOEFSLOOT HCJ, SMILDE AK, et al., 2014. Reflections on univariate and multivariate analysis of metabolomics data[J]. *Metabolomics*, 10 (3)：361‑374.

SANDALTZOPOULOS R, BECKER PB, 1994. Solid phase DNase I footprinting：Quick and versatile[J]. *Nucleic Acids Res*, 22 (8)：1511‑

1512.

SCHIEBER M, CHANDEL NS, 2014. ROS function in redox signaling and oxidative stress[J]. *Curr Biol*, 24 (10): R453-462.

SCHULZ E, WENZEL P, MUNZEL T, et al., 2014. Mitochondrial redox signaling: Interaction of mitochondrial reactive oxygen species with other sources of oxidative stress[J]. *Antioxid Redox Signal*, 20 (2): 308-324.

SEILER C, HARSHAVARDHAN VT, RAJESH K, et al., 2011. ABA biosynthesis and degradation contributing to ABA homeostasis during barley seed development under control and terminal drought-stress conditions[J]. *J Exp Bot*, 62 (8): 2615-2632.

SENKLER J, SENKLER M, EUBEL H, et al., 2017. The mitochondrial complexome of *Arabidopsis thaliana*[J]. *Plant J*, 89 (6): 1079-1092.

SEO GY, HO MT, BUI NT, et al., 2015. Novel naphthochalcone derivative accelerate dermal wound healing through induction of epithelial-mesenchymal transition of keratinocyte[J]. *J Biomed Sci*, 22 (1): 47.

SEO HH, PARK S, PARK S, et al., 2014. Overexpression of a defensin enhances resistance to a fruit-specific anthracnose fungus in pepper[J]. *PLoS One*, 9 (5): e97936.

SEO JS, SOHN HB, NOH K, et al., 2011. Expression of the *Arabidopsis* AtMYB44 gene confers drought/salt-stress tolerance in transgenic soybean [J]. *Molecular Breeding*, 29 (3): 601-608.

SERRANO M, HUBERT DA, DANGL JL, et al., 2010. A chemical screen for suppressors of the avrRpm1-RPM1-dependent hypersensitive cell death response in *Arabidopsis thaliana*[J]. *Planta*, 231 (5): 1013-1023.

SHAHIDI-NOGHABI S, VAN DAMME EJ, IGA M, et al., 2010a.Exposure of insect midgut cells to *Sambucus nigra* L. agglutinins I and II causes cell death via caspase-dependent apoptosis[J]. *J Insect Physiol*, 56 (9): 1101-1107.

SHAHIDI-NOGHABI S, VAN DAMME EJ, MAHDIAN K, et al., 2010b. Entomotoxic action of *Sambucus nigra* agglutinin I in *Acyrthosiphon pisum* aphids and *Spodoptera exigua* caterpillars through caspase-3-like-dependent apoptosis[J]. *Arch Insect Biochem Physiol*, 75 (3): 207-

220.

SHARKEY TD, SINGSAAS EL, VANDERVEER PJ, et al., 1996. Field measurementsof isoprene emission from trees in response to temperature and light[J]. *Tree Physiol*, 16 (7): 649-654.

SHARKEY TD, WIBERLEY AE, DONOHUE AR, 2008. Isoprene emission from plants: Why and how[J]. *Ann Bot*, 101 (1): 5-18.

SHEARD LB, TAN X, MAO H, et al., 2010. Jasmonate perception by inositol-phosphate-potentiated COI1-JAZ co-receptor[J]. *Nature*, 468 (7322): 400-405.

SHIKANAI T, TAKEDA T, YAMAUCHI H, et al., 1998. Inhibition of ascorbate peroxidase under oxidative stress in tobacco having bacterial catalase in chloroplasts[J]. *FEBS Letters*, 428: 47-51.

SHIM JS, CHOI YD, 2013. Direct regulation of WRKY70 by AtMYB44 in plant defense responses[J]. *Plant Signal Behav*, 8 (6): e20783.

SHIM JS, JUNG C, LEE S, et al., 2013. *AtMYB44* regulates *WRKY70* expression and modulates antagonistic interaction between salicylic acid and jasmonic acid signaling[J]. *Plant J*, 73 (3): 483-495.

SHIMIZU Y, INOUE A, TOMARI Y, et al., 2001. Cell-free translation reconstituted with purified components [J]. *Nat Biotechnol*, 19 (8): 751-755.

SHINOZAKI K, YAMAGUCHI-SHINOZAKI K, 2007. Gene networks involved in droughtstress response and tolerance[J]. *J Exp Bot*, 58 (2): 221-227.

SILVA JM, LIMA PRL, SOUZA FVD, et al., 2019. Genetic diversity and nonparametric statistics to identify possible ISSR marker association with fiber quality of pineapple[J]. *An Acad Bras Cienc*, 91 (3): e20180749.

SINGSAAS EL, LERDAU M, WINTER K, et al., 1997. Isoprene increases thermotolerance of isoprene-emitting species [J]. *Plant Physiol*, 115 (4): 1413-1420.

SMITH DB, JOHNSON KS, 1988. Single-step purification of polypeptides expressed in *Escherichia coli* as fusions with glutathione *S*-transferase[J]. *Gene*, 67 (1): 31-40.

SOLANO R, FUERTES A, SANCHEZ-PULIDO L, et al., 1997. A single residue substitution causes a switch from the dual DNA binding specificity of plant transcription factor MYB. Ph3 to the animal c-MYB specificity[J]. *J Biol Chem*, 272 (5): 2889-2895.

SONG X, YU X, HORI C, et al., 2016. Heterologous overexpression of poplar SnRK2 genes enhanced salt stress tolerance in *Arabidopsis thaliana* [J]. *Front Plant Sci*, 7: 612.

STAMM P, RAVINDRAN P, MOHANTY B, et al., 2012. Insights into the molecular mechanism of RGL2-mediated inhibition of seed germination in *Arabidopsis thaliana*[J]. *BMC Plant Biol*, 12: 179.

STATHAM CN, SZYJKA SP, MENAHAN LA, et al., 1977. Fractionation andsubcellular localization of marker enzymes in rainbow trout liver[J]. *Biochem Pharmacol*, 26 (15): 1395-1400.

STES E, DEPUYDT S, DE KEYSER A, et al., 2015. Strigolactones as an auxiliary hormonal defence mechanism against leafy gall syndrome in *Arabidopsis thaliana*[J]. *J Exp Bot*, 66 (16): 5123-5134.

STRACKE R, WERBER M, WEISSHAAR B, 2001. The R2R3-MYB gene family in *Arabidopsis thaliana*[J]. *Curr Opin Plant Biol*, 4 (5): 447-456.

SUN L, WANG YP, CHEN P, et al., 2011. Transcriptional regulation of SlPYL, SlPP2C, and SlSnRK2 gene families encoding ABA signal core components during tomato fruit development and drought stress[J]. *J Exp Bot*, 62 (15): 5659-5669.

SUSANNE, WIKLUND, ERIK, et al., 2008. Visualization of GC/TOF-MS-based metabolomics data for identification of biochemically interesting compounds using OPLS class models[J]. *Analytical Chemistry*, 80 (1): 115-122.

TAKAHASHI S, LEE HJ, YAMASHITA S, et al., 2012. Characterization of cis-prenyltransferases from the rubber producing plant *Hevea brasiliensis* heterologously expressed in yeast and plant cells[J]. *Plant Biotechnology*, 29 (4): 411-417.

TAKAYA A, ZHANG YW, ASAWATRERATANAKUL K, et al., 2003. Cloning, expression and characterization of a functional cDNA clone encoding geranylgeranyl diphosphate synthase of *Hevea brasiliensis*[J]. *Biochim*

Biophys Acta, 1625 (2): 214-220.

TAKENO A, KANAZAWA I, TANAKA K, et al., 2016. Simvastatin rescues homocysteine-induced apoptosis of osteocytic MLO-Y4 cells by decreasing the expressions of NADPH oxidase 1 and 2[J]. *Endocr J*, 63 (4): 389-395.

TAMAGNONE L, MERIDA A, PARR A, et al., 1998. The AmMYB308 and AmMYB330 transcription factors from antirrhinum regulate phenylpropanoid and lignin biosynthesis in transgenic tobacco[J]. *Plant Cell*, 10 (2): 135-154.

TANG C, XIAO X, LI H, et al., 2013. Comparative analysis of latex transcriptome reveals putative molecular mechanisms underlying super productivity of *Hevea brasiliensis*[J]. *PLoS One*, 8 (9): e75307.

TANG C, YANG M, FANG Y, et al., 2016. The rubber tree genome reveals new insights into rubber production and speciesadaptation[J]. *Nat Plants*, 2 (6): 16073.

TANG J, YAN J, MA X, et al., 2010. Dissection of the genetic basis of heterosis in an elite maize hybrid by QTL mapping in an immortalized F2 population[J]. *Theor Appl Genet*, 120 (2): 333-340.

TEICHMANN T, BOLU-ARIANTO WH, OLBRICH A, et al., 2008. GH3: : GUS reflects cell-specific developmental patterns and stress-induced changes in wood anatomy in the poplar stem[J]. *Tree Physiol*, 28 (9): 1305-1315.

THOMPSON JD, GIBSON TJ, HIGGINS DG, 2002. Multiple sequence alignment using ClustalW and ClustalX[J]. *Curr Protoc Bioinformatics*, Chapter 2: Unit 2-3.

TIAN WM, SHI MJ, YU FY, et al., 2003. Localized effects of mechanical wounding and exogenous jasmoic acid on the induction of secondary laticifer differentiation in relation to the distribution of jasmonic acid in *Hevea brasiliensis*[J]. *Acta Botanica Sinica*, 35 (11): 1366-1372.

TIAN WM, YANG SG, SHI MJ, et al., 2015. Mechanical wounding-induced laticifer differentiation in rubber tree: An indicative role of dehydration, hydrogen peroxide, and jasmonates[J]. *J Plant Physiol*, 182: 95-103.

TIAN WW, HUANG WF, ZHAO Y, 2010. Cloning and characterization of HbJAZ1 from the laticifer cells in rubber tree (*Hevea brasiliensis* Muell. Arg.) [J]. *Trees-Structure and Function*, 24 (4): 771-779.

TIKKANEN M, MEKALA NR, ARO EM, 2014. Photosystem II photoinhibition-repair cycle protects Photosystem I from irreversible damage [J]. *Biochim Biophys Acta*, 1837 (1): 210-215.

TONG Z, WANG D, SUN Y, et al., 2017. Comparative proteomics of rubber latex revealed multiple protein species of REF/SRPP family respond diversely to ethylene stimulation among different rubber tree clones [J]. *Int J Mol Sci*, 18 (5): 958.

TRYGG J, WOLD S, 2002. Orthogonal projections to latent structures (O+ PLS) [J]. *Journal of Chemometrics*, 16 (3): 119-128.

TUNGNGOEN K, KONGSAWADWORAKUL P, VIBOONJUN U, et al., 2009. Involvement of HbPIP2; 1 and HbTIP1; 1 aquaporins in ethylene stimulation of latex yield through regulation of water exchanges between inner liber and latex cells in *Hevea brasiliensis* [J]. *Plant Physiol*, 151 (2): 843-856.

TUNGNGOEN K, VIBOONJUN U, KONGSAWADWORAKUL P, et al, 2011. Hormonal treatment of the bark of rubber trees (*Hevea brasiliensis*) increases latex yield through latex dilution in relation with the differential expression of two aquaporin genes [J]. *J Plant Physiol*, 168 (3): 253-262.

UIMARI A, STROMMER J, 1997. Myb26: a MYB - like protein of pea flowers with affinity for promoters of phenylpropanoid genes [J]. *Plant J*, 12 (6): 1273-1284.

UNO Y, FURIHATA T, ABE H, et al., 2000. *Arabidopsis* basic leucine zipper transcription factors involved in an abscisic acid-dependent signal transduction pathway under drought and high-salinity conditions [J]. *Proc Natl Acad Sci USA*, 97 (21): 11632-11637.

UNO Y, RODRIGUEZ MILLA MA, MAHER E, et al., 2009. Identification of proteins that interact with catalytically active calcium-dependent protein kinases from *Arabidopsis* [J]. *Mol Genet Genomics*, 281 (4): 375-390.

UTHUP TK, RAJAMANI A, RAVINDRAN M, et al., 2019. Distinguishing CPT gene family members and vetting the sequence structure of a putative rubber synthesizing variant in *Hevea brasiliensis* [J]. *Gene*, 689: 183 – 193.

VACCA RA, VALENTI D, BOBBA A, et al., 2006. Cytochrome c is released in a reactive oxygen species–dependent manner and is degraded via caspase–like proteases in tobacco Bright–Yellow 2 cells en route to heat shock–induced cell death[J]. *Plant Physiol*, 141 (1): 208–219.

VALENTINE ME, WOLYNIAK MJ, RUTTER MT, 2012. Extensive phenotypic variation among allelic T–DNA inserts in *Arabidopsis thaliana* [J]. *PLoS One*, 7 (9): e44981.

VELIKOVA V, PINELLI P, PASQUALINI S, et al., 2005. Isoprene decreases the concentration of nitric oxide in leaves exposed to elevated ozone [J]. *New Phytol*, 166 (2): 419–425.

VENDITTI P, DI STEFANO L, DI MEO S, 2010. Oxidative stress in cold–induced hyperthyroid state[J]. *J Exp Biol*, 213 (Pt 17): 2899–2911.

VENKATACHALAM P, THULASEEDHARAN A, RAGHOTHAMA K, 2007. Identification of expression profiles of tapping panel dryness (TPD) associated genes from the latex of rubber tree (*Hevea brasiliensis* Muell.Arg.) [J]. *Planta*, 226 (2): 499–515.

VENKATACHALAM P, THULASEEDHARAN A, RAGHOTHAMA K, 2009. Molecular identification and characterization of a gene associated with the onset of tapping panel dryness (TPD) syndrome in rubber tree (*Hevea brasiliensis* Muell.) by mRNA differential display[J]. *Mol Biotechnol*, 41 (1): 42–52.

VIANELLO A, ZANCANI M, PERESSON C, et al., 2007. Plant mitochondrial pathway leading to programmed cell death[J]. *Physiologia Plantarum*, 129 (1): 242–252.

VIROLAINEN E, BLOKHINA O, FAGERSTEDT K, 2002. Ca (2+) –induced high amplitudeswelling and cytochrome c release from wheat (*Triticum aestivum* L.) mitochondria under anoxic stress [J]. *Ann Bot*, 90 (4): 509–516.

VRANOVA E, COMAN D, GRUISSEM W, 2013. Network analysis of the MVA and MEP pathways for isoprenoid synthesis [J]. *Annu Rev Plant Biol*, 64: 665–700.

VRANOVA E, LANGEBARTELS C, VAN MONTAGU M, et al, 2000. Oxidative stress, heat shock and drought differentially affect expression of a tobacco protein phosphatase 2C [J]. *J Exp Bot*, 51 (351): 1763 - 1764.

Wadeesirisak K, Castano S, Berthelot K, et al., 2017. Rubber particle proteins REF1 and SRPP1 interact differently with native lipids extracted from *Hevea brasiliensis* latex [J]. *Biochim Biophys Acta Biomembr*, 1859 (2): 201-210.

WANG LF, 2014. Physiological and molecular responses to drought stress in rubber tree (*Hevea brasiliensis* Muell. Arg.) [J]. *Plant Physiol Biochem*, 83: 243-249.

WANG LF, WANG M, ZHANG Y, 2014. Effects of powdery mildew infection on chloroplast and mitochondrial functions in rubber tree [J]. *Tropical Plant Pathology*, 39 (3): 242-250.

WANG MM, REED RR, 1993. Molecular cloning of the olfactory neuronal transcription factor Olf-1 by genetic selection in yeast [J]. *Nature*, 364 (6433): 121-126.

WANG X, CHEN X, LIU Y, et al., 2011a. CkDREB gene in Caragana korshinskii is involved in the regulation of stress response to multiple abiotic stresses as an AP2/EREBP transcription factor [J]. *Mol Biol Rep*, 38 (4): 2801-2811.

WANG Y, GUO D, LI HL, et al., 2013. Characterization of HbWRKY1, a WRKY transcription factor from *Hevea brasiliensis* that negatively regulates *HbSRPP* [J]. *Plant Physiol Biochem*, 71: 283-289.

WANG Y, LI L, YE T, et al., 2011b. Cytokinin antagonizes ABA suppression to seed germination of *Arabidopsis* by downregulating ABI5 expression [J]. *Plant J*, 68 (2): 249-261.

WANG Z, ZHANG N, ZHOU X, et al., 2015. Isolation and characterization of StERF transcription factor genes from potato (*Solanum tuberosum* L.) [J]. *C R Biol*, 338 (4): 219-226.

WEIDINGER A, KOZLOV AV, 2015. Biological activities of reactive oxygen and nitrogen species: oxidative stress versus signal transduction [J]. *Biomolecules*, 5 (2): 472-484.

WILKINS O, NAHAL H, FOONG J, et al., 2009. Expansion and diversification of the Populus R2R3-MYB family of transcription factors[J]. *Plant Physiol*, 149 (2): 981-993.

WISSMUELLER S, FONT J, LIEW CW, et al., 2011. Protein-protein interactions: analysisof a false positive GST pulldown result[J]. *Proteins*, 79 (8): 2365-2371.

WU X, XIONG E, WANG W, et al., 2014. Universal sample preparation method integrating trichloroacetic acid/acetone precipitation with phenol extraction for crop proteomic analysis [J]. *Nature Protocols*, 9 (2): 362-374.

XIA J, SINELNIKOV IV, HAN B, et al., 2015. MetaboAnalyst 3.0—making metabolomics more meaningful[J]. *Nucleic Acids Res*, 43 (W1): W251-257.

YAMASHITA S, YAMAGUCHI H, WAKI T, et al., 2016. Identification and reconstitution of the rubber biosynthetic machinery on rubber particles from *Hevea brasiliensis*[J]. *Elife*, 5: e19022.

YANG C, LI W, CAO J, et al., 2017. Activation of ethylene signaling pathways enhances disease resistance by regulating ROS and phytoalexin production in rice[J]. *Plant J*, 89 (2): 338-353.

YANG J, NIE Q, LIU H, et al., 2016. A novel MVA-mediated pathway for isoprene production in engineered E. coli[J]. *BMC Biotechnol*, 16: 5.

YANG J, XIAN M, SU S, et al., 2012a. Enhancing production of bio-isoprene using hybrid MVA pathway and isoprene synthase in E. coli [J]. *PLoS One*, 7 (4): e33509.

YANG J, ZHANG J, WANG Z, et al., 2002. Abscisic acid and cytokinins in the root exudates and leaves and their relationship to senescence and remobilization of carbon reserves in rice subjected to water stress during grain filling[J]. *Planta*, 215 (4): 645-652.

YANG J, ZHAO G, SUN Y, et al., 2012b. Bio-isoprene production using exogenous MVA pathway and isoprene synthase in Escherichia coli [J]. *Bioresour Technol*, 104: 642-647.

YANHUI C, XIAOYUAN Y, KUN H, et al., 2006. The MYB transcription factor superfamily of Arabidopsis: Expression analysis and phylogenetic comparison with the rice MYB family [J]. *Plant Mol Biol*, 60 (1): 107-124.

YE H, LI L, GUO H, et al., 2012. MYBL2 is a substrate of GSK3-like kinase BIN2 and acts as a corepressor of BES1 in brassinosteroid signaling pathway in *Arabidopsis*[J]. *Proc Natl Acad Sci USA*, 109 (49): 20142-20147.

YI J, DERYNCK MR, LI X, et al., 2010. A single-repeat MYB transcription factor, GmMYB176, regulates CHS8gene expression and affects isoflavonoid biosynthesis in soybean[J]. *Plant J*, 62 (6): 1019-1034.

YING C, XIU-JUAN W, SHAN G, et al., 2015. The application of real-time fluorescent quantitative PCR in plant[J]. *Hubei Agricultural Sciences*, 54 (13): 3073-3077.

YOON J, CHO LH, ANTT HW, et al., 2017. KNOX protein OSH15 induces grain shattering by repressing lignin biosynthesis genes[J]. *Plant Physiol*, 174 (1): 312-325.

ZHANG C, YONG L, CHEN Y, et al., 2019. A rubber-tapping robot forest navigation and information collection system based on 2D LiDAR and a Gyroscope[J]. *Sensors (Basel)*, 19 (9).

ZHANG Y, LIU Z, WANG X, et al., 2018. DELLA proteins negatively regulate dark-induced senescence and chlorophyll degradation in Arabidopsis through interaction with the transcription factor WRKY6[J]. *Plant Cell Rep*, 37 (7): 981-992.

ZHAO K, BARTLEY LE, 2014. Comparative genomic analysis of the R2R3 MYB secondary cell wall regulators of Arabidopsis, poplar, rice, maize, and switchgrass[J]. *BMC Plant Biol*, 14: 135.

ZHAO Q, LI M, JIA Z, et al., 2016. AtMYB44 positively regulates the enhanced elongation of primary roots induced by N-3-oxo-Hexanoyl-homoserine lactone in *Arabidopsis thaliana*[J]. *Mol Plant Microbe Interact*, 29 (10): 774-785.

ZHAO Y, CHENG X, LIU X, et al., 2018. The wheat MYB transcription factor TaMYB (31) is involved in drought stress responses in *Arabidopsis* [J]. *Front Plant Sci*, 9: 1426.

ZHAO Y, ZHOU LM, CHEN YY, et al., 2011. MYC genes with differential responses to tapping, mechanical wounding, ethrel and methyl jasmonate in laticifers of rubber tree (*Hevea brasiliensis* Muell. Arg.) [J]. *J Plant Physiol*, 168 (14): 1649–1658.

ZHONG R, LEE C, MCCARTHY RL, et al., 2011. Transcriptional activation of secondary wall biosynthesis by rice and maize NAC and MYB transcription factors[J]. *Plant Cell Physiol*, 52 (10): 1856–1871.

ZHOU B, ZHANG L, ULLAH A, et al., 2016. Identification of multiple stress responsive genes by sequencing a normalized cDNA library from sea–land cotton (*Gossypium barbadense* L.) [J]. *PLoS One*, 11 (3): e0152927.

ZHOU C, LI C, 2016. A novel R2R3–MYB transcription factor BpMYB106 of birch (*Betula platyphylla*) confers increased photosynthesis and growth rate through up–regulating photosynthetic gene expression[J]. *Front Plant Sci*, 7: 315.

ZHOU X, ZHA M, HUANG J, et al., 2017. StMYB44 negatively regulates phosphate transport by suppressing expression of *PHOSPHATE*1 in potato [J]. *J Exp Bot*, 68 (5): 1265–1281.

ZHU JK, 2002. Salt and drought stress signal transduction in plants [J]. *Annu Rev Plant Biol*, 53: 247–273.

ZHU Q, ZHANG J, GAO X, et al., 2010. The *Arabidopsis* AP2/ERF transcription factor RAP2. 6 participates in ABA, salt and osmotic stress responses[J]. *Gene*, 457 (1–2): 1–12.

ZHU Y, LI M, WANG X, et al., 2012. Caspase cleavage of cytochrome c1 disrupts mitochondrial function and enhances cytochrome c release [J]. *Cell Res*, 22 (1): 127–141.

ZUZARTE–LUIS V, MONTERO JA, TORRE–PEREZ N, et al., 2007. Cathepsin D gene expression outlines the areas of physiological cell death during embryonic development[J]. *Dev Dyn*, 236 (3): 880–885.

附录 1 载体和菌株

载体：酵母表达载体 pGBKT7 和 pGADT7 购于 Clontech 公司，pMD18T 购于 TaKaRa 公司，绿色荧光融合表达载体 pGREEN 改造载体由华南植物研究所侯兴亮课题组提供。

菌株：酵母菌株 Y187、Y2H Gold 购于 Clontech 公司，酵母菌株 AH109 和农杆菌菌株 GV3101∷psoup 由华南植物研究所侯兴亮课题组提供，大肠杆菌 DH5a 感受态购于 TaKaRa 公司，橡胶树白粉菌采样于中国热带农业科学院试验场 5 队苗圃。

附录 2　生化试剂及实验仪器

　　高保真酶 Q5 High Quality 和 T4 连接酶购自 NEB 公司（北京）；限制性内切酶（EcoRI、BamHI、NdeI、XhoI）购自 Thermo Fasmantos 公司；酵母提取物、牛肉膏、胰蛋白胨购自 OXOID 公司；缺陷型培养基（DO/-Trp、DO/-Leu/-Trp、DO/-Leu/-Trp/-His/-Ade）、X-a-gal、AbA 购自 Clontech 公司；琼脂粉、葡萄糖、NaCl、NaOH、HCl 购于上海生工试剂公司；氨苄青霉素（Ampicillin）、卡那霉素（Kanamycin）、庆大霉素（Gentamycin）、四环素（Tetracycline）、利福平（Rifampin）、MES、Silwet-L77、腺嘌呤磷酸盐（Adenine hemisulfate）、亮氨酸（Leu）以及无氨基氮源（Yeast nitrogen base without aimo acids）购自索莱宝。MS、乙烯利、茉莉酸甲酯（MeJA）购于 Sigma 公司；高保真酶 PrimerSTAR HS 购于 TaKaRa 公司。

　　反转录试剂盒（PrimerScript RT Reagent Kit With gDNA Eraser）、荧光定量试剂盒（SYBR© Premix EX TaqTM II）购自 TaKaRa 公司；质粒提试剂盒（E. Z. N. A Plasmid Mini Kit I）、琼脂糖凝胶 DNA 回收试剂盒（E. Z. N. ATM Gel Extraction Kit）购自 OMEGA 公司；酵母转化试剂盒购自 clontech 公司；琼脂糖 Agar 购自 BIOWEST 公司。

　　离心机、超净工作台、PCR 仪、电泳仪、低温恒温水浴锅、核酸微量测定仪、分光光度计、-80℃超低温冰箱由中国热带农业科学院橡胶研究所抗逆栽培课题组提供。

附录 3　培养基配制

1. LB 培养基

LB 培养基（液体）：NaCl 2 g，胰蛋白胨 2 g，酵母提取物 1 g，用 dd H_2O 定容至 100 mL。

LB 培养基（固体）：琼脂 1.5 g，NaCl 2 g，胰蛋白胨 2 g，酵母提取物 1 g，用 dd H_2O 定容至 100 mL。

121℃灭菌 15 min，4℃保存。

2. YEP 培养基

YEP 培养基（液体）：NaCl 1 g，胰蛋白胨 1 g，酵母提取物 2 g，用 dd H_2O 定容至 100 mL。

YEP 培养基（固体）：琼脂 1.5 g，NaCl 1 g，胰蛋白胨 1 g，酵母提取物 2 g，用 dd H_2O 定容至 100 mL。

用 KOH 调节 pH 值至 7.4 左右；121℃灭菌 15 min，4℃保存。

3. YPDA 培养基

YPDA 培养基（液体）：胰蛋白胨 2 g，酵母提取物 1 g，葡萄糖 2 g，Ade 0.015 g。

YPDA 培养基（固体）：琼脂 1 g，胰蛋白胨 2 g，酵母提取物 1 g，葡萄糖 2 g，Ade 0.015 g。

dd H_2O 定容至 100 mL，pH 值调至 5.8 后，用 121℃灭菌 15 min，4℃保存。

4. 各类酵母缺陷培养基

基础成分：无氨基氮源 0.6 g，葡萄糖 2 g。

SD/−Trp（液体）：基础成分，SD/−Trp 0.067 g；SD/−Trp（固体）：琼脂 1 g，基础成分，SD/−Trp 0.067 g。

SD/−Leu（液体）：基础成分，SD/−Leu/−Trp 0.067 g，色氨酸 0.01 g；SD/−Leu（固体）：琼脂 1 g，基础成分，SD/−Leu/−Trp 0.067 g，色氨酸 0.01 g。

SD/−Leu/−Trp（固体）：琼脂 1 g，基础成分，SD/−Leu/−Trp 0.067 g。

SD/-Trp/-His/-Ade（固体）：琼脂 1 g，基础成分，SD/-Leu/-Trp/-His/-Ade 0.067 g，亮氨酸 0.01 g。

SD/-Leu/-Trp/-His/-Ade（固体）：琼脂 1 g，基础成分，SD/-Leu/-Trp/-His/-Ade 0.067 g。用 dd H_2O 定容至 100 mL，pH 调至 6.0，121℃灭菌 15 min，4℃保存备用保存。

SD/-Trp/-His/-Ade/X-a-gal（固体）：基础成分，SD/-Leu/-Trp/-His/-Ade 0.067 g，亮氨酸 0.01 g，琼脂 1 g。用 dd H_2O 定容至 100 mL，pH 值调至 6.0，121℃灭菌 15 min，待冷却至 50℃时加入 20 mg/mL 的 X-a-gal 50 μL，4℃保存备用保存。

SD/-Leu/-Trp/-His/-Ade/AbA（固体）：基础成分，琼脂 1 g，SD/-Leu/-Trp/-His/-Ade/X-a-gal 0.067 g。用 dd H_2O 定容至 100 mL，pH 值调至 6.0，121℃灭菌 15 min，待冷却至 50℃时加入 100 mg/mL 的 X-a-gal 125 μL，4℃保存备用保存。

注：所有液体培养基根据需要加入抗生素，所有固体培养基冷却至 50℃时根据需要加入抗生素后制成平板，4℃保存备用保存。

附录 4 试剂配制及物品准备

1. DEPC 水的配制

将 1 mL DEPC 原液加入 999 mL dd H_2O 中（0.1%），搅拌过夜。121℃灭菌 35 min 后备用；

2. 物品准备

将玻璃棒、研钵、药匙、烧杯、量筒和镊子等置于恒温鼓风烘箱中，以 180℃烘烤 10h 备用。

枪头和离心管用 0.1% 的 DEPC 水处理过夜，121℃灭菌 40 min，烘干备用。

3. CTAB 缓冲液（2×）的配制（500 mL）

EDTA 25 mmol/L（pH 值 8.0），四硼酸钠 3.812 g，NaCl 58.44 g，用 400 mL dd H_2O 溶解，加入约 3 mL 的浓 HCl，溶解后加入 0.5 mL DEPC，37℃处理 12 h 以上，121℃灭菌 25 min 后，冷却，加 CTAB 10.0 g，Tris 12.114 g，pH 值 8.0，定容至 500 mL。

4. SDS 缓冲液（2×）的配制（250 mL）

称取 3.18 g LiCl 和 0.931g EDTA $Na_2 \cdot 2H_2O$，1.514 g Tris（加 0.11 mL 浓盐酸），25 g SDS 溶解于 240mL 0.1% 的 DEPC 水，静置过夜，121℃灭菌 15 min；10 mol/L 的 NaOH 调节 pH 值 9.5，定容至 250 mL，使其终浓度：LiCl 为 0.3 mol/L；EDTA $Na_2 \cdot 2H_2O$ 为 0.01 mol/L；Tris-HCl 为 0.1 mol/L。

5. 其他

氯仿+异戊醇溶液（容积比为 24：1，500 mL）：480mL 氯仿和 20 mL 异戊醇，棕色试剂瓶（灭菌）中混匀后 4℃保存备用。

水饱和酚+氯仿+异戊醇溶液（容积比为 25：24：1，400 mL）：取 200 mL 水饱和酚，与上述氯仿+异戊醇溶液 1：1 的比例混匀，棕色试剂瓶保存，4℃备用。

5 mol/L LiC（100 mL）：用 DEPC 水溶解 33.92 g LiCl·H_2O，并定容至 100 mL，121℃灭菌 40 min，4℃保存备用。

75% 乙醇（100 mL）：取 75 mL 无水乙醇，加入 25 mL DEPC 水。

附录 5　缩略语

缩写	英文全称	中文全称
A	Antherxanthin	环氧玉米黄质
AACT	Acetyl-CoA C-acetyltransferase	乙酰辅酶 a 乙酰转移酶
ABA	Abscisic acid	脱落酸
ABF	ABRE binding factors	ABRE 结合因子
ABRE	ABA responsive element	ABA 反应元件结合蛋白
Acr	Acrylamide	丙稀酰胺
AOX	Alternative oxidase	交替氧化酶
APX	Ascorbate peroxidase	抗坏血酸过氧化物酶
	Auxin	生长素
bHLH	basic helix-loop-helix	碱性区域/螺旋—环—螺旋
BiFC	Bimolecular fluorescence complementation	双分子荧光互补
Bis	N,N′-Methylene-Bis-acrylamide	甲叉双丙稀酰胺
BSA	Bovine serum albumin	牛血清白蛋白
bZIP	basic region/leucine zipper motif	碱性亮氨酸拉链
Car	Carotene	胡萝卜素
CAT	Catalase	过氧化氢酶
CF	Chloroplast coupling factor	叶绿体偶联因子
ChIP	Chromatin Immunoprecipitation	染色质免疫共沉淀技术
Chl a	Chlorophyll a	叶绿素 a
Chl b	Chlorophyll b	叶绿素 b
CMK	4-Cytidine 5-diphospho-2-C-methyl-D-erythritol kinase	胞苷 5-二磷酸-2-c-甲基-d-赤藓醇激酶
CP	Chlorophyll-protein complex	叶绿素蛋白复合体
CySNO	S-Nitrosocysteine	s-亚硝基半胱氨酸

缩写	英文全称	中文全称
DBD	DNA-binding domain	DNA 结合结构域
DCBQ	2,6-Dichloro-p-benzoquinone	2,6-二氯对苯醌
DCMU	Dichlorophenyldimethylurea	二氯苯基二甲基脲
DCPIP	2,6-Dichlorophenol indophenol	二氯酚靛酚
DDRT-PCR mRNA	mRNA differential display PCR	差异显示技术
DHA	Dehydroascorbate	脱氢抗坏血酸
DHAR	DHA reductase	DHA 还原酶
DHAR	Dehydroascorbate reductase	脱氢抗坏血酸还原酶
DMAPP	Dimethylallyl pyrophosphate	二甲烯丙基焦磷酸
DNA-BD	DNA-binding domain	DNA 结合结构域
DSN	Duplex-specific nuclease	双链特异性核酸酶
DXR	1-Deoxy-D-xylulose 5-phosphate reductoisomerase	1-脱氧-D-木酮糖 5-磷酸还原异构酶
DXS	1-Deoxy-D-xylulose 5-phosphate synthase	1-脱氧-D-木酮糖 5-磷酸合酶
EDTA Na$_2$	Disodium ethylenediamine tetraactate dihydrate	乙二胺四乙酸二钠
Em	Midpoint redox potential	氧化还原中点电势
EMSA	Electrophoretic mobility shift assay	凝胶电泳迁移率分析
ET	Ethylene	乙烯
ETH	Ethephon	乙烯利
Fm	The maximal fluorescence level in dark-adapted state	暗适应下最大荧光
Fm′	The maximal fluorescence level during natural illumination	光照条件下最大荧光
Fo	The minimal fluorescence level after dark-adaption	暗适应下最小荧光
Fo′	The minimal fluorescence level during natural ilumination	光照条件下最小荧光
FPP	Farnesyl diphosphate	法尼基焦磷酸
FPPS	Farnesyl diphosphate synthase	法尼基焦磷酸合成酶

缩写	英文全称	中文全称
Fs	The steady-state fluorescence level during exposure to natural illumination	光照条件下的稳态荧光
Fv	The maximum variable fluorescence after dark-adaption	暗适应后最大可变荧光
Fv/Fm	The maximal efficiency of PS Ⅱ photochemistry	光系统Ⅱ的最大光化学效率
GA	Gibberellin	赤霉素
GGPP	Geranylgeranyl diphosphate	双牻牛基焦磷酸
GGPPS	Geranylgeranyl diphosphate synthase	双牻牛基焦磷酸合成酶
GO	Gene Ontology	基因功能注释
GPP	Geranyl diphosphate	牻牛基焦磷酸
GPPS	Geranyl diphosphate synthase	牻牛基二磷酸合酶
GPX	Glutathione peroxidase	谷胱甘肽过氧化物酶
GR	Glutathione reductase	谷胱甘肽还原酶
GSB	Glutathione sepharose beads	谷胱甘肽琼脂糖珠
GSH	Glutathione	谷胱甘肽
GSSG	Oxidized glutathione	氧化型谷胱甘肽
GST	Glutathione S-transferase	谷胱甘肽巯基转移酶
Gus	β-glucuronidase	β-D-葡萄糖苷酸酶
H_2O_2	Hydrogen peroxide	过氧化氢
HDR	4-Hydroxy-3-methylbut-2-enyl diphosphate reductase	4-羟基-3-甲基-2-苯基二磷酸还原酶
HDS	4-Hydroxy-3-methylbut-2-enyl-diphosphate synthase	4-羟基-3-甲基-2-苯基二磷酸合酶
His-tag	Histidine	组氨酸标签
HMG-CoA	3-Hydroxy-3-methylglutaryl coenzyme A	3-羟基-3-甲基戊二酸单酰辅酶 A
HMGR	3-Hydroxy-3-methylglutaryl-CoA reductase	3-羟基-3-甲基戊二酸单酰辅酶 A 还原酶
HMGS	3-Hydroxy-3-methylglutaryl-CoA synthase	3-羟基-3-甲基戊二酰辅酶 A 合酶
HPLC	High Performance liquid chromatography	高效液相色谱

（续表）

缩写	英文全称	中文全称
HQ	Hydroquinone	氢醌
HRT	Rubber transferase	橡胶转移酶
IPP	Isoprene Pyrophosphate	异戊二烯焦磷酸单体
IPPI	Isopentenyl diphosphate-isomerase	异戊烯基二磷酸异构酶
ISR	Intergenic spacer region	转录间隔区
JA	Jasmonic acid	茉莉酸
L	Lutein	叶黄素
LHC	Light harvest complex	捕光色素蛋白复合体
LHC I	Light harvest complex I	捕光色素蛋白复合体 I
LHC II	Light harvest complex II	捕光色素蛋白复合体 II
MAPK	Mitogen-activated protein kinase	丝裂原活化蛋白激酶
MCT	2-C-methyl-D-erythritol 4-phosphate cytidylyltransferase	2-C-甲基-D-赤藓糖醇 4-磷酸胞苷基转移酶
MDA	Monodehydroascorbate	单脱氢抗坏血酸
MDAR	Monodehydroascorbate reductase	单脱氢抗坏血酸还原酶
MDHA	Monodehydroascorbate	单脱氢抗坏血酸
MDS	2-C-methyl-D-erythritol 2,4-cyclo-diphosphate synthase	2-C-甲基-D-赤藓糖醇 2,4-环二磷酸合酶
MeJA	Methyl jasmonate	茉莉酸甲酯
MEP	2-C-methyl-D-erythritol 4-phosphate	2-C-甲基-D-赤藓糖醇 4-磷酸
MES	2-(N-morpholino)ethanesulfonic acid	2-吗啡酸-乙磺酸
MFO	Mixed-functional oxidase	多功能氧化酶
MK	Mevalonate kinase	甲羟戊酸激酶
MPDC	Diphospho-MVA decarboxylase	二磷酸甲羟戊酸脱羧酶
MVA	Mevalonate	甲羟戊酸
MVAP	Mevalonate-5-phosphate	甲羟戊酸-5-磷酸
MVAPP	Mevalonate pyrophosphate	甲羟戊酸式焦磷酸
MW	Molecular weight	分子量
N	Neoxanthin	新黄质

缩写	英文全称	中文全称
NADPH	Nicotinamide Adenine Dinucleotide Phosphate	还原型烟酰胺腺嘌呤二核苷酸磷酸
N-ChIP	Native Chromatin Immunoprecipitation	非变性染色质免疫沉淀
NPQ orqN	Non-photochemical quenching	非光化学淬灭系数
ORF	Open reading frame	开放阅读框
PAGE	Polyacrylamide gel electrophoresis	聚丙烯酰胺凝胶电泳
PC	Plastocyanin	质体蓝素
Pheo	Pheophytin	去镁叶绿素
pI	Isoelectric point	等电点
PMK	Phospho-MVA kinase	磷酸化甲羟戊酸激酶
Pol II	RNA polymerase II	RNA 聚合酶 II
PP2C	PP2C-type protein phosphatase	PP2C 蛋白磷酸酶
PPFD	Photosynthetic photon flux density	光合量子密度
PQ	Plastoquinone	质体醌
PS I	Photosystem I	光系统 I
PS II	Photosystem II	光系统 II
PS II-RC	Photosystem II reaction center	光系统 II 反应中心
QA	Primary quinine acceptor of PS II	PS II 原初电子受体
QB	Secondary quinine acceptor of PS II	PS II 次级电子受体
qP	Photochemical quenching coefficient	光化学淬灭系数
qRT-PCR	Real-time fluorescent quantitative polymerase chain reaction	实时荧光定量 PCR
REF	Rubber elongation factor	橡胶延伸因子
ROS	Reactive oxygen species	活性氧
Rubisco	Ribulos-1,5 diphosphate carboxylase oxygenase	核酮糖-1,5 二磷酸羧化酶加氧酶
SA	Salicylic acid	水杨酸
SDS	Sodium dodecyl sulfate	十二烷基硫酸钠
SnRK2	Sucrose non-fermenting 1-related protein kinase 2	蔗糖非发酵相关蛋白激酶 2
SOD	Superoxide dismutase	超氧化物歧化酶

（续表）

缩写	英文全称	中文全称
SRPP	Small rubber particle protein	小橡胶粒子蛋白
TF	Transcription factor	转录因子
TPD	Tapping panel dryness	死皮病
Tricine	N-［Tris（hydroxymethyl）methyl］-gly-cine	三-（羟甲基）-甲基甘氨酸
Tris	Tris［hydroxymentyl］amino-methane	三羟基氨基甲烷
V	Violaxanthin	紫黄质
WPA	Waste product accumulation	代谢废物积累
WRP	Washed rubber particles	洗涤过的橡胶粒子
X-ChIP	Cross-liking chromatin immunoprecitation	交联染色质免疫沉淀
Y1H	Yeast one-hybrid	酵母单杂交
Yield	The actual efficiency of PS Ⅱ	量子产量
Z	Zeaxanthin	玉米黄质
ΦPS Ⅱ	Actual PS Ⅱ efficiency	实际光系统Ⅱ效率

项目资助

本书由国家自然科学基金面上项目"巴西橡胶树乳管细胞产量相关基因转录调节研究"（31270643）、"巴西橡胶树 HbMYB44 转录调控天然橡胶生物合成机制研究"（31570591）和"构建基于人工橡胶粒子的离体天然橡胶合成体系"（31870577）资助。